LOCUS

LOCUS

LOCUS

LOCUS

touch

對於變化，我們需要的不是觀察。而是接觸。

a *touch* book
Locus Publishing Company
11F, 25, Sec. 4 Nan-King East Road, Taipei, Taiwan
ISBN 978-986-213-147-3 Chinese Language Edition

December 2009, First Edition
Printed in Taiwan

新大眾市場行銷
作者：Paul Nunes, Brian Johnson
譯者：陳琇玲
責任編輯：湯皓全　美術編輯：蔡怡欣
法律顧問：全理法律事務所董安丹律師
出版者：大塊文化出版股份有限公司　www.locuspublishing.com
台北市105南京東路四段25號11樓　讀者服務專線：0800-006689
TEL：(02) 8712-3898　FAX：(02) 8712-3897
郵撥帳號：18955675　戶名：大塊文化出版股份有限公司

總經銷：大和書報圖書股份有限公司　地址：台北縣五股工業區五工五路2號
TEL：(02) 8990-2588（代表號）　FAX：(02) 2290-1658
排版：天翼電腦排版有限公司　製版：源耕印刷事業有限公司
初版一刷：2009年12月

定價：新台幣380元

touch

新大眾

Mass Affluence

市場行銷

Paul Nunes & Brian Johnson 著
陳琇玲 譯

目錄

前言

過去許多年以來，行銷人士對關係行銷（relationship marketing）的概念一直著迷不已，現在各個店家、廠商、甚至每家賭場，都透過使用會員紅利優惠卡（loyalty card）或其他類似方案，提供機會酬謝個別顧客。而且目前大多數行銷郵件的措辭，簡直就像親朋好友的來信那般親密。

會發生這股與個別顧客溝通的熱潮，有部分起因於行銷人員期望透過技術，從無限區隔化（segmentation）中獲得龐大利益。結果，一對一行銷（one-to-one marketing）讓他們崇拜到極點，這麼努力奉行的結果，至少有一些公司確實在獲利能力上有所斬獲。

但是現在許多行銷人士開始認清，無條件地採納微區隔化（microsegmentation）策略，可能會有麻煩，比方說：獲得個別顧客的資料並了解個別顧客，這方面的成本過高，常超過企業從中獲得的財務利益。況且在許多情況下，就算企業完全了解顧客的需求和欲求，但是以增加消費和利潤的觀點來看，目標顧客根本沒有更多消費能力。此外，微區隔化會讓行銷人士有「顧客導向」（customer-focus）這種短視，對整體趨勢和市場層級的機會視而不見。

難怪愈來愈多行銷人士迫切期待整體主流回歸大眾行銷方法，他們期待由適用所有可能消費者的媒體廣告中獲得「簡單性」，他們盼望依據卓越技術、設計師的創意、品牌管理的信心與經驗，而非依據個別主顧客欲求的霸權，為廣大顧客界定新產品，並藉此獲得明確的想法與意圖①。

問題是，過去締造佳績的大眾行銷法則，無法保證在日後也能奏效。目前在大眾市場進行銷售的許多企業，根本沒有充分發揮潛力，即使企業有利可圖也能聲稱組織穩定，卻依舊沒有使盡全力。為什麼？因為那麼多企業爭相競奪的大眾市場，並不是大多數行銷人士認為的那樣。大多數行銷人士並未察覺其中的微妙差異（但是誰能怪他們，他們可是積極投入、無暇顧此）。事實上，**大眾市場**（mass market）一詞是以財富分配（wealth distribution）這項過時理論為依據。在工業革命時期誕生的大眾市場，在戰後一九五〇年代的美國，見識到本身急速發展的實質成長——這段期間大眾傳播和大眾運輸（部分拜新州際公路網所賜）開始蓬勃發展，而且全體勞動人口因為戰爭減少消費，讓存款金額大幅增加。不過現在，**大眾市場**一詞卻容易引起誤解。行銷人士規劃策略時，腦海裡想到的大眾市場已經不復存在，也跟現況毫無關係。而且從一九五〇年代以來，被隨意用於描述市場如何運作和成形的措辭，不但不正確，還經常造成誤解。對於試圖爲本身商品進行市場定位和定價的企業來說，這種模糊不清相當危險。

以本書的核心主題**富裕大眾**（mass affluence）來說，從一九五八年約翰・肯尼斯・高伯瑞（John Kenneth Galbraith）出版極具影響力的著作《富裕的社會》（*The Affluent Society*）後，這個措辭就在行銷界和經濟學界中備受討論。近幾年來，「富裕大眾」一詞常被侷限於，意指在一九九〇年代後期經濟榮景時致富者。但是，這項措辭具有能讓大家都理解的單一定義嗎？沒有。而且更重要的是，行銷人士（即使是同一家公司的行銷同仁）在規劃策略時，都能認同這項措辭的意義，並且達成共識嗎？答案常是否定的。事實上有關**富裕大眾**現象的所有討論，以及這項措辭獲得的關注，我們一直無法找出單一學說，提出行銷建議，讓想了解這種財富廣泛俱增現象如何影響行銷決策的主管，能夠派上用場。新聞工作者一直喜歡以富裕大眾做爲研究與著作之主題，這方面的暢銷書紛紛出籠，例如：《Bobo族：新社會精英的崛起》(*Bobos in Paradise*)、《奢華狂潮》(*Luxury Fever*)、《盡情享樂：奢華與外遇》(*Living It Up: Our Love Affair with Luxury*)、《富裕病》（*Affluenza*）。另外一九八〇年代初期陸續出版的《權威預科生手冊》（*The Preppy Handbook*）和《下個富翁就是你》（*The Millionaire Next Door*）也包括在內，相關著作多到不勝枚舉。

人們一直以社會政治觀點，審愼考量這項主題，當代作家皮耶・布赫迪厄（Pierre Bourdieu）的《秀異‧‧品味判斷的社會批判》（*La Distinction*）和凱文‧菲利浦（Kevin Phillips）的《財富與民主》（*Wealth and Democracy*）即爲這方面的實例。先前提到的高伯瑞則是更早以前的例子，高伯瑞說明一九五〇年代時，美國人的保守需求就是‧‧不被親友同事給比下去。早在雅痞族（Yuppies）出現前，索斯坦‧韋伯倫（Thorstein Veblen）在一八九九年出版的著作《有閒階級論》（*Theory of the Leisure Class*）中，即告訴我們「炫耀性消費」（conspicuous consumption）。但是我們不知道有任何書籍，將富裕大眾區別出來，從**行銷觀點**來研究他們，尤其是這群新近富裕者對行銷策略原則有何影響。

目前行銷人士努力想了解，富裕大眾的出現會讓行銷、尤其是大眾行銷有何改變。雖然奢華品總有市場可言，有錢人也一直是目標市場微區隔服務的核心顧客區隔，但是「順利地向富裕大眾推銷」這項主題卻一直有待探討。

簡單地說，富裕名流這個利基市場依舊存在，但是緊鄰這個名流區隔之下的另一個廣大市場層級，卻沒有被大多數大眾行銷人士發現。

行銷人士需要一種做法，讓他們考慮到與富裕大眾有關的事實，還能傳遞全面觀點，說明企業如何改變行銷策略，以便掌握廣大富裕消費者所創造的價值。有鑑於此，我們撰寫這本書，試圖提供這項做法。

我們看到主管們想更充分利用富裕大眾這個現象——大致上來說，市場消費實力大增，但還不至於無限制地增加——但是主管們並不確定，是否眞有任何新原則可供應用。我們相信，新原則確實存在。在消費者權力日漸高漲，眼光愈來愈敏銳，有時即使有能力消費也不願意消費的情況下，富裕市場提出重大挑戰。但是富裕市場也是一種重要商機的市場，權衡性消費能力與日俱增。

現在有些求新求變的企業已經掌握這些新策略，我們會在書中透露，這些企業如何配合美國所得分配（income distribution）的新事實，調整行銷策略。事實上許多企業還沒有這樣做，我們也會給大家建議一些，能配合不同組織需求加以調整的做法。

目前在大眾市場中，希望找出新方法加速成長並提升獲利能力的老字號企業，其行銷人士就是這本書的訴求對象。我們提出老字號企業必須面對這個基本問題：「本公司的商品在價格和價値上的成長，跟市場財富的成長成比例嗎？」我們概述策略要點，就是爲了提供本身成長性與市場財富不成比例的企業一些指引。

設法在開始時以高級用品或其他昂貴商品，這類利基商品進入市場，但也期望商品日後推廣到大眾市場，充分發揮潛能的創新者和企業家，也是本書的訴求對象。我們期盼帶頭負責營收成長的產品開發者，也能發現這本書很實用，因爲我們界定的新做法，不但讓企業獲得顧客、增加錢包占有率（share of wallet，消費者在某類別〔category〕的消費金額），也增加薪資占有率（pay stub，消費者在某類別可以或應該消費的金額）。

我們當然殷切期望，在本身市場中見識到富裕大眾興起，努力想搞清楚這群人對其企業有何影響的所有主管們，能從這本如何改善事業績效的書中，獲得啓發並想出創新構想。

關於我們做的研究

在擔任顧問、研究員、教師和作者的經驗中，追求對顧客及顧客行爲有更深入的了解，這件事對我們來說一點也不陌生。諾恩斯從一九九七年起，在埃森哲管理顧問公司（Accenture，簡稱埃森哲）帶領行銷策略方面的研究，身爲埃森哲高績效事業協會（Accenture Institute for High Performance Business）資深研究員，他也跟母公司的顧問實務密切合作。在西北大學凱洛格管理學院研究所念書時，諾恩斯就對行銷策略很有興趣。後來諾恩斯在埃森哲擔任技術評估團隊（Technology Assessment Group）研究主管期間，依舊對此興趣不減。在評估一九九〇年代網際網路這類新興技術時，由於這些技術大都會對行銷的所有層面，產生決定性的影響，諾恩斯對行銷策略的興趣日漸明朗化。除了協助推動埃森哲的實務，諾恩斯的研究也陸續發表於知名刊物，並受到學術期刊的特別報導。

強生原先在埃森哲擔任全球管理合夥人，讓他對於行銷的目標與流程如何變遷，有更深入的了解。二〇〇三年時，強生轉往華爾街發展，應用本身的行銷見識，在紐約史福伯登公司（Sanford C. Bernstein）擔任資深研究分析師，負責分析美國汽車業，同時也在西北大學凱洛格管理學院擔任行銷學副教授，教授客戶關係管理策略。

雖然我們從一九九〇年代初期起，就一直專注於顧客管理和行銷策略等議題，但是直到跟幾位同事一起看完棒球賽後，我們才眞正開始關切富裕大眾這類議題。我們不常看球賽，所以買了最好的包廂座位，趁機揮霍一下。我們希望鄰座人士都是企業名流和網路事業百萬富豪（當時正是網際網路蓬勃發展之際），不然至少是有錢人吧。但令我們訝異的是，買這些好位置的人大都是一般球迷，許多人還帶著小孩來看球賽。對他們來說，花二、三百美元看一場棒球賽，似乎是世上再平常不過的事。

我們原本以爲這件事很反常（戲院和球場的票一直以不同價格出售），後來跟紅襪隊（Red Sox）前任老闆暨執行長約翰・哈林頓（John Harrington）討論時才知道，中產階級占據包廂座位是理所當然的事。哈林頓告訴我們，常看球賽的顧客大都會定期要求最好的位置，只有在買不到好位置時，才會屈就比較不好的位置。而且這種情況不是只發生在觀賞最佳球隊比賽時，平常的球賽就是這樣。

由於我們一直看到遊樂場和滑雪場這類地點，試圖將一體適用商品差異化；而且在我們各自居住的城市裡，我們看到體育館陸續建造高價座位設施，因此這件事讓我們大爲好奇。對我們來說，這項改變跟凌志汽車（Lexus）這類新奢華品牌的興起截然不同。這表示財富入侵到以往顧客均等的神聖堡壘。在試圖了解這項改變的肇因及其對社會有何重要性時，我們研究這項主題並撰寫《哈佛商業評論》（*Harvard Business Review*）個案：〈顧客該分級嗎？〉（Are Some Customers More Equal Than Others?）。

後來這項個案似乎引起經理人和主管的共鳴，引發近幾年內針對行銷策略之目的與目標，做出一些最棒也最熱烈的討論；同時也激勵我們對顧客所得（income）與消費（spending），做更深入的探討。我們大規模分析有關家庭及個人所得與支出的公開資料，包括美國人口調查局（U.S. Census Bureau）、國稅局（Internal Revenue Service）和美國勞工統計局（Bureau of Labor Statistics，我們發現該局所做的消費者支出調查〔Consumer Expenditure Survey〕，是最具全面性的家庭消費者支出年度調查）。在進行這項研究時，我們發現家庭所得成長最多者，其開銷並未成比例地成長。我們把這項研究的某些發現，撰文〈以近乎富裕者爲目標〉（Target the Almost Rich），發表於二〇〇二年六月號的《哈佛商業評論》；這項研究的更多發現則集結成本書做介紹。

進行這項研究時，我們也開始了解所得人口統計學如何影響企業策略。只知道消費並未與所得成長同步，這樣是不夠的；對我們來說，了解箇中緣由才是重點所在。二〇〇二年九月，我們進行埃森哲消費者對創新之態度調查（Accenture Consumer Attitudes Toward Innovation Survey），本書中亦說明調查結果。這項調查在美國和歐洲地區（法國、德國、西班牙和英國），訪問超過三千五百位消費者。

我們在某家全球調查公司的協助下，以複選題方式進行線上調查，採用權重修正線上調查的已知偏差。基於調查目的，我們告訴受訪者**創新**（innovation）的定義是：「全新的產品服務，或對產品和服務做出重要改善，讓消費者認爲產品和服務更有價值。」我們從這項調查學到很多，了解消費者在創新方面重視什麼、不重視什麼；也得知消費者對市場商品的近期創新與日後預期創新的態度，未必依據所得水準不同而異。

我們對「富裕大眾如何在行銷上引發驚人改變」提出看法之際，也大量利用本身及同仁和客戶共事的經驗。當我們向客戶提出這些建議時，也跟他們學習，在當今可支配所得範圍增廣的消費環境中，哪些建議最能奏效。我們以這些經驗，再加上從學術期刊、書籍與大眾刊物中，幾百項相關次級研究的補充資料，做爲撰寫本書的基礎。但是如果沒有跟這方面的先驅親自討論，研究就不夠完整。所以我們再次向受訪主管，致上由衷的感謝。你會在這本書裡，看到他們的眞實故事。

1

新大眾市場

克服大眾節儉成性的問題

行銷人士領悟到，
存錢是消費者的自由決定——
是消費者面臨眾多選擇時所做的抉擇。
當今富裕大眾中所得最高者發現，
存錢是最具吸引力的選擇。
所有成功的銷售成長策略，
都讓消費者有不同的選擇。
現在，非傳統式的策略必須透過
以當前新大眾市場爲直接目標，
發展出有意義的創新，刺激消費成長。

在大多數企業忙著設法跟顧客建立一對一關係（成效依顧客而異）時，一件令人驚訝的事發生了。有些企業已經從根本不「清楚」個別買家是誰的商品，賺取驚人獲利。這些產品和服務以判斷大眾需求爲主，並沒有特別考慮買家的明確特質。簡單地說，這些東西是大眾市場商品。

以美商知名家用品公司寶鹼（Procter & Gamber, P&G）爲例，該公司從早期開始就是大眾行銷的基石。在邁入二十一世紀之際，寶鹼一度營運不順，但是在新領導人的帶領下，在二〇〇〇年代初期，主要藉由一些新產品的優勢，讓公司再度展現堅強實力。寶鹼在二〇〇三年七月的盈餘報告中，提到公司利用大眾市場創新，重新擁抱成功的三項實例：

- Crest 牙齒美白產品：包括牙齒美白貼片（Whitestrips）和牙齒美白劑（NightEffects），協助寶鹼在二年內，將五千萬美元的牙齒美白利基事業，發展爲七億五千萬美元的產業，並爲寶鹼在這個市場中取得六〇%的占有率。
- 速易潔（Swiffer）靜電除塵拖把：開創出九億美元的全球表面清潔方式類別，一九九七年以前這個類別根本不存在，現在寶鹼已在此擁有六〇%的占有率。
- 歐蕾（Olay）護膚產品：新生活采系列（Regenerist）推出三個月，就在臉部保溼用品市場，獲得將近十分之一市場占有率，再加上多元修護系列（Total Effects），讓寶鹼在一年內於此類別的市場占有率增加十二％。

把寶鹼的績效跟一家與寶鹼直接競爭的對手相比，雖然對手也有消費產品投資組合，其中某些產品也很暢銷，但在同期內推出的新產品，卻無法締造數十億美元的新類別。這項不足已引發外界對這家對手公司的關切，質疑其維持預估盈餘的能力，知名分析師則把此事歸咎於該公司所屬類別。但是大家想想看：寶鹼元氣大振以前，有哪家公司挑選口腔保健（oral care）、家庭清潔用品（household cleaning products）和面霜等類別，獲得急遽成長呢？

以大眾訴求生產暢銷的新商品，這種現象不只發生在消費用品。這幾年來，從住宅營建業（如：豪宅建商托爾兄弟公司〔Toll Brothers builders〕）到餐廳業（如：潘納拉麵包餐廳〔Panera Bread〕），再到服飾零售商（如：塔伯茲公司〔Talbots〕）和生活型態供應商（如：Tommy Bahama）等採購類別，就能看到廠商以本質相同的產品，滿足幾百萬名消費者，讓營運獲利蒸蒸日上。新大眾市場類別正在出現，這些類別有迅速成長的態勢，涵蓋範圍從共用汽車（如：租車公司 Zipcar）到共用私人主廚等大小事項。

爲什麼有些企業在大眾市場推銷上，表現得比同業更好？答案很簡單：獲得成功的公司已經改變本身策略，因應**當今**大眾市場——這個市場跟率先啟發大眾行銷趨勢的市場截然不同。這些公司了解原本（數十年來！）所知的大眾行銷原則已不再適用，因爲他們體認到從這些原則創立後，市場上已經出現三項重大改變——這些改變徹底影響目前企業取悅顧客的方式。

市場究竟發生了哪三項重大改變？首先，以財富與所得（意指可支配所得）的觀點來看，時下的消費者都比以往的消費者更富裕。對於所得較高（但非鉅富）家庭的特定區隔來說，情況更是如此。時下消費者不但平均財富與所得增加，所得消費也比以往更多；事實上，跟策略息息相關的所得分配，已經出現新的型態①。

其次，儘管消費者愈來愈富裕，但是消費模式已經改變。其中一項改變就是：所得最高家庭的消費金額急遽減少。對行銷人士來說，這項減少代表一大挑戰，對於能提供適當商品者而言，卻是前所未見的大好機會。

最後，目前日漸富裕的消費者除了傳統奢華品外，還想要有更多的消費選擇。在許多情況下，被認定爲奢侈或奢華物品，會被消費者斷然拒絕。富裕消費不再跟奢侈消費畫上等號，雖然有些企業藉由變換爲奢華品心態而迅速成功，但卻不可能全面致勝或長久致勝。

這些現象就是本書的主題，在本章及後續章節中，我們將詳細探討大眾市場以往如何改變，日後如何繼續改變，要順利掌握當今大眾市場，行銷法則也必須跟著改變的原因。我們利用本身進行的消費者研究，再加上與一流企業主管的會談，在書中清楚表達大眾行銷七新見，並說明這些新法則所需的策略種類。

新大眾市場在哪裡？

據說，惡名昭彰的銀行大盜威利．薩頓（Willie Sutton）被問到為何搶銀行時，這樣回答：「因為錢就放在那裡啊。」②後來薩頓否認說過這句話，聲稱這是某位趕著截稿的挑釁記者自創之語。但他馬上補充說：「如果真的有人這麼問我，我可能也會這樣回答。大家幾乎都會這樣說……這件事再明顯不過了。」③

或許薩頓知道錢放在哪裡，但是當今社會大眾、尤其是行銷主管，知道錢在哪裡嗎？有關消費者對「錢在哪裡」的看法，我們剛發現三項重大差異；我們請一群受試者描述美國所得分配時，回答範圍之廣，真是令人訝異。大多數受試者推測，以圖形描述美國所得分配的話，應該呈現鐘形曲線——中間處為中產階級收入者，圖形兩邊人數則較少。

但是大多數人都錯了。而且對於那些以中產階級為大眾市場主力，以此做行銷策略重點的企業來說，這種誤解（普遍認為美國錢在哪裡呈鐘形曲線）是有危險性的。

要取得目前所得分配的正確圖形當然不容易，而且依據不同處理方式與繪圖方式，幾乎可以按照選擇，產生任何種類的所得分配圖形。舉例來說，以非線性方式（如：圖形無等量對稱的資料點）說明所得分配的圖形，就能為大眾深信中產階級家庭所得呈鐘形曲線的理論做部分說明。以美國人口調查局為例，該局選擇的圖例，就呈現看似有理的鐘形曲線，而且這個曲線已經成爲說明美國所得分配的標準。但是在這個圖形（及許多其他圖形）上，各資料點表示不等量的所得範圍，從五千美元至五萬美元不等。所以，整個圖形根本奇形怪狀，因而讓消費者、政策制定者和企業造成誤解。

我們相信，我們已經利用盡可能不造成曲解又能代表結果的方式，來處理數字，這對行銷人士來說極爲重要。我們嚴格界定資料點，認爲各資料點代表等量的所得範圍（在這個例子是以五千美元爲範圍，所以必須進行少量的插補法和平滑法）。根據我們的計算，顯示所得分配的圖形其實就像滑雪道般，而不像鐘形曲線④。圖形左邊起點爲占大多數的較低所得家庭，整個曲線往下傾斜直到最後（有些迅速）平緩，形成相當細瘦的尾部，代表的是較高所得家庭（如圖一・一）。

在這個圖形中，傳統的大眾市場在哪裡？現在還存在嗎？根據我們的圖形顯示，低所得家庭顯著增加，圖形中並未顯示以龐大中產階級爲消費者的大眾市場。以一段時間來看，這個圖形反而顯示出，大眾市場已大幅提升到所得較高的消費者。

誰搬走我的所得？

所得分配的現狀圖及自一九七〇年起的演變，跟行銷人員極爲相關。以（約莫）目前十萬美元的年所得爲例，一九七〇年時擁有這種高所得水準者，僅占美國總人口的三・七％⑤。

圖一・一：美國家庭所得分配

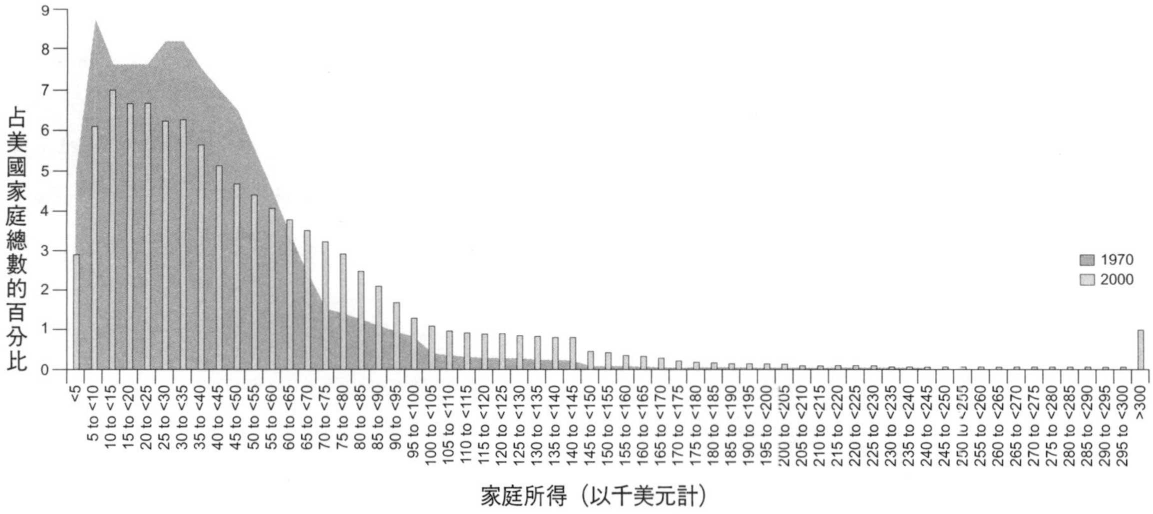

從一九七〇年起，美國所得分配圖形已徹底改變，平均收入者與中產階級的本質都有所改變。

● 資料來源：美國商業部人口統計局，〈二〇〇〇年美國金錢所得〉"Money Income in the United States: 2000," www.census.gov/prod/2001pubs/p60-213.pdf。家庭所得以二〇〇〇年系列調查都市消費者物價指數（CPI-U-RS）美元（實際美元）表示：無法取得資料時，增值以較大增額進行插補法取得。

到了二〇〇一年時，這個比例已經增加到十三・八%！換句話說，以擁有六位數所得的觀點來看，在一九七〇年時，每二十七個家庭中，只有一家有錢人。現在這個比例已經接近每七個家庭，就有一家有錢人。同期內實際所得在七萬五千美元到十萬美元的家庭比例，從四・四%成長二倍多，到達十・八%。結合這兩項改變，美國在二〇〇〇年時，每四個家庭幾乎就有一個家庭收入總額超過七萬五千美元。把知名漫畫家華特・凱利（Walt Kelly）筆下主角波哥（Pogo）的話改述一下：我們遇到有錢人了，原來有錢人就是我們自己。

這些新近較高收入家庭是打哪兒來的呢？雖然有人或許希望，這些家庭來自以往收入最低的家庭，但不出所料，這些家庭原先年所得約在三萬五千美元到四萬九千九百九十九美元之間。從一九六七年到二〇〇一年，所得位於此範圍的家庭比例從二二・一%下降到十五・四%。在貧窮家庭最低所得爲零，而富裕家庭所得幾乎沒有上限的情況下，這項結果其實並不讓人意外（以迪士尼〔Disney〕執行長麥可・艾斯納〔Michael Eisner〕爲例，一九九七年起，艾斯納的平均年薪就超過一億二千一百萬美元，這下子你懂了吧！）⑥。依據這類統計趨勢的交點，整個曲線如預期般地被拉長和拉平，中心點約落在六萬五千美元附近⑦。這個圖形顯示家庭所得水準出現一項轉變，其在基礎上和結構重要性的轉變，遠超過許多人想像得還要顯著。

但重要的不只是圖形曲線中間位置、新富階級的所得成長（雖然這項成長一直很重要），曲線左邊與右邊的相關變動也一樣重要。雖然以所得分配的觀點來看，這些差異相當顯著，但是如果從購買力改變的觀點來看，這些差異就更爲顯著。總所得比例一直被高度曲解，自一九七〇年代起發生的這項改變，卻是行銷人士忽視的一個現象，結果如何白行負責。收入高居前一%者眼看著本身所得占全國總所得比例激增——一九七九年時，收入高居前一%者的所得，占全國總所得比例不到十%，一九九七年的比例增加到將近十八%，二〇〇〇年的比例更接近二一%[8]。對於那些低於中間所得者，其所得占全國總所得的**比例**則穩定下降，讓他們成爲總所得中逐漸減少的一大部分。

這些趨勢共同創造出一個大眾市場。以消費力（spending power）的觀點來看，跟大眾行銷規則首度出現、於二次世界大戰後就存在的那個市場，兩者其實並不一樣。這項改變對行銷人士提出三項重要建議。首先，對行銷人士來說，代表高所得的所得分配曲線尾部，比以往更重要，因爲這部分既是消費的來源，也足以影響其他消費者。其次，可能在大眾市場銷售的各種產品（從牛奶、西洋棋、洗衣精等等），現在已經賣給消費能力更廣大的消費群，因此大眾行銷人士必須面臨範圍更廣的消費者期望、需求和消費習性。再者，消費主力轉變到所得較高、爲數較少的家庭，可能對消費者行爲（consumer behavior）產生難以量化又引人注目的關係。行銷人士必須審慎評估，消費力出現這項轉變的關聯性，要考慮的範圍從消費如何與創造個人身分產生關係，一直到消費者對於中產階級的態度，甚至可能包括消費者打算怎麼做，讓自己不比中產階級差（舉例來說，我們所做的消費者調查揭露，將近三分之二的消費者相信，人們愈來愈難從個人購物，看出個人收入）⑨。

這些差異讓目前的大眾市場，跟以往的大眾市場截然不同。爲區別新市場與舊市場，並特別強調新市場範圍較廣的所得財富，我們以**富裕大眾**（moneyed masses）來稱呼新市場。在這本書中，我們會以「富裕大眾」一詞，代表非特定範圍的所得，指的是受到財富與所得顯著增加所影響，並擁有前所未見、可支配消費力水準的大多數家庭。至於個別產業標定的相關大眾市場，就留給行銷人士設定較低（和較高）的所得範圍限制。但事實上，對大多數工業化國家的所有產業來說，這些特性描述其實一體適用。比方說，富裕大眾也已在英國產生顯著影響。針對英國金融服務業所做的調查，也率先採用「富裕大眾」一詞。包括法國和西班牙在內的其他歐洲國家，也認定富裕大眾這個構想。有些觀察家發現富裕大眾是有錢的中產階級（跟鉅富者不同），在中國、印度、哥斯大黎加和菲律賓等國，目前富裕大眾的人數也正在激增當中。

這個全球現象主要源自於愈來愈多人擁有財富。《商業週刊》（*Business Week*）報導過「將服務與知識工作輸出」這股趨勢，包括從美國把建築師和工程師這類複雜職務，輸出到匈牙利這類國家⑩。據估計，企業流程委外（business process outsource, BPO）的全球市場，在二○○五年時成長到二千二百六十十億美元⑪。這些趨勢已經開始，也將繼續在一些其他國家，促成規模或許較小，但同樣顯著的新富消費者市場發展。這些趨勢所帶來的整體結果是：全球各國的大眾市場不再具有一致性，不再受到現金所束縛。企業不必在國內尋找可負擔創新事物的消費者市場。事實上，就算經濟景氣暫時衰退，在全球各國國內生產毛額（Gross Domestic Product, GDP）成長的情況下，企業依舊能從全球各地掌握驚人商機。

消費不足的有錢人

我們生活在一個前所未有的富裕年代，由於所得成長和財富增加，再加上我們所能負擔的消費，讓這種情況影響到各所得水準的家庭。由於許多消費物品受到通貨緊縮的壓力，包括食品到服飾和家用電器不等，現在美國許多最貧困家庭過的生活，比實際所得水準能負擔的生活要好得多。目前較貧困家庭擁有許多以往中產階級才買得起的產品，比方說：洗衣機、乾衣機、洗碗機、彩色電視和個人電腦⑫。就連悲嘆有錢人揮霍浪費寫出《奢華狂潮》的羅伯特・法蘭克（Robert Frank）都承認：「現在收入在後二十%者，在食衣住行上的花費，僅占所得的四七%，但是在一九二〇年時，這項比例卻高達七十%。對大多數家庭來說，目前的經濟挑戰不是取得所需物品，而是取得想要的物品。」⑬

當消費者的絕對需求占總所得的比例日漸萎縮，即使所得微薄者也發現，自己能任意支配更多消費。對於收入較高者來說，金錢購買力及本身所得的成長，表示他們現在能完全支配絕大部分的所得。對行銷人士來說，富裕消費者薪資的這個部分，就是獲取獎金的絕佳來源。

但是如同人們（錯誤地）以爲，美國所得分配的圖形類似鐘形曲線，許多人也（誤）以爲，高所得家庭渴望消費多餘資金，有錢人將盡可能充分利用本身所得，獲得更豪華的生活水準。從西元前三八八年雅典喜劇作家亞里斯多芬（Aristophanes）的劇作《財神》（*Wealth*），到現今《頂級人生：窺探政商名流的私密生活》（*Lifestyles of the Rich and Famous*）這類版本多到不勝枚舉的電視節目，包括最近MTV音樂台的當紅節目《名人巢》（*Cribs*），媒體總是以展現有錢人揮霍無度爲樂。但是撇開電影明星、職業運動員和說唱藝人不談，富裕者不成比例的消費水準，這個想法又是另一項危險誤解，行銷人士若這麼想就更糟糕了，因爲事實根本不是這樣。

雖然一九九〇年代期間，許多行銷人士敦促公司擴大生產奢華品，但現在這些公司在百萬美元公寓、名車和鄉村俱樂部高爾夫球課程等高級用品（high-end）上，都面臨產能嚴重過剩。這類商品已在市場上存貨過剩，專家估計需要幾年時間，才能讓產能符合實際需求。雖然行銷人士可以輕易地把事情歸咎到網際網路狂熱，才讓他們對於富裕消費過分自信，但是早在網路泡沫化前就有跡象顯示，有更多買家在購物時猶豫不決，只不過唯有觀察敏銳者才會了解。

我們更深入檢視大多數美國人如何花錢。爲了更加了解美國家庭的消費習性，我們從美國勞工部勞工統計局消費者支出調查所收集的資料，做進一步的研究，並特別留意消費與所得如何隨時間演變而改變，尤其是較富裕家庭在這方面的改變。

我們從資料中獲得的發現，推翻了一般人的觀念。當更多家庭的所得比以往更高，以二〇〇二年爲例，所得最高的家庭（前二十％）之所得雖占全美總所得近五十％，但其支出僅占全美總支出的三七％（圖一・二）。

除了這種模式，以占稅前所得百分比來評量支出的情況下，這類家庭的平均消費日益減少⑭。對於這群人來說，從一九八四年到一九八六年間，支出占總所得的百分比平均約爲七四・六％，在一九九八年到二〇〇〇年間，這項平均值卻減少到六八・六％（圖一・三）⑮。

當我們計算這群人的實際消費及依據以往比例的消費，再把兩者差異乘上此範圍之家庭總數（二千一百八十萬戶）換算後，在二〇〇〇年一年內，消費支出的損失就超過一千億美元。如果考慮這群高所得家庭，把更多錢花在保險和退休金等被視爲投資而非實質開銷的消費類別上，那麼消費方面的損失金額就更多了。結果，所得前二十％家庭的實際消費支出其實更少。

從某些方面來看，這種在實際消費上的減少，其實是預料中的事。美國有許多家庭一直擔心退休生活和日後的社會安全，所以他們可能覺得不安，必須存更多錢防患未然。但是除

圖一·二：稅前所得五等分圖

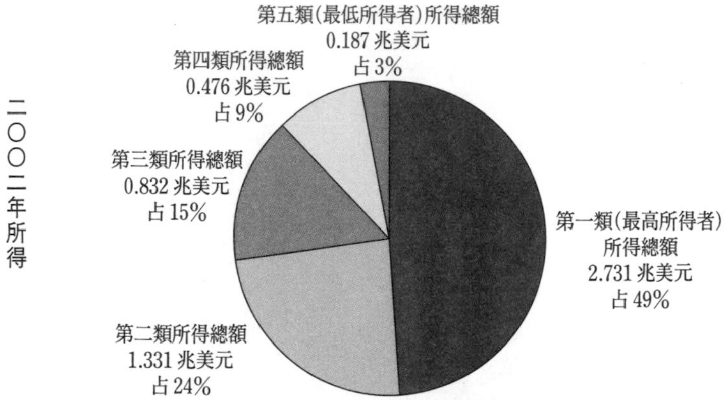

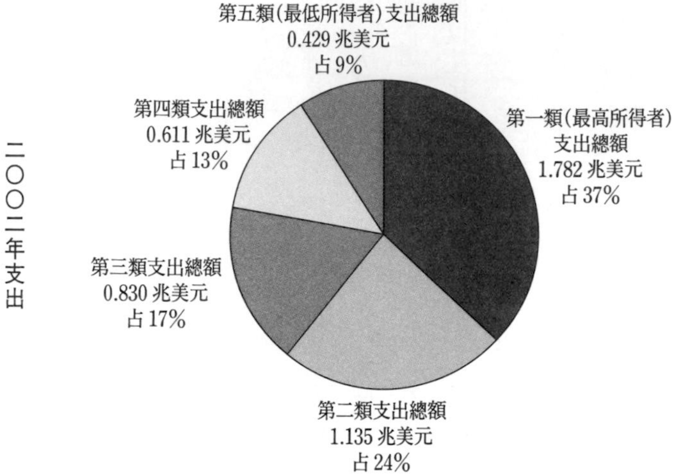

以二〇〇二年爲例，雖然所得占前二十%家庭所得總額占總所得的四九%，但其支出總額僅占總支出的三七%。

- 資料來源：美國勞工塌瑲工統計局所做的二〇〇二年消費者支出調查，網址為：http://www.bls.gov/cex/csxstnd.htm。

圖一・三：以稅前所得之百分比計算，所得前二十％家庭的平均支出

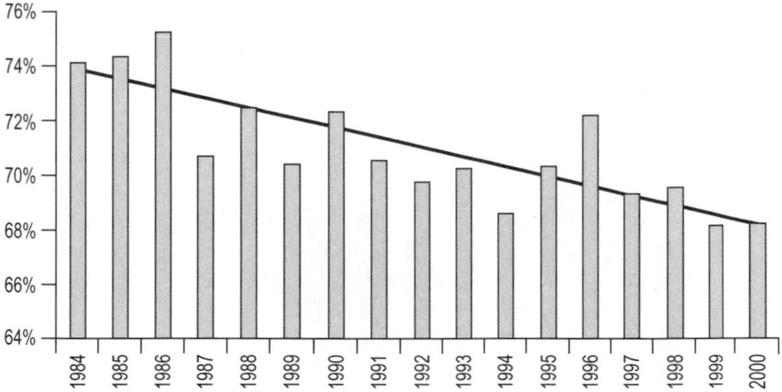

雖然在一九九〇年代期間，所得前二十％家庭的所得急遽成長，但是消費占總所得的百分比卻呈現穩定下降。

● 資料來源：美國勞工部統計局一九八四年至二〇〇〇年之消費者支出調查，網址爲：http://www.bls.gov/cex/csxstnd.htm。

了這些因素，據資料顯示，有較高終生所得的家庭，終生存款率也較高⑯。問題是，爲什麼在當今日漸富裕的社會裡，這種存款日漸增加的現象，會對消費者支出產生威脅，威脅的程度爲何？雖然有許多因素說明這種存款增加的現象——從人們想要創造維繫世代的財富與權力，到只想存款以備不時之需——但似乎沒有一個是**眞正**答案⑰。事實顯然是這樣：財富好像跟其他物品一樣，變成消費用品，就是消費者愈有錢就想買更多的那種東西。

所以，雖然美國高所得的富裕家庭過得很好，但是一般來說，他們並沒有入不敷出。事實上在一九九〇年到二〇〇〇年間，雖然所得前二十％的家庭的平均稅後所得增加四八%，但是同期內的總支出卻只增加三八%。這項成長率幾乎等於最貧窮家庭（所得後二十%）在同期內的支出成長（三七·七%）。令人訝異的是，最貧窮家庭在同期內的所得只增加三十%，也就是說，所得成長比支出成長還少八%。

那麼，是什麼原因讓行銷人士和大眾堅信，高所得者的消費是跟本身的所得成比例呢？有些觀察支持這項想法，但是當我們檢視全部細節，這類觀察會引起誤解。舉例來說，大部分消費是來自高所得者。所得前二十%的家庭依舊占總消費支出的三八%。一般消費者幾乎不會發覺這項懸殊。另外有部分要歸咎媒體對富裕消費的大肆報導。我們每天被媒體疲勞轟炸，媒體不斷報導唐納·川普（Donald Trump）在紐約或棕櫚灘的房地產，或珍妮佛·羅培茲（J. Lo）戴的戒指，讓大家誤以爲有錢人的生活型態就像電視所描述，尤其是情節喜劇描述的那樣。你曾看過這類節目的陳設而訝異說：「他們怎麼買得起這種東西呢？」⑱

專注於以往消費行爲，也會讓時下的企業感到困惑。審視依據名目美元計算的總消費顯示，五個所得範圍在消費上都有顯著的成長，尤其是所得前五分之一的家庭在這段期間內的消費成長最多。但是當我們把總支出換算爲實質美元（如：依據通貨膨脹做調整）就會發現，所得前五分之一的家庭減少消費的情況更加明顯。而且以消費占總所得的百分比表示時，才顯現消費其實呈衰退趨勢，所得前五分之一的家庭消費遽減的現象，才變得顯而易見。

這股消費衰退趨勢在某些產業更爲嚴重，因此對這些產業的相關企業和行銷人士來說，更必須了解這股趨勢。根據我們長時間對消費進行的研究（依商品類別及依所得）發現，以實質美元消費的觀點來看，從一九八〇年代起，食品和服飾等特定支出受到最嚴重的打擊。其他像保健、教育和退休金等類別的消費，則呈現增加趨勢，尤其富裕家庭在這方面的消費增加最多。我們會在書中更詳細探討，從消費衰退產業與消費增加產業中學到的教訓⑲。

消費與收入的懸殊有部分起因於，財富效應無法趕上消費者的消費習性。其他肇因包括海外採購低成本商品及技術過時等因素，這兩項因素導致商品維持低價。但是這種消費不足的情況，至少有部分該歸咎於企業無法發展創新做法，刺激消費者在占所得比例日益減少的消費類別上，多增加一些開銷。畢竟在我們的調查中，幾乎每位受試者都跟我們說，只要發現更能符合需求的商品，他們願意在許多類別花更多錢購物。有這個想法的受試者，在年所得低於五萬美元者中占六八%，在年所得超過十五萬美元受試者中則高達八七%（驚人吧）！

我們在調查中問到有關**個人重視的**（personally valuable）創新之數目時，有五十%的消費者表示，在過去幾年內，沒看到任何個人重視的創新；高達七十%的消費者表示，在過去幾年內，在各檢視類別沒看到任何創新，不然就是只看到一項或兩項創新。對於年所得超過十萬美元的家庭來說，情況更是如此。這些消費者認爲幾乎各類別的創新都愈來愈不重要⑳。不過整體來說，消費者對創新如此失望，反而可以解讀成，創意企業擁有大好機會，在各個產業獲致成功；即使在被視爲不景氣的產業也一樣，寶鹼就在消費用品業中大放異彩。在接下來幾個章節的重點就是，適用於當今富裕大眾市場的一套大眾行銷新法，如何帶領企業，改良出更受顧客重視的創新。

渴望奢華品……不管是什麼都好

接下來我們要提到許多企業抱持的最後一項共通誤解：自古至今，向富裕消費者推銷，不管是新顧客或老主顧，一切都跟推銷奢華品有關。由於某些企業向來以滿足有錢消費者為主，所以有些行銷人士可能認為，設計奢華商品滿足更有錢顧客，這種傳統行銷方法，就是滿足富裕大眾市場的解決方案，只不過企業還需要增加更多創新才行。但是向少數人推銷奢華品，並不像許多人所認為的那樣，可以稱為大好商機，我們很快就會知道其中原因。而且如果向少數人推銷奢華品是一項冒險提案，那麼如同某些人的建議，設計奢華品推銷給大眾，可能一樣冒險。

要了解奢華品為何不再是掌握富裕大眾消費潛力的解答，關鍵就在於，了解什麼是奢華品、什麼不是奢華品。

但是定義奢華品是相當困難的工作，設法成功地設計出富裕大眾想要的奢華品，就是部分問題所在。舉例來說，以行銷目的來看，奢華品常被歸類為，所屬類別中最昂貴或超過特定門檻價格（threshold price）的物品。雖然這項定義很容易了解，卻無法提供什麼重要見解。

採取這種標準就會誤以爲，不管有錢人怎麼想，他們消費的所有東西幾乎都算奢華品。其實大多數美國最有錢者並不打算購買奢華品。湯瑪斯・史丹利（Thomas Stanley）和威廉・丹寇（William Danko）在合著的《下個富翁就是你》中明白指出，財富跟昂貴物品採購無關，兩位作者說明，這些百萬富翁開著國民車，買的東西跟一般人並沒有兩樣。根據史丹利與丹寇的調查，半數以上的美國百萬富翁表示，他們買的西裝都不超過三百九十九美元，皮鞋不超過一百四十美元，手錶也不到二百三十五美元[21]。所以當昂貴品很吸引人時，或許能獲得高所得者的青睞，卻不足以吸引富裕大眾採取購買行爲。

奢華品也常依據本身內建的細微屬性做界定，或被界定爲，比低價競爭商品多一些功能特性。韋伯倫在其著作《有閒階級論》中，把浪費視爲炫耀性消費的核心要素後，「注重細微」就被認爲是奢華品的主要部分。但浪費不只落伍也令人厭惡。打腫臉充胖子這種消費已經過時，到沃爾瑪百貨（Wal-Mart）或暢貨中心走一趟就能證實，有錢人還是很在意價格。

另一種界定奢華品的行銷做法是，依據品牌地位。運用這種做法，品牌定位高的特定品牌就成爲奢華品牌，生產這類商品的企業就稱爲奢華品廠商。舉例來說，路易威登（Louis Vuitton Moet Hennessy, LVMH）、蒂芙妮（Tiffany）、Burberry、愛馬仕（Hermes）、古馳（Gucci）及其他常被投資分析師調查、被歸類爲奢華品廠商，甚至被列入此類共同基金，例如：瑞銀環球資產管理公司（UBS Global Asset Management）旗下瑞銀奢華品股票基金（UBS〔Lux〕

Focused Fund）的頂級奢華品（Top Luxury）類別。依據這種奢華品標準而產生的奢華品市場，據估計在全球所占市值達七百五十億美元。儘管市場很大，但是這個數字只占富人總消費的一小部分。況且像豪華汽車和遊艇，這些商品或許並未列入高品牌地位名單中，所以不被考慮在內，由此可見這種奢華品市場忽略掉許多商品。因此我們可以知道，依據品牌界定奢華品，藉此依據所得決定目標消費者，這樣做是有困難的。

雖然這種以品牌爲主的定義，可能符合大多數消費者對奢華品的了解，但卻跟有錢人的購買習性不一致。柏納德・杜伯伊（Bernard Dubois）和派崔克・杜克斯尼（Patrick Duquesne）針對奢華品消費做的研究發現，雖然所得是奢華品採購的強力指標——由於所得較多讓人更容易採購任何奢華品，以滿足潛在欲望，因此這項結論是合理的——但事實上，文化才是更強有力的指標[22]。更重要的是，杜伯伊與杜克斯尼發現，「注重流行」者更樂意冒險，在生活中更主動積極，更不願意接受制式或傳統結構，他們更可能購買奢華品。兩位研究者也發現，這項特質平均分布於高所得者與低所得者之間。因此，雖然所得高讓人能消費奢華品，但更重要的是，個人與文化的一種傾向，讓人更願意購買奢華品。

杜伯伊和杜克斯尼把奢華品依據相對價格，定義成「觸手可及的奢華品」（accessible）和「特別奢華品」（exceptional）這兩類，依此衡量奢華品的消費。這項描述讓兩位研究者掌握到更廣泛的行爲，但是研究者特定選擇的先入之見，卻再次強調奢華品的主觀本質。奢華品牌不是企業成功的保證。雖然打著「名品永不退流行」（Prestige is never passé）的口號，瑞銀以頂級奢華品為主的股票基金，在二〇〇〇年成立後到二〇〇三年年初，以歐元計價已下跌將近四十％，根本無法超越市場的表現。坦白說，這種績效應該沒什麼好訝異。維持這些奢華品牌形象，通常會讓投資利潤受到不利影響。舉例來說，奢華品產業的廣告費用常占銷售額的十％，相較之下，其他大多數產業的廣告費用，卻只占銷售額的二％或三％，有時則占五％㉓。奢華品主力廠商為了設法維持品牌並從品牌獲得價值，幾度瀕臨破產：知名跑車廠商藍寶堅尼（Lamborghini）在一九八〇年代、一九九三年、法國頂級珠寶廠商Chaumet在一九八〇年代所發生的狀況，就是這方面的實例。如同吉安・路吉・隆吉諾提－比托尼（Gian Luigi Longinotti-Buitoni）在其著作《銷售夢想》（*Selling Dreams: How to Make Any Product Irresistible*）中所言，銷售知名奢華品是相當冒險也相當花錢的事㉔。

經濟學家把奢華品定義為：隨著所得增加，也增加消費的產品。這項定義很難概念化，但在界定實際奢華品時，這或許是所有定義中最切合實際的一項。這項定義明確表達出，奢華品是人們隨著所得增加，增加原先購買物品的消費，不是隨著所得增加而買的新物品，也不是以更具吸引力的替代品，取代某項產品。如果我們仔細思考這一點，有許多產品（像手機和要價六美元的三明治）其實是奢華品，但這類產品很快讓人感到滿足，所以不再被視為奢華品。因此，推銷**真正的**奢華品是各個廠商追求的一項設計原則：商品不但要有吸引力，也要能創造貪得無厭的需求。

克服大眾節儉成性的問題

這些現象告訴我們什麼呢？富裕大眾的所得中，還有一部分未充分消費，這個大好機會若不能透過奢華品加以利用，那麼企業該如何著手處理呢？本書後續章節的重點，就是詳細回答這些問題。但是在此要先強調的是，傳統大眾行銷策略已經派不上用場。

舉例來說，以往爲了增加類別支出所用的大眾行銷策略，只注重增加消費。這類策略以增加使用次數或使用量爲主，或以發現或創造新用途爲主。雖然這些策略是經過時間考驗的做法，但卻無法像以往那樣奏效，帶領行銷人士找出「錢在哪裡」。現在大眾由於節儉成性，讓可自由支配的所得增加許多，企業若只想透過漸進式的成長及拿以往的商品推出新用途，這樣做並無法從中獲利。爲了讓類別消費激增，企業必須有意識地擺脫這種行銷慣例，認清整個消費全貌並加以回應。

這項改變的起點是：行銷人士領悟到，存錢是消費者的自由決定——是消費者面臨眾多選擇時所做的抉擇。當今富裕大眾中所得最高者發現，存錢是最具吸引力的選擇。其實以重點來看，所有成功的銷售成長策略，都讓消費者有不同的選擇。現在，非傳統式的策略必須透過以當前新大眾市場爲直接目標，發展出有意義的創新，刺激消費成長。

大眾行銷的七新見

從利潤和市場占有率的觀點來看，時下的企業當然渴望獲得我們所說的這種成長。要達到這項目標，企業必須自問，本身最佳機會是否不在於增加微區隔化，而在於更精準、更合適的大眾行銷型態。本質上爲非傳統式大眾行銷，而且是爲當前大眾市場的新型態所設計的新做法，就是爲富裕大眾行銷所設計的策略。我們把這些建議改變，稱爲當前大眾市場的七新見。目前，不論大企業或小公司都利用這項新做法，滿足當前的大眾市場，達到可觀的成長。企業要應用這些新法則，必須進行三步驟流程，徹底改造行銷。首先，企業必須掌握新市場地位，重新設計商品滿足所屬市場定位，然後改造商品的通路和促銷（圖一・四）。這本書就是依據這三項行銷步驟做編排。

定位的新法則

本書第一部是爲了協助行銷人士，向當今大眾市場推銷邁出第一步而設計：重新定位商品。在第二章〈掌握「新中間地帶」〉，我們力勸行銷人士，在奢華品市場與大眾市場最佳產品之間，找出新定位。這些定位必須有大量販售之勢，但是價格點比先前所認爲的價格點高出許多，卡夫食品（Kraft）就利用旗下 DiGiorno 品牌，在冷凍披薩餅市場締造佳績。雖然價

圖一・四：行銷七新見

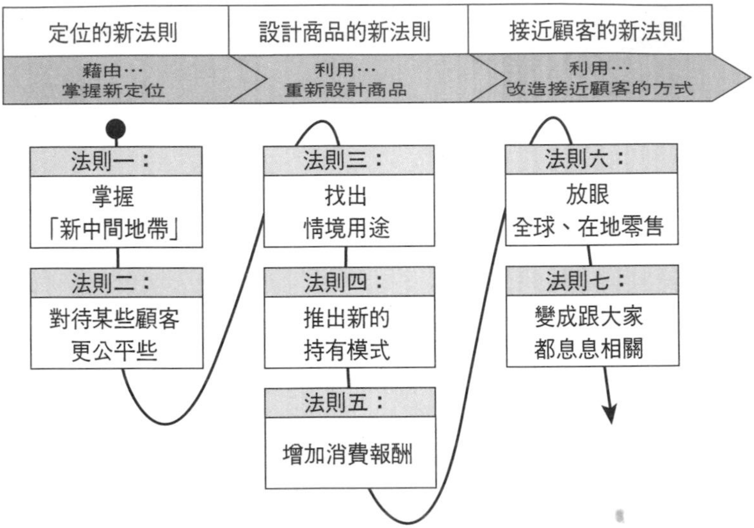

格點必須夠低，讓大眾日常消費得起，卻必須比最佳傳統解決方案所支付的慣用價格高許多。

依據我們初步研究證實，這種機會確實存在。大多數消費者表示，他們經常面臨兩難，必須在價格太昂貴但超出需求的商品，以及價格可接受但條件不合的商品之間做選擇。

不過，並非所有企業投入富裕大眾行銷時，都要重新開始。第三章〈對待某些顧客更公平些〉，說明目前一流企業重新爲既有商品做定位時，儘管在基礎設施上要投入龐大的沉沒成本(sunk costs)，或在推銷更廣大範圍的差異化商品時，會面臨文化及法規的限制，他們怎樣克服所涉及到的挑戰。我們看到有些企業在因應這些挑戰時，重新定位本身的商品，成爲市場上的贏家。舉例來說，鹿谷滑雪度假村（Deer Valley）和主題樂園業者環球影城（Universal Studios）就審愼發展本身的商品，提供不同等級的價值獲利，同時也維持對現有資產與顧客群的承諾。另外，我們也看到像美國保健服務業者MDVIP這類企業，在這方面有優異的表現。MDVIP起初引發部分社會人士的反彈，最後克服挑戰，以更高價格在大眾市場中，提供更高水準的一般醫療照護。

設計商品的新法則

在本書第二部，我們詳述三項重要做法，讓行銷人士用於調整商品並界定新商品，讓商品更適合富裕大眾。這些做法對商品的三項核心屬性進行改造：本身關聯性（以意圖購買者目前擁有物及訂購品的觀點來看）、所有權特質、傳遞的價值特性（顧客認爲所支付價格獲得的報酬）。

在第四章〈找出情境用途〉中，我們探討第一項做法：在消費者已擁有或已訂購的事項中，改變商品的關聯性。大多數消費者、尤其是更有錢的消費者，已經獲得許多「東西」。跟那些擁有很多東西的人推銷，比跟擁有很少東西的人推銷要難得多。因此，我們探討企業如何運用創意，定義讓富裕大眾必須擁有的「新」產品，更重要的是，如何讓富裕大眾願意在本身物質充裕的生活中，給這些產品一些機會。讓人訝異的是，這方面的實例比比皆是：從耐吉（Nike）爲水上活動特製的溯溪鞋（Aqua Sock），到廚具名品 Williams-Sonoma 爲烹煮蘆筍特製的蒸籠都屬此類。這些產品可能不屬於日常穿戴或使用，卻因爲適用情境而受到高度重視。

在第五章〈推出新的持有模式〉中，我們調查企業如何重新定義擁有物的本質，把買不起的商品變成買得起的商品。宜家家居（IKEA）這類企業就在所屬產業，改變人們對物品適當持有期間的舊有觀念，讓消費者更容易接受其商品。其他公司則正重新定義共同持有物品的消費者數目，重新界定付款方式。總之，這些行銷人士正在改造擁有物的關鍵要素——持有期間、付款方式和財產權——設計出更適合富裕大眾實際生活狀況的商品。此外，成功企業也對消費者提出實質成本觀點，重新思考本身商品，這些實質成本包括：取得成本、維護成本、儲存成本及最終處置成本。

商品本身的價值主張，尤其是消費者能從購買投資中獲得的報酬，就是任何商品的第三項要素。在第六章〈增加消費報酬〉中，我們透露企業目前如何想盡辦法，讓本身商品具有投資特性。美國知名服裝零售商塔伯茲（Talbots）這類企業，不但採取股東分紅制，也讓顧客獲得紅利。其他像男鞋名品 Allen-Edmonds 這些公司，正專注於傳遞歷久不衰的使用價值。這些做法的組合運用正讓傳統物品（例如前述實例中的服飾用品），從消費界邁入更具吸引力的耐用品投資界。

接近顧客的新法則

本書第三部強調，成功行銷人士以擁有最多可支出所得的消費者與家庭爲重心時，爲了配合家庭所得分配的新型態，在通路策略與促銷策略上，要做什麼改變。從一九九〇年代起，商場中最重要的趨勢，大都以削減成本爲主，導致許多公司爲刺激富裕消費者消費並藉此獲利時，設計及進行配置失當的通路與促銷。

在第七章〈放眼全球、在地零售〉中，我們觀察最成功企業如何發展出更適合富裕大眾的通路。這些企業並未以顧客和既有商品爲著眼點，而是愈來愈以市場爲導向並講究消息靈通。這些企業透過創意及廣博的見聞，針對產品組合、搭配布置、舒適設備和地點，做出既適合當地市場，又能與本身零售品牌較遠大目標搭配的決策。雖然近幾年來零售購物事業日漸式微，但房地產開發商波格與麥克艾文（Poag & McEwen）這類創新企業，已重新界定整體環境，創造更適合當今大眾市場的購物環境。包括華格林連鎖藥局（Walgreens），以及與戴爾電腦（Dell）合作的施樂百（Sears），這些業界龍頭紛紛求助科技，改造本身的通路，以配合時下更富裕消費者的消費行爲。

企業在管理對顧客所做的獲利投資時，大部分是跟改善顧客服務的投資報酬率（return on investment, ROI）有關，也就是管理取得顧客的成本。第八章〈變成跟大家都息息相關〉中，我們檢視企業目前運用哪些做法，更具成本效益地以有錢顧客爲目標，獲得這群顧客的青睞，讓他們成爲老主顧——這些做法創造出與廣泛大眾有關的徹底改善。跟以往相比，現在由於e-pinions這類比較購物網站和家園電視台（House and Garden TV）等有線頻道的出現，讓富裕大眾消息更爲靈通，在購物行爲上也更積極主動。富裕大眾也更了解行銷，嬰兒潮年長人士就是終生接觸專業行銷的第一個世代。

顧客愈來愈了解行銷人士的計策。當今大眾市場的廣告與促銷已經變成跟直銷市場一樣，影響意見領袖就是關鍵所在。在第八章中，我們帶領大家進入以富裕者爲目標的事件行銷界。以酒類商品價格來看，像蘇格蘭酒商約翰走路（Johnnie Walker）等公司，卻能獲得有錢消費者一整個小時聚精會神地注意。我們也會檢視爲了因應富裕大眾的喜好，傳統廣告與促銷將如何改變，如何讓〇〇七電影中BMW汽車等具異國風味商品的置入性行銷，變成品牌發展行銷組合中，日常運用的關鍵要素。

接下來呢？

在本書第四部，也就是最後部分，我們深入探討大眾市場的未來前景及如何滿足此市場，做爲本書的結論。在第九章〈未來的大眾市場〉中，我們審視大眾市場持續發展的方向，爲何新市場及形成新市場需求的法則，只適用於某一段時間。我們也以後記〈產業新展望〉爲本書畫上句點。後記中提出的實例，說明如何將我們提出的所有法則和建議，變成更清楚的焦點，把本書提出的構想與方法，應用到鐘錶珠寶業。不過，把這些法則應用到特定產業、市場區隔或子區隔，這樣做還不夠；我們深切認爲，這樣做只是揭開序幕。

大眾行銷的持續演變

哈佛大學企業史學家理察・泰德洛（Richard Tedlow）在《創新與進步：美國大眾行銷史話》（*New and Improved: The History of Mass Marketing in America*）中，指出大眾行銷的三個階段[25]。第一個階段發生在十九世紀結束前，企業被迫進行「分散式銷售」（fragmented selling）——個別城市有個別商店，沒有全國配銷或全國品牌。到了第二階段，鐵路和電報的出現，讓全國統一成爲單一大眾市場，一直持續到一九〇〇年代中葉。這也是通用汽車（GM）與福特汽車（Ford）、可口可樂（Coke）與百事可樂（Pepsi）、施樂百與A＆P百貨等，消費用品與零售品牌大放異彩的黃金時期。

泰德洛發現的第三階段，是市場區隔化的階段。最早從一九二〇年代通用汽車價格金字塔開始（通用汽車打算跟福特汽車在大眾市場推出的車款競爭），到了一九六〇年代後期，由於年輕世代與年長世代需要不同的商品，加速市場區隔化。到了二十世紀末，市場區隔化演變爲涵蓋關係行銷、一對一行銷，以及目標清楚、結構複雜的直效行銷（direct marketing）。

圖一・五：行銷做法的循環

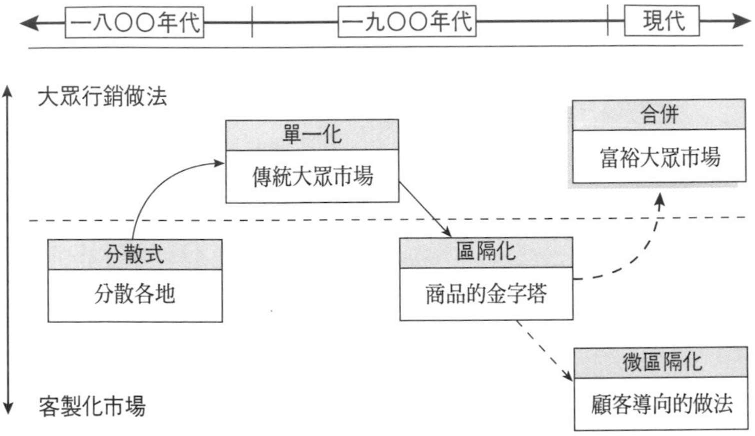

雖然行銷策略史呈現出與顧客導向的穩定搭配，
卻也可被視爲顧客導向與市場導向之間的週期波動。

● 改編自泰德洛的著作《創新與進步：美國大眾行銷史話》，p. 4。

泰德洛的分析一點也沒錯，但是行銷的鐘擺再次擺動。如同我們所見，行銷的第四個階段是保留關係行銷的精華，但目標清楚界定在向更廣大範圍的消費者推銷，以獲得潛在報酬（圖一・五）。

在這個新階段，企業目前採用的顧客關係管理技術或以顧客見解爲主的技術，並不會失效。第四階段反而協助企業，在關切獲利能力與市場成長性及重視顧客關係之間，取得平衡。換句話說，企業想成功落實這些技術，就不能限制服務的顧客數目，而要盡可能服務更多能讓企業獲利的顧客，盡量取得最大獲利能力。要充分利用這項新策略焦點，就必須具備這個時代特有的新行銷做法

表一・一：不同時代的核心行銷要素

	個別推銷（直到一八〇〇年代後期）	大眾行銷（一八七〇年至一九七五年）	關係行銷（一九七五年至二〇〇〇年）	富裕大眾行銷（二〇〇〇年以後）
定位	賣方依據商品／服務做界定	以大眾市場或奢華品市場爲定位	數不盡的利基市場，導致客製化市場的出現	㈠掌握「新中間地帶」
價格	透過地區獨占勢力或相互勾結，制定高價	制定低價並清楚標價，刺激銷售量	以差別定價爭取游離顧客	㈡對待某些顧客更公平些
產品	依據地區與需求，由當地市場界定	大量生產以滿足供應商創造的國際市場	透過利基產品及大量客製化，生產目標產品	爲㈢情境用途㈣新持有模式㈤消費報酬而設計
配置	個別零售商店與業務團隊	大型商家及百貨公司，採取以量制價的方式	特製品連鎖店及精品店提供「高感度」（high-touch）水準的顧客服務	㈥全球連鎖店透過適合當地市場的分店進行運作
促銷	推銷叫賣與交涉	大眾傳播與促銷	以直效行銷爲目標	㈦跟大眾密切相關的溝通與促銷

（表一・一）。由於這種做法關切到多數顧客的集體消費力，不是只關心顧客數目，因此或許可稱爲「密集行銷」（density marketing）。

依據我們所討論的方向，放棄微區隔化並重新思考大眾行銷的行銷人士和主管，將對本身事業有嶄新的看法。如同泰德洛在其著作中指出，當初大眾市場並非碰巧被發現，而是由有遠見的企業領袖所開創出來，他們投資新基礎設施及品牌，然後享受這些初期行動所帶來的優勢；因此擁有嶄新觀點很重要。喬治・伊斯曼（George Eastman）「不只生產平民化相機，也讓『大家都該拍照』的概念普及化」㉖。

如我們所說，當今的大眾市場跟企業在一九四〇年代與一九五〇年代面臨的大眾市場不同。但是認淸當前富裕消費者日漸增加的企業，就跟以往開創大眾市場的諸多知名企業領袖一樣，有機會塑造這個新大眾市場。勇於接受這項挑戰的人，獲得的報酬也相當驚人。

I

定位的新法則

2

掌握「新中間地帶」

比最貴的便宜，比最便宜的貴

有三分之一以上的家庭表示，
如果在預算範圍內，
能找到更好的產品和服務，
他們願意花更多錢購買這類產品和服務；
在所有消費者中，持同樣看法的比例也高達七十%。
因此，雖然整體消費仍以節儉爲原則，
但是提到個人採購，
消費者承認在消費上還是很有彈性。

舊法則：避開低成本與高價位之間的中間地帶。

新法則：掌握新中間定位——介於傳統商品佼佼者與頂級品之間。

現在美國的高爾夫球族已經超過二千六百萬人，很難想像這曾是只有極少數富豪才能享受的運動①。在十九世紀中葉以前，打高爾夫球的費用驚人，不但俱樂部會員費和球場使用費都很貴，連高爾夫球的價格也高得嚇人。

以手工製作，在生皮中塞入煮過的羽毛，這種做法製成的高爾夫球，一顆就要價一百五十美元到四百美元。不過要打高爾夫球，一顆球根本不夠。在下注的正式球賽中，球僮至少會帶六顆球上場，因此光是球的費用就要花上幾千美元②。而且高爾夫球遺失的機率很高，球友必須有錢買球，也有錢到眼睜睜地看著花幾百美元買的球，消失在森林裡或掉進池塘中，不會面有難色想把球找回來。

現在情況已截然不同，球丟了跟面子比較有關，跟荷包比較無關。由於大量生產的興起，球價大幅下跌，讓有錢有閒的新富階級可以享受這項運動。現在沃爾瑪商場中知名品牌製造的全新高爾夫球，單顆售價只要一美元，價格甚至比高爾夫球用品專賣店賣的「中古球」還低③。

不過有趣的是，這股持續一百五十年的球價下跌趨勢，現在正逆轉中——至少對某些品牌的高爾夫球來說，情況是這樣。在高爾夫球界，特定品牌已說服消費者，以高出好幾倍的價格購買高爾夫球。他們是怎麼做到的呢？精明的製造商設計出嶄新的頂級高爾夫球，滿足高爾夫球友先前沒滿足到的需求，而且一顆球的售價幾乎是原先高級球售價的二倍，不是只貴一點點而已。換句話說，這些廠商在頂級奢華（以此例來說即爲手工球）和新近大眾市場消費的高檔貨中，標定出有利可圖的產品定位。我們把在商品發展可能性上出現的這種空隙，稱爲**新中間地帶**（new middle ground）。

高爾夫球大師

先看看這究竟是怎麼一回事。幾年前，許多運動用品廠商發現，有愈來愈多高爾夫球友認爲，頂級高爾夫球還是不夠好用。某些消費者渴望擁有職業高爾夫球選手享有的先進能力和技術。他們也想要有更多選擇，比方說：能加速旋轉，在球場上有更好表現的球，以及爲了打長距離而設計的球。

這些欲求替超頂級商品，建造出一個先前沒被發現的市場。幾家一流廠商依據本身的新知識，爲專業市場開發出全新的商品，然後將這些商品以超高價格推出，供業餘高爾夫球友選購。舉例來說，才剛跨入高爾夫球業不久的耐吉公司，就推出「職業精準球」（Tour Accuracy ball）。高爾夫球用品老字號企業 Titleist 則推出 Pro V1。這兩款高爾夫球都以能徹底增加球技表現的實心技術爲號召。上市幾個月內，幾乎所有職業高爾夫球協會（Professional Golfers' Association, PGA）巡迴賽，都採用這兩款高爾夫球。不久後事實證明，業餘高爾夫球友願意以超過二倍的價格，購買這類頂級高爾夫球，在週末時上場試試身手。以相當受歡迎的高爾夫球 Pro V1 爲例，建議零售價爲每打五十美元，跟該公司先前推出的高級球相比，售價已經高出許多。

這種新價格層級已經徹底提升消費者的消費水準，把高爾夫球界從商品化邊緣拉回來。Pro V1 在商品市場上市後，在兩年內，每打三十五美元以上的高爾夫球，就奪下六〇%的市場占有率，銷售成長率爲每打二十五美元以下高爾夫球的四倍④。雖然這股趨勢並非預告，日後高爾夫球將回到一顆四百美元的天價，但可以理解的是，不久後高爾夫球單顆售價將達到十美元的價位。

價格點出現這種改變，讓後續加入市場競爭者倍感壓力沉重。塔普佛萊特高爾夫球公司（Top-Flite Golf Company）就錯失這股趨勢，而造成重大損失，在二〇〇三年六月申請破產，將資產賣給卡拉威高爾夫公司（Callaway Golf）。雖然塔普佛萊特高爾夫球公司推出當時最昂貴的高爾夫球品牌（Ben Hogan Apex Tour），單顆售價爲五十八美元，但卻爲時已晚，無法拯救這家全球最大的高爾夫球廠商。後來該公司執行長吉姆·克瑞奇（Jim Craigie）表示，以該公司的負債水準來說，這個市場競爭太過激烈⑤。

標定新中間地帶

因此，有一群精挑細選的高爾夫球廠商，成功地看出並利用市場定位的新中間地帶。這種機會只屬於特定產業嗎？我們可不這麼認爲。事實上，我們相信這些廠商享有的成功，也能複製到其他許多產業。我們進行的消費者研究就證實，各所得水準的消費者已經壓抑很久，他們渴望品質更好、高單價、但非奢華品價格的商品。我們在研究中還發現這兩項觀察結果：

- **現有奢華品和大眾市場商品，都無法滿足富裕大眾的需求和預算**。所得超過十萬美元的家庭中，有高達四四％的家庭認爲，他們時常必須在符合需求但價格過高的商品，以及價格可接受但不想要的商品之間做選購。對於汽車、住屋、個人照護等產品類別，以及投資與娛樂等服務類別來說，這種無法令人滿足的選擇困境特別嚴重⑥。雖然在某些類別，富裕家庭面臨的兩難困境比所得較低家庭要少些。但令人驚訝的是，他們還是得面臨兩難；而更令人訝異的是，有這麼多富裕家庭面臨兩難抉擇。所有消費者都體驗到「想要的」商品跟「買得起」商品，兩者之間有何差異；這應該能做爲重要商機的標記，讓各行各業的行銷人士和主管趕緊採取行動。
- **消費者願意付更多錢獲得更大的滿足**。依據我們的研究發現，即使經濟不景氣，所得超過十五萬美元的家庭中，有四分之三以上的家庭表示，如果在預算範圍內，能找到更好的產品和服務，他們願意花更多錢購買這類產品和服務；在所有消費者中，持同樣看法的比例也高達七十%。因此，雖然整體消費仍以節儉爲原則，但是提到個人採購，消費者承認在消費上還是很有彈性。

問題是，即使在純奢華品與大眾市場定位間，有新中間地帶的明確需求存在，但是許多企業卻無法認清這項機會並採取行動。其中一項原因可能是，這些企業已經把本身的產品定位圖劃分得太細。以這個例子來看，高爾夫球廠商可能認爲現有頂級品牌，跟折扣品牌比鄰並存，認爲市場需求都已經被滿足了。同樣地，牙膏廠商可能以爲所屬市場的所有定位都已經飽和。牙膏廠商看到市面上商品琳琅滿目，瑞恩白特公司（Rembrandt）和緬因湯姆公司（Tom's of Maine）占據頂級牙膏定位（緬因湯姆公司甚至以聖經中知名的沒藥做號召，推出沒藥牙膏），店家自營品牌占據低價牙膏定位。於是，牙膏廠商很容易遽下結論，認爲所有可能性已被涵蓋在內。

不過隨著富裕大眾的興起，外加高所得家庭所得普遍增加，讓企業主管不得不擴大產品定位圖。舉例來說，如果我們不只考慮牙膏產品，也考慮牙齒美白這項目標，我們現在就能在產品定位圖右上方，表示超級頂級品這部分，標出牙醫專用美白治療。將產品定位圖做此

圖二・一：市場定位的新中間地帶

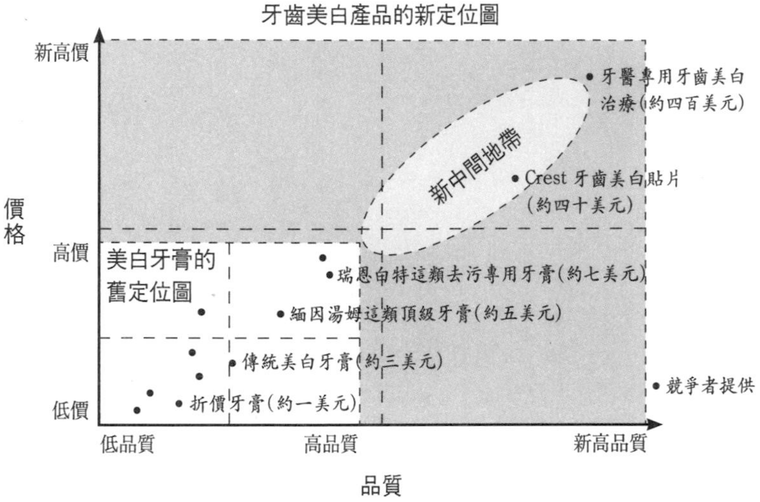

從美白牙膏延伸出的牙齒美白產品定位圖。

延伸後，創造出一個顯而易見的空隙，也就是介於實際績效與現況（圖二・二）之間的新中間地帶。這樣做也創造出一種新展望，對市場消費者消費的實際限度也有新的認識。以這個例子來說，這種做法強調出，寶鹼以售價四十美元的Crest牙齒美白貼片進入市場的機會（我們會在後續章節，詳細討論這項市場界定新產品的發展）。

這些新機會不該跟**平價名品**（affordable luxury）或「永不妥協」（breaking compromises）策略搞混了，因爲後兩者是在舊版本的產品定位圖中，爲現有頂級商品，創造較低價格系列。我們現在建議的做法是：在現有奢華品與以往產品定位圖中既有商品佼佼者之間的空隙，爲商品找到一個位置。

重要的是，企業必須經常檢討並擴大產品定位圖，至少每隔幾年要這麼做，因爲行銷人士常忽略以往的奢華品，過一段時間就變成必需品。舉例來說，以前到歐洲度假被認爲是一生一次的難得體驗，現在對某些紐約人來說，卻只是週末做的事罷了。因此，旅遊類別奢華品的標準也提高了。

但是我們體認到，至少有兩項極爲氾濫的傳統觀念，讓許多主管無法爲本身產品，創造出這種展開式的定位圖，所以無法依據新定位圖進行作業。第一項阻礙主管的傳統觀念出現在許多行銷教科書裡，也就是簡稱爲STP的策略行銷關鍵：**先區隔**（segment）顧客、再以具吸引力的區隔爲**目標市場**（target）、接著就爲商品做**定位**（position）。我們不是建議大家，完全否決這種做法，只是在找出新中間地帶及服務更多數顧客時，這種做法會造成阻礙。把界定一小塊顧客區隔，當成定位的首要步驟，會導致符合頂級品或奢華品資格的狹隘定義，也會讓定位圖更難以展開。更重要的是，以區隔顧客爲第一個步驟，會讓新中間地帶機會的實際重要性銳減，因爲即使行銷人士認清這些機會，卻不認爲這些機會能吸引廣大範圍的潛在買家。企業主管專注於本身所屬特定顧客區隔並爲此負責，他們不會去考慮，新中間地帶可能發展的新產品／服務，能否在其他顧客區隔塡補類似的可見空隙。結果，這些行銷人士可能無法發覺，新中間地帶解決方案中，存在規模更大、跨越各區隔的大好商機。

如果一開始時以更全面的市場觀點、而不是依照STP行銷順序來做，就能擁有兩項額外優勢。以所有市場為目標，可以幫助行銷人士獲得為數更多的低機率買家——基於許多因素，行銷人士不能仰賴這些人的購買，但事實上他們卻可能會購買。在許多情況下，這群人占所有買家的絕大多數。第二項優勢是，這樣做能幫助行銷人士獲得為數更多的情境買家：這些人為了增加消費多樣性而購買，但或許不能被視為可信賴或忠實用戶。通常，這些顧客也是所有需求中相當顯著的部分，而且隨著人們日漸富裕，許多新中間地帶採購，可能是以某種情境炫耀為起點，發展成固定習性。

為了克服定位惰性（inertia）並找出新中間地帶，我們建議主管不妨試試看，一開始只以富裕大眾做定位。主管應選擇比現有類別平均價格高出許多的價格點（比現有平均價高出二倍到十倍，都是一個好的開始），然後想像一下，在能夠自由消費的情況下，這類價格點可提供的商品，包括採用哪些運送方式。如果企業打算這麼做並從中獲利，應該處理好顧客未滿足的哪些需求，又該考慮採用哪些創新做法？跟另外想辦法與售價二美元的牙刷競爭，這項練習應能引發業者，設計出六美元拋棄式電動牙刷這類構想——這個價格點比售價六十美元的充電式電動牙刷低很多，卻比一般牙刷四美元的價格上限要高。

行銷人員唯有在構想和商品開始成形後，才該考慮到，可能將構想做何調整及定位，以適合特定顧客區隔。在這個時候，主管甚至會發現，沒有做重大調整的必要。以克萊斯勒

(Chrysler) 的 PT Cruiser 車系和 Vans 的滑板鞋爲例，就獲得各區隔、各年齡層及各所得類別的買家所青睞。

第二項阻礙主管的傳統觀念，也出現在許多行銷教科書中，就是「避開定位圖中間地帶」這項建議。這項學說源自於，這類商品不可能被充分差異化的信念。這種信念起因於過度狹隘地定義市場，使用一般啓發法，把任何市場定義爲大眾市場定位和奢華品定位。但是如同我們先前提到的高爾夫球實例所示，通常新中間地位極具吸引力，有時甚至是唯一的可行定位。在本章後續部分，我們將了解，企業一旦將定位圖做廣泛定義，利用接納新中間定位的做法，如何締造驚人的事業佳績。

留意新中間地帶

我們的研究顯示，要征服新中間地帶，必須採用三項通用策略。下列所述的三項策略，哪一項策略可能適合貴公司的產品或品牌？這就要看貴公司目前的市場定位（如：大眾市場、奢華品牌或新加入者），也要依據貴公司的獨特能力而定。

- **控制新中間地帶**：讓新中間地帶定位成爲企業的核心和唯一焦點，以及企業存在的理由。要這樣做，企業必須放棄在大眾市場或奢華品市場的任何既有定位。

- **爲吸引富裕消費者而提升大眾市場物品**：企業可以藉由以現有商品爲基礎，推出具差異性、更高品質的系列，落實這項策略。此舉可被視爲品牌延伸，但必須牽涉到增加實質利益，才可能成功。
- **以奢華品入門品爲號召**：以既有奢華品與品牌爲主，審愼推出消費者更買得起的系列產品。

行銷主管當然會擔心，不管從什麼方面來看，推出新商品層級，都會增加複雜度和事業風險。要順利上市，在推出新商品時，就必須保護品牌權益（brand equity），保障利潤並維持營運的一致性。不過，爲了實現更好的售價，達到更好的營運績效，企業不得不承擔這類風險。

控制新中間地帶

在西洋棋這類棋盤遊戲和足球這類野外運動中，能在場中控制大局者，幾乎總能穩操勝券。雖然許多企業已經走到盡頭，但在某些領域裡，新中間地帶消費者提供的機會如此重要，讓企業主管不得不審愼評估，爲新中間地帶推出專屬的全新事業或品牌及副品牌。企業採取這個步驟時，爲了改造策略焦點，消除顧客的困惑，可能必須放棄目前績效不彰的事業。哪些產業能這樣做呢？這三項特質標示出最可能這樣做的產業。首先，在目前大眾市場商品及奢華品的生產與銷售間，應存有一個可觀差異，在相對價格上也應有相當比例的差異。其次，以大眾市場商品無法解決消費者的所有問題和需求。最後，必須有被固守傳統業者拒絕或錯過的新開發獨特做法（通常透過技術的創意用途而得），而且這項做法能滿足消費者需求，並能支持規模經濟，生產出利潤更高、品質更好的商品。

營建業就屬於這類產業，也產生出只以新中間地帶爲定位、最成功的企業之一：全美住家建商托爾兄弟公司（Toll Brothers）。該公司成立於一九六七年，原先在費城郊區蓋高級住宅，後來發展成全美知名豪宅建商。現在該公司在全美二十二州進行的專案，包括三萬九千戶住宅。儘管最近經濟不景氣，該公司在二〇〇二年的營收仍成長爲二十三億美元，並對外宣布二〇〇三年第一季的收入、契約、未結訂單和營收都創新高。

由於只專注於滿足新富階級購屋者未被滿足的需求，托爾兄弟公司成爲市場上的大贏家。該公司清楚地了解，既有大眾市場建商或豪宅建商，無法滿足這些消費者的需求。更重要的是，建屋流程無法符合消費者的需求。托爾兄弟公司財務副總裁弗瑞德·庫柏（Fred Cooper）告訴我們：「我們一直以精明購屋者這個特定利基爲目標，這個利基介於完全訂製、建築師設計住宅及傳統購買成屋之間。我們的顧客想要住在舒適住宅的社區，卻沒時間或不想事必躬親——選擇建商、建築師等諸如此類的事，然後還要操控許可及同意流程。」⑦

要滿足這個市場需求並將此轉變爲成功事業，迫使托爾公司建造出充分利用大量生產的規模經濟，又能以相當程度客製化爲號召的住宅。雖然托爾兄弟公司建造的所有住宅，都擁有奢華設備，但是該公司也提供顧客數千種事先定價的升級設備，從溫室到四房車車庫和特殊造景都包含在內。根據該公司行銷副總裁奇拉・麥卡隆（Kira McCarron）表示：「跟其他顧客群相比，我們的顧客擁有更多欲求和希望。能讓住家舒適、環境改善的東西，他們都想要，他們也有財務資源享受這些東西。」⑧托爾兄弟公司利用本身對富裕大眾生活型態的認識，甚至率先開發出很有創意的新住家功能。拿已成爲該公司特色的 Spacement 爲例，就用開放式生活區，取代現代忙碌專業人士家庭很少使用、陰冷潮溼又沒有裝潢的地下室。

不過，頂級附加設備不但是爲中間地帶提供訂製商品的一種方式，也藉由讓企業能以相對較低的成本，掌握更高的價格，創造可觀的獲利商機。舉例來說，目前托爾兄弟公司的顧客平均花費九萬美元，選購建地和訂製品，因此整個購屋費用高達五十一萬五千美元，比其他建商的收費幾乎高出二十萬美元⑨。

托爾兄弟公司在確保新中間地帶定位時，避開兩項事業風險。第一項風險是：該公司無法充分利用規模的部分，就成爲客製化商品。聰明的是，托爾兄弟公司進行研究，了解其中臨界點何在。根據庫柏表示：「我們也蓋過一百五十萬美元的豪宅，我們發現超過那個水準後，就會遇到兩項挑戰。首先，所得超過某個特定範圍後，目標顧客數目就迅速減少。重點是，專案管理變得更具挑戰性。其次，完全客製化的專案，進度很容易出問題。所以，我們知道整個營運模式的極限在哪裡。」⑩

第二項風險是：顧客雖然買得起新中間地帶的商品，卻對大量生產反感。富裕消費者買的東西就算具有某些共同要素，或製造流程相仿，卻想感受到自己買的東西，比大眾化商品更有特色、更有名氣。托爾兄弟公司藉由提供類似訂製建商的顧客服務，包括花很多時間跟顧客討論選項並解決問題，妥善處理好這項挑戰，這樣做也讓公司從同業中脫穎而出。爲了支援這種服務水準，托爾兄弟公司把重要控制權，分配到營建團隊的層級，也由負責且訓練有素的專業人員擔任專案幹部。麥卡隆表示公司的用人策略是：「我們的施工團隊像小型獨立建商般運作，卻仍保有企業的精神。我們刻意召集有各方面經驗的博學之士，擔任團隊成員，比方說企管碩士、工程師和土地規劃專家，這樣他們就能依據顧客期望，提供更好、更個人化的服務。」⑪

針對未來展望，托爾兄弟公司確信，先前持續一致地專注於新中間地帶，讓公司掌握率先發動者的優勢，儘管產業挑戰日漸浮現，該公司已蓄勢待發，繼續繁榮成長。托爾兄弟公司利用備受顧客喜愛的住宅，度過經濟不景氣時期——二〇〇三年未完成契約，金額高達十八億九千萬美元，令業界稱羨。不過隨著營建法規愈來愈嚴，再加上反開發情操的興起，整個營建業正要開始設法解決這些難題。麥卡隆認爲，托爾兄弟公司已經部署好了：「當社區對開發更提高警覺時，我們反而能從中獲利，因爲大家都知道我們公司建造高品質住宅，吸引理想的新住戶。我們認爲如果社區打算接受任何開發案，我們是最有可能被接受的建商。」[12]

有關富裕大眾的事，不懂的就要搞懂

雖然打從一開始，甚至在進入全美市場前，托爾兄弟公司就只專注在新中間地帶，但是其他不像該公司這樣有清楚長遠願景或意圖的企業，也成功地在奢華品與大眾市場定位之間找出新定位。這些企業或許以新中間地帶爲起點，獲得某種程度的成功，後來卻可能忽略顧客或本身的市場定位。有些企業可能同時提供奢華品、大眾化商品和新中間地帶商品，最後終於明白，只提供新中間地帶商品，跟採用新中間地帶定位並不一樣，因此這樣做不保證會成功。品牌若無法專心致力於富裕大眾的特定欲求和需求，就會冒險淪爲只吸引分散顧客群，成爲有錢人想省錢、一般人想買高級品卻不想花大錢的最後選擇。不管是哪一種情況，品牌都無法成爲消費者重視的名品。

Coach 和鱷魚牌（Lacoste）這類企業已藉由推動方案創造顧客好評，利用研究發現，把商品定位於富裕大眾之專屬用品，成功地克服定位惰性。即使最近經濟不景氣，讓許多奢華品廠商蒙受損失，這樣做卻讓這類企業生意興隆。

以 Coach 在一九九〇年代中期如何解決品牌危機爲例。雖然消費者都知道 Coach 的皮包品質很好，價格也比設計師名品皮包便宜些，但是 Kate Spade 這類競爭廠商，以消費者負擔得起的價格，推出更時尚的高級皮包，讓 Coach 的元氣大傷。其他廠商也推出品質更好、價格更低的皮包。在這兩大勢力的夾殺下，Coach 的營收一直在五億美元左右，無法向上突破。產業分析師擔心該公司會慢慢陷入營運低潮。

Coach 的轉變源自於一些改變，尤其是任用有遠見的產業人士路・法蘭克福（Lew Frankfort）爲執行長。新管理團隊依據投入鉅資進行的顧客研究，讓營運起死回生。到了二〇〇三年時，Coach 每年在顧客調查上就耗資二百萬美元。現在，該公司的資料庫已擁有七百萬戶家庭的資料，可做資料探勘洞察顧客，也利用超過一百萬個電子郵件地址，跟顧客進行溝通⑬。

同樣重要的是，Coach 把消費者研究的結果，運用到產品開發流程的各個步驟，讓見解與實際行動產生關聯，確保產品是新中間地帶消費者所想要的。舉例來說，現在 Coach 產品上市重要活動，就跟顧客意見查核點同步進行。在新品上市前一年，Coach 邀請幾百名消費者批評新產品，並與既有商品做比較。通過這項初期顧客篩選的產品，才能在全國某些分店試賣，經過六個月試賣後，讓公司有時間應變，評估業績與顧客反應，並依此進行調整，最後再規劃進行新品上市活動⑭。

Coach 專注於更深入了解新中間地帶消費者的需求與渴望，然後將此見解與生產密切配合，這樣做已經協助該公司推出一系列暢銷皮包。關注中間地帶也讓 Coach 得以擴展附加產品線，例如：男性服飾和行李箱。

Coach 致力於服務新中間地帶顧客已獲得成效。二〇〇二會計年度的收入增加二十％，金額爲七億一千九百萬美元，其中營業收入增加三十％，金額爲一億三千七百萬美元⑮。而且新中間地帶顧客對於該品牌相當狂熱。根據《女裝日報》（*Women's Wear Daily*）在二〇〇二年的調查發現，所得較高的美國女性認爲 Coach 的產品，比勞夫羅倫（Ralph Lauren）、芬迪（Fendi）和愛馬仕更好。透過深入洞悉顧客，Coach 成功地從被高價業者與低價業者夾殺、業績不振的品牌，轉變成有效服務中間地帶的企業，某些觀察家認爲，現在 Coach 激發出全新的銷售⑯。

有時候，控制新中間地帶跟重新利用原先定位有關。以鱷魚爲知名商標的服飾品牌鱷魚牌爲例，先前在通用磨坊公司（General Mills）麾下，鱷魚牌淪爲大眾化商品，因此該品牌在整個一九九〇年代，努力重拾新中間地帶的領土⑰。一九九〇年代初期，法國服飾廠商帝凡黎公司（Devanlay）買下鱷魚牌後，開始著手提升品牌款式、材質和配銷通路，吸引新中間地帶的顧客。先前通用磨坊公司時期以棉和聚酯纖維混紡的平價襯衫，現在改用瑞士紗線爲材質，並縫上珠母貝做成的扣子。

這種襯衫平均單價爲七十美元，吸引不想穿五十美元平價襯衫（在暢貨中心，平價襯衫售價可能不到三十美元），也不願意花超過一百美元買 Burberry、Brinoi 或 Zegna 等設計師名品襯衫的新中間地帶顧客。經過許多年後，鱷魚牌終於重拾光環，在一九九七年到二〇〇二年間，每年的業績都成長十%到十五%，金額達到九億美元⑱。

掌握新中間地帶並不是零風險或零挑戰的策略。企業試圖利用未經測試的經營模式，迅速達到損益平衡之際，通常必須克服消費者缺乏品牌認知這項難題。不過企業如果打算開創市場，而非滿足既有市場，就必須解決這些挑戰。

提升大眾化商品

從大眾化商品轉變爲新中間地帶的商品，可不是一件容易的事。習慣謀取蠅頭小利的企業，在維持既有規模經濟之際，開發較高品質商品所投入的相關費用，必須獲得補償才行。而且這些企業必須確保，大眾市場主要顧客不會因爲品牌變得「太附庸風雅」，而有被遺棄之感。

幸運的是，企業可以從三個明確方向，專心改善並增加商品的創新。首先，企業可以透過技術改良，提高產品性能。其次，企業可以讓產品／服務，具備專業或近乎專業的能力。最後，企業還能專注於徹底增加顧客便利性的商品。

透過技術讓生活更美好

藉由大幅改善既有商品的核心技術，顯著提升性能，就是在新中間地帶取得較高的定位，最直接的方式之一。這種方式不但適用於傳統高科技物品，也適用於日常用品。以幾百萬名美國人每天早上都會用到，售價只有幾美元的某項消費用品爲例，就用到超過三十五項的專利。這項產品就是吉列（Gillette）Mach3 刮鬍刀。Mach3 刮鬍刀在一九九八年上市，不久就成爲全美最暢銷的刮鬍刀。創造專利技術需要龐大的研發及行銷經費（《財星雜誌》〔*Fortune*〕估計，吉列推出此款刮鬍刀，耗費十億美元）。不過，這項技術改良的成果受到廣大消費者的青睞，讓該公司初期投資很快就獲得回收，而且還繼續讓公司進帳不少[19]。

吉列在一九九八年推出 Mach3 刮鬍刀時，已率先開闢出雙刀頭刮鬍刀市場。新推出的 Mach3 以三刀頭技術爲號召，該公司還大肆宣傳這項技術能提供男性，其他刮鬍刀無法做到的舒適服貼。但是對消費者來說，這種刮鬍效果是要花大錢的。Mach3 刮鬍刀平均零售價格比吉列其他款式刮鬍刀的零售價格高三五％以上[20]。沒錯，這款刮鬍刀滿貴的，但是吉列的商品一直保持跟傳統奢華品全然不同的定位：比方說，美國保養品牌杭特博士（Caswell-Massey）以仿象牙材質爲把手的摺入式刮鬍刀，單價就要五十美元（相當適合男僕或理髮師每天早上使用）。

事實證明，吉列 Mach3 刮鬍刀的價值主張相當吸引人，上市不久後，就在男士刮鬍刀市場中獲得二八%的市場占有率。刮鬍效果超好，讓許多消費者在購買單隻刮鬍刀時，願意多花六十%的費用。儘管幾十年來，所得前二十%消費者其個人保健消費占所得的比例不斷下降，吉列卻成功地讓消費者願意增加消費。而且，在許多商品以讓消費者寵愛自己而願意擺闊之際，比方說：天然香皂、水療等商品，吉列的 Mach3 刮鬍刀只以刮鬍成效著稱，並未訴諸感性因素。

二〇〇二年年初，吉列推出技術再創新的 Mach3 Turbo 刮鬍刀，再次調高價格門檻，此款刮鬍刀的價格甚至比 Mach3 刮鬍刀高出二十%[21]。二〇〇四年一月，吉列推出電動式三刀片刮鬍刀刀鋒速3（M3 Power），再次拉高價格門檻。這款以電池操作的刮鬍刀，本身有六十二項專利保護，吉列公司表示：「在消費者測試上，刀鋒速3在六十八項評價上有優越表現，包括：服貼度、平滑度和舒適性。」[22]雖然刀鋒速3上市預估零售價爲十四・九九美元，比 Mach3 Turbo 八・九九美元的零售價高六六%，跟先前 Mach 3 Turbo 提高的價格門檻比例類似。比照前例來看，這項新產品可以提升吉列產品的刮鬍功效，也大幅提升企業績效。對於想要把其他大眾市場商品做技術改良後，進入新中間地帶的企業，吉列的成功提供一項藍圖。吉列公司只在幾年內，就利用更好的技術，將原本最平凡無奇的日用品，成功地轉變成知名商品，也徹底提高這類商品的價格點。

想有這類突破轉變的企業，也能效法吉列的行銷策略。吉列採取一項明智做法，藉由減低重要性、但不完全取代先前產品線的方式，以確保本身較高價格的商品，不會讓比較節儉的顧客有被遺棄之感。其他企業或許會設法停產先前熱賣的刮鬍刀，比方說：單價較低的超級感應刀（SensorExcel），藉此強迫消費者購買高單價新品。但是吉列在推出Mach3時，即使行銷預算以較新款刮鬍刀爲主，卻仍繼續銷售超級感應刀。換句話說，吉列用一種增長方式管理本身的產品組合，以經過證明的大眾市場訴求，繼續支持較低層級，避免企業被認定成爲討好願意多花幾美元買一包刮鬍刀的顧客，而遺棄主顧客。

近幾年來，吉列已經透過技術維持這種佳績，但是這種佳績大意不得。企業必須做好準備，保護本身的專利權。企業若認爲本身的專利權受到侵犯，就必須採取行動。當舒適牌（Schick）推出四刀頭刮鬍刀創4紀（Quattro）刮鬍刀，吉列公司就對該公司提出侵權訴訟。這類抗辯動輒耗資幾百萬美元，但是打贏這場官司代表更大的勝利。在類似官司中，法院發現柯達（Kodak）侵犯到寶麗來公司（Polaroid）的立即顯影技術。經過十四年的訴訟，柯達最後被迫支付將近十億美元的賠償金給寶麗來，還必須銷毀庫存品並讓顧客退貨。據估計，柯達這次侵權之舉，讓該公司蒙受將近三十億美元的損失[23]。

提供專業或近乎專業的能力

協助企業將商品轉變到中間地帶的另一項策略就是：仿照專業人士使用的商品，但是只強調有限的功能，並提供消費者可負擔的價格。舉例來說，消費者很有興趣在家使用在牙醫診所看到的一些產品和技術。口腔保健業或許是最有效開發這項潛能的大眾市場產品類別。在經過幾年以高價格點推出創新產品後，口腔保健類別已經完成令人稱羨的劃時代事件：現在，家庭在牙刷與口腔保健用品的支出，跟家庭所得的增加成比例。

口腔保健業者如何完成這項劃時代事件？答案就在於：讓消費者有機會獲得專業品質水準的商品——以往只有牙醫才能取得這類工具和成分。舉例來說，寶鹼推出的牙齒美白貼片（Whitestrips），就讓類似牙醫專用的牙齒美白用品進入家庭。以往想要讓笑容更明亮動人的消費者，只有二選一的選擇：買一條四美元的Crest美白牙膏，或花四百美元做牙齒美白專業治療。

雖然競爭對手迅速跟進，導致市場出現價格競爭，但是消費者還是要花四十美元左右的價格，才能買到Crest牙齒美白貼片，這個價格已經是美白牙膏售價的十倍。不過，這項產品含有牙醫使用的潔牙粉，消費者卻能很方便地使用。雖然這個市場的進入成本可能很高，但是報酬卻相當驚人。Crest牙齒美白貼片推出第一年，就創造二億美元的業績，在許多連鎖藥局成爲獲利最佳的商品㉔。現在，寶鹼誓言要將 Crest 牙齒美白貼片，打造成價值十億美元的品牌㉕。

口腔保健業者在業績上締造突破性成長的另一項斬獲，就是電池式電動牙刷。這類用品強調類似專業潔牙所用的動力刷頭。雖然電動牙刷上市多年，價格一直居高不下，約在一百美元左右，這個價格顯然過高，無法被大眾消費者接受。像 Crest 推出的電動牙刷這類新產品，零售價通常在五美元到七美元不等，比一百美元少得多。

這類新牙刷並不是取代奢華品的商品，本身也不具奢華品的特性，當然也沒有售價一百美元電動牙刷所用的技術，整體構造品質屬於拋棄式牙刷的等級。與其試圖模仿頂級品，企業正設法利用這類牙刷，提升原本使用手動牙刷、但願意爲美好體驗花更多錢的買家。因此，這類公司運用策略，填補三美元牙刷到一百美元專業牙醫設備之間的空隙。他們努力獲得成功，已令人刮目相看。美國人在二〇〇一年七月到二〇〇二年七月間，購買二千二百八十萬支電動牙刷，單位銷售量比前兩年同期增加七二一%。根據知名市調公司AC尼爾森（ACNielsen）的調查，口腔保健類別整體成長約四八%，金額達二億三千萬美元。企業在產品性能上推出具有意義又容易了解的改善，成功地讓消費者提高消費，讓新商品締造銷售佳績，比方說：消費者對電動牙刷並不陌生，他們早就在牙醫診所看過這種牙刷。

寶鹼利用這種策略獲得成功，並非事出偶然，該公司還打算繼續這樣做。如同寶鹼執行長雷富禮（A.G. Lafley）在二〇〇三年向分析師所言：「我們設法發展新類別或創造新類別時，會專心做好的事情之一就是，設法從專業領域推出新商品，我們在牙齒美白用品上就是這樣做。我現在說的事與品牌無關，而是跟消費者能在家裡，以更低風險、更便利的方式，使用產品的習性和實務。我們會設法讓家庭染髮流程變成更輕鬆、更簡單的經驗，這可是一個大好商機。」㉖

（以相當高的價格）提供便利性

行銷人士也支持這種做法：將既有商品包裝做重新組合，以更高的售價推出具便利性的新商品。這種做法不僅利用富裕大眾花錢購買便利商品的渴望，也提供企業幾項營運優勢。舉例來說，相較起來，重新包裝產品的研發費用較低，讓企業可以限制開發有益包裝與行銷的費用。更重要的是，這項做法可以提供企業新情境，把可隨意處置的原物料用掉。

袋裝沙拉就是商品重新包裝的成功實例，都樂食品（Dole Foods）和其他公司已經利用現有生菜供應商，在新中間地帶成功地開闢市場。把時間拉回到一九九〇年代初期，當時很少企業預期到，從生菜這種看起來如此不起眼、常被工人們丟在田裡的東西，可以打造出十六億美元的事業。經過刷洗、切斷和包裝，這些田裡剩下的萵苣看起來如此美味，而且以袋裝沙拉的新型態找到新出路。

這些公司以創造顧客更便利體驗的方式，將既有原料加以包裝，在市場上獲得成功。消費者喜歡袋裝沙拉，因爲這類商品提供清洗過、預先混合的新鮮食物，而且保存期限是超市展示架上同類蔬菜的二倍。所以，消費者必須支付購買生菜的二倍價格，購買袋裝沙拉，只不過消費者對此似乎不以爲意㉗。都樂食品聲稱，消費者每年平均購買十二袋沙拉，有七四％家庭買過袋裝沙拉㉘。袋裝沙拉的訴求相當明顯，因此能經得起萵苣價格波動。二〇〇二年時，加州市場供過於求，結球萵苣的價格創下十二年新低，但袋裝沙拉的價格卻沒有受到影響。

其他公司也以增加消費者便利性的創新方式，將類似商品重新組合來增加價值。以卡夫食品（Kraft Foods）的 Lunchables 爲例，就將波隆那香腸、披薩餅、洋芋片和飲料，覆蓋透明塑膠包裝成一個兒童餐盒。雖然家長只要花二・五〇美元，就能買到一磅波隆那香腸，但是許多家長還是肯花二美元到三美元，買一個已經做好的 Lunchables 餐盒，直接放到午餐袋裡。

現在，藉由減少一些家事清潔的繁瑣，類似做法也協助企業從中獲利。清潔拖把這個迅速成長的類別包括的產品，範圍從寶鹼的速易潔靜電除塵拖把到高樂士（Clorox）的消毒紙巾（Disinfecting Wipes）不等。據估計，這個類別的營業額將逼近二十億美元。這類清潔用品讓行銷人士將原本生產家用清潔劑的優勢，結合拋棄式清潔抹布的便利性。結果製造出方便使用又可丟棄的商品，協助企業獲得高額利潤。跟消費者花幾分錢用幾瓶蓋漂白水稀釋，再以紙巾擦拭相比，高樂士消毒紙巾單包三十抽，售價可要二・七五美元。

清潔用品、袋裝沙拉和波隆那香腸，或許聽起來太稀鬆平常，不可能受到富裕人士的喜愛。但是富裕大眾跟鉅富者不同，他們要趕著通勤上班、準備餐點、打掃自家和清洗衣物。我們描述的產品及其他產品，深深打動忙碌富裕人士的心。就財務和精神層面來看，這些消費者還不能擺脫日常生活瑣事，但是能花更少心力做這些事時，他們幾乎會不計代價地接受提議。

對於老字號企業來說，這項做法有缺點嗎？如果對於消費者簡樸的生活型態來說，新品牌和新商品似乎太不切實際，有些顧客可能有被品牌遺棄之感。而且創新技術的費用可能相當驚人，對擔心短期獲利能力的許多企業來說，可能造成進入障礙。但是隨著大眾市場的演變，企業當然必須滿足消費者追求便利性的渴望。

讓他們擁有美好的體驗

「平價名品」聽起來就不是那麼高級；畢竟，名品本來就要與眾不同，而且要創造一般民眾無法超越、也不會超越的界限。但是許多奢華品廠商發現，秉持嚴格的界限可能對企業不利。太過狹隘的顧客群，會讓企業受到支出變動的影響，在經濟不景氣時，讓企業營運績效受到威脅。另外，如果核心顧客年紀漸長，企業又無法吸引比較年輕的顧客群，就可能因爲落伍過時而被淘汰。

設計入門級或近乎奢華品的商品，就能解決企業直接面臨的這兩項挑戰。透過精挑細選地向下尋找顧客，奢華品企業可能改善財務狀況，同時爲未來成長培養顧客基礎。而且這些企業可以期待運用這項策略，獲得消費者的大力支持。根據我們的研究發現，各所得水準的消費者大都表示，他們希望看到更多低價名品。不過，將奢華品牌做延伸，本身就是一項風險極高的主張。珍貴的品牌形象可能迅速失去光環，平價名品利潤較低就是一項棘手問題，廠商必須先忍受虧損，等到銷售量大增才能轉虧爲盈。有些奢華品廠商會發現，推出平價名品，只是讓本身高級品牌的形象受損。龐普芥末專賣店（Grey Poupon Yellow）就是頂級品牌迅速過度延伸的實例之一。儘管如此，當今最佳品牌廠商如果不夠用心，就算攻下新中間地帶，也可能無法掌握本身潛在價値——源自於富裕大眾商機的價値。

企業可以利用三項關鍵手法，成功地利用富裕大眾想擁有名品的渴望，並妥善處理企業此舉面臨的三大風險：第一項風險是，犧牲其他昂貴要素時，仍維持奢華品牌最重要的特性。第二項風險是，設法擴大銷售量及控制成本之際，避免把品質犧牲掉。第三項風險是，以眞正稀有、也公認爲稀有物，做爲預防品牌稀釋的保障。

道地名品最好不過

行銷人士為奢華品牌設計進入門檻時，必須小心別把當初品牌吸引消費者的特點和屬性給犧牲掉。消費者對於某些產業觀察家所說的「奢華平民化」興趣缺缺，這只會讓人聯想到，一九八〇年代在知名百貨公司出現的古馳（Gucci）低價飾品。想想看，有七二%的消費者表示，他們寧可買一樣真正高品質的產品，也不要買很多品質較差的產品。廣大消費者希望有機會，擁有奢華品廠商提供的較高品質和性能，但是產品價格必須在他們負擔得起的範圍內。

要了解行銷人士如何在兩者間達到適當的平衡，我們不妨以高級汽車廠商的經驗為例。像賓士（Mercedes）、BMW和富豪（Volvo）等汽車界領袖，已藉由推出售價三萬美元的低價車款，率先將品牌打入新中間地帶。雖然這些車款大都屬於小房車，卻具備顯然是較昂貴車款的設計特性。這些車商強調，他們推出的平價豪華車款，依舊秉持在品質、安全性和可靠性的高標準，符合消費者的期望。舉例來說，從《人車誌》（*Car and Driver*）到《汽車雜誌》（*Automobile Magazine*）等種種刊物都顯示，BMW三系列車款獲得品質殊榮。富豪汽車新推出的XC90越野休旅車，售價約在三萬三千美元左右，就具備四套安全系統，連要價十萬美元的悍馬汽車（Hummer）都沒有這類配備[29]。從這方面來看，這些品牌成功地進入下層市場，而且沒有犧牲掉讓品牌聞名的核心屬性。

結果，儘管汽車市場競爭激烈，富裕消費者已展現熱情，欣然接受這些入門款名車。二○○二年時，這類車款的銷售數量達到六十萬輛，與前年度相比成長二十％㉚。這類入門車款的需求漸增，讓名車廠商可以解決產量有限的頂級車款在需求上出現的波動。以凌志汽車（Lexus）爲例，雖然入門車款 ES300 在二○○二年前七個月的業績成長八六％，但是旗艦車款 LS430 的業績卻下滑二二％㉛。

以品質爲首要工作

想進入新中間地帶的奢華品廠商，必須做好規劃，解決兩項營運挑戰，對此大意，就可能讓品牌所有商品受到不利影響。企業要處理的第一項營運挑戰就是，在刻意增加銷售量時，必須有效管理營運能力的沉重負擔。雖然我們先前提到的某些汽車廠商已順利度過這項轉變，但是其他廠商發現，接觸下層市場，其實挑戰重重。賓士汽車增加新入門越野車款和 A Class 系列車款的產量後，這些車款卻陸續出現問題，導致賓士汽車在知名汽車評等機構包威爾公司 (J. D. Power) 於二○○二年新車品質調查中，在所有受試品牌裡排名遽降到第十三名，跟生產大眾化汽車的雪佛蘭（Chevrolet）的排名相同㉜。以積架汽車（Jaguar）爲例，該公司推出的平價車款 X-Type，也面臨類似的故障問題，因此在一年內，X-Type 車款的排名就從第二名掉到第十九名。更糟的是，X-Type 車款在二○○三年一月和二月的銷售量還衰退四二％

㉝。

同樣地，企業在推出利潤較低的入門商品時，不能爲了彌補損失，藉機削減成本，損害消費者重視的價值。在某些情況下，透過生產效率，讓奢華品變成消費者買得起的商品，也可能做得太過頭了。舉例來說，某些產業評論家和車迷得知，福特汽車決定以本身平價的蒙帝歐（Mondeo）小型車的底盤，幫積架汽車打造入門款 X-Type 時，讓他們相當擔心，因爲蒙帝歐車款是相當平價的品牌。汽車業顧問公司 Nextrend 執行董事克里斯多弗·施德根（Christopher W. Cedergren）向《商業週刊》表示：「共用零件沒問題，但是如果做到讓人開始想到『天啊，這只不過是經過美化的福特汽車罷了』，那麼情況就不太妙了。」㉞即使起初顧客沒注意到，但是同業競爭對手一定會發覺。俄羅斯知名酒商 Stolichnaya 透過一支廣告，驕傲地告訴世人，儘管競爭對手爲了降低成本，將產地轉移到品質較差的地區，比方說酒商思美洛（Smirnoff）就把產地從波蘭搬到康乃狄克州哈特福特，但是 Stolichnaya 還是以伏特加的故鄉「俄羅斯」爲產地，此舉也讓該品牌的銷量大增。

有時候，對來源的不滿相當微妙，企業可能必須跟消費者進行有效溝通，擺脫肇因。在這方面，汽車業就有一個既極端又重要的例子。某家汽車廠商的顧客（透過顧客調查）向該公司反應，他們不喜歡儀表板上的整個前座塑膠飾板，因爲塑膠飾板是昂貴車款才有的配備。顧客認爲每次看到這些塑膠飾板，就像在提醒他們，自己買的是入門車款，而非貨眞價實的高級名車。

起初，平息生產相關問題的必要性，似乎跟平息營運問題一樣，但是營運問題並非本書討論的重點。儘管如此，我們認爲行銷人士在這方面必須扮演好特殊角色，要把消費者的容忍度和態度，有效傳達給整個組織，並協助管理需求規劃和銷售預測。雖然企業在新中間地帶推出商品，要承受相當大的壓力，必須盡速取得投資報酬；但是企業千萬不可設定太過積極的短期銷售目標，以免引發生產問題，危及到消費者對品牌的長期信任。

管理品牌通路

美國知名喜劇演員葛丘・馬克斯（Groucho Mark）說過這句名言，他絕不會加入願意收他這種人當會員的俱樂部。同樣地，提供近似奢華品的廠商如果希望維持商品的吸引力，就必須妥善管理品牌通路。這部分的關鍵問題在於，如何維持最重要的專屬氛圍，同時還能讓顧客群顯著增加，這正是一些汽車廠商已經面臨的問題。

即使提供較低價格點的商品，創造稀有性還是一項重要的解決辦法。賓士汽車推出的入門車款 C230 Kompressor 雙門跑車，售價將近三萬美元，該公司就精明地採用限量發行方式，將每年的銷售目標設定在一萬八千輛，藉此避免市場氾濫問題。賓士汽車公司北美地區行銷副總裁達夫・史奇布瑞（Dave Schembri）向《汽車新聞》（*Automotive News*）表示：「如果

我們秉持核心價値，維持以消費者所渴望的品牌爲目標，就能進入任何市場區隔。」㉟

BMW推出的入門車款迷你Cooper，售價一萬八千美元，就是利用產量漸增的方式，獲得消費者的青睞，達成同樣的目標。BMW公司董事長赫穆特・龐克（Helmut Panke）對該公司依據的理論做此解釋：「逐步擴張是我們的哲學。在理想狀況下，我們應該一直讓汽車的產能不足。也就是說，市場上總有消費者想要BMW的車，但他們卻可能要等上一段時間，才能拿到新車。」㊱龐克所言清楚地概述出，任何平價名品供應商的目標——不論價格點的高低，都要確定顧客覺得自己已經買到一種渴望已久的體驗。這種缺貨策略也能應用在不像汽車這樣昂貴的商品。《華爾街日報》（*Wall Street Journal*）在二〇〇三年報導指出，新中間地帶業者爲吸引消費者，而創造「大眾市場」等候清單這股潮流，從Von Dutch售價八十五美元的卡車司機帽，到知名服飾品牌香蕉共和國（Banana Republic）故意限量發行的飛行員皮夾克，都是消費者必須耐心等候才能買到手的商品㊲。

對某些高檔商品供應商、尤其是仰賴流行和優異功能推銷產品的傳統奢華品廠商來說，刻意創造稀有性，或許不足以克服品牌稀釋的風險。但是富裕大眾爲這類企業在其原有市場，創造出重要商機。美國新富階級的急遽成長，如圖一・一所示，所得超過三十萬美元的家庭數目激增，表示這類企業還有業績成長的商機（對某些企業來說，這意味著企業恢復以所得界定目標顧客、而不是以顧客期望或想得到的象徵用途做界定）。另外，新中間地帶商品的成長，也讓許多消費者在擁有過美好體驗後，想要尋找更好的解決方案，奢華品廠商必須做好準備，依據消費者的這項渴望採取行動。舉例來說，現在許多牙醫發現，很多使用過Crest牙齒美白貼片這類新中間地帶商品的消費者，由於對結果感到失望，或因此對專業服務產生興趣，而讓牙齒美白專業服務的需求漸增。

富裕大眾從價格和潛在消費這兩方面，對傳統奢華品定位產生威脅。二〇〇三年到二〇〇四年間，在BMW、奧迪汽車（Audi）甚至福斯汽車（Volkswagen）都推出新車款的情況下，售價在十萬美元到二十萬美元的車款數量，從九款增加到十七款，讓售價十五萬美元的賓利汽車（Bentley），在路上已經不那麼拉風。以酒類商品市場爲例，帝吉歐公司（Diageo）爲回應富裕大眾在價格和潛在消費上的威脅，在二〇〇三年設立特別保護品牌集團（Reserve Brands Group），旗下品牌包括金牌和藍牌的約翰走路（Johnnie Walker Gold and Blue）及頂級琴酒坦奎利（Tanqueray No. 10）。這些酒類是該公司銷售的頂級品之翹楚。因此對某些奢華品廠商來說，富裕大眾的挑戰就等於是，確保某部分事業維持領先大眾消費品，同時也設法提供新商品，攻占新中間地帶。

由塡補空隙轉變爲打造成功途徑

不管企業是往下層市場或往上層市場，接觸新中間地帶，或是直接進入新中間地帶，當大家集結於此服務新富階級時，行銷人士應預期到整個市場的型態將有所改變。以往結構層級清楚的商品，爲反映多變的消費者所得分配，將發展成界限模糊的產品與服務。

以餐廳業爲借鏡，就能初步窺探這類變化可能在其他產業如何發展。短短幾年內，餐廳業已發展四個以上的新市場定位。

在高價定位，最高級的餐廳已設法充分利用本身的品牌價值，依舊秉持主廚對用餐品質的要求，推出價格較低的概念餐廳，藉此進入新中間地帶。在法國，頂著米其林星級頭銜的名廚，起初對於在本身打響名號的高級餐廳附近，多開幾家休閒餐廳或小酒館，都抱持著懷疑的態度——其實這股潮流早已遍及美國大都會區。舉例來說，主廚丹尼爾・布魯德（Daniel Boulud）最受好評的丹尼爾餐廳（Daniel），是紐約市人氣最旺的餐廳，在這裡花大錢就能享用到一些舉世佳餚。但是預算比較有限或希望更常擺闊的人，現在也能以更負擔得起的價格，在主廚布魯德餐廳（Café Boulud）和 DB Bistro Moderne 等分店，享用主廚丹尼爾的美食。

同時，已有幾家新餐廳打出以服務富裕大眾日常用餐需求爲號召，創造出第二層級。以起士蛋糕工廠（Cheesecake Factory）爲例，這家知名餐廳就將大眾市場 Applebee's 這類平價餐館的便利性和服務，結合高檔市場主題餐廳的考究菜色。結果現在消費者爲了在加州比佛利山莊（起士蛋糕工廠本店）、麻州栗子山丘和德州伍德蘭茲等富裕大眾聚集處，到有埃及陵寢及羅馬式澡堂裝潢風格的起士蛋糕工廠餐廳用餐，願意等候二個小時以上[38]。

對於忙碌的富裕消費者來說，像潘納拉麵包餐廳（Panera Bread）和連鎖快餐店 Pret A Manger 這類爆紅餐廳，提供比速食更棒的選擇（也就是所謂的速食休閒區隔），成功地創造第三層級。在潘納拉麵包餐廳，各分店提供剛出爐的麵包，並提供三明治、湯品和沙拉，單價約爲六美元。這項利基目前年營收還不到五十億美元，約占整體市場的二%，有些產業觀察人士認爲，到二〇一二年時，這項利基將超越五百億美元的休閒餐飲類別[39]。

速食休閒區隔當然是一個重要商機，但是這項區隔的存在及出現，應該是意料中的事。有些人認爲潘納拉麵包餐廳對大眾消費者來說是奢侈品，但令人訝異的是，該品牌占據的成本定位，其實跟麥當勞當初剛開始的成本定位一樣（以當初和現在的平均工資爲基準，計算購買三明治所需工時）。從一九七〇年起，以個人購買漢堡所需工時來看，購買麥當勞漢堡所需工時已減少二十%，同期內購買麥當勞知名大麥克漢堡的所需工時，則減少十三%，因爲當初麥當勞以增量做法（兩塊漢堡肉），提高價格點[40]。話說爲較高品質速食休閒餐廳定位敞開大門的轉捩點，或許出現在一九九七年，當時「麥當勞宣布大麥克漢堡大降價，震驚漢堡業界」[41]。有些學者相信，這項決定不但引發業界降價風潮，也讓整個類別的定位下滑，尤其在麥當勞無法利用新推出高單價的招牌漢堡（Arch Deluxe），獲得更高價格點後，整體情勢更加惡化。速食休閒餐廳 Baja Fresh 的行銷副總裁吉尼・卡麥隆（Gene Cameron）向《品牌週刊》（*Brandweek*）表示：「並不是我們成長得比速食業還快，而是速食業沒有跟著我們一起成長。」[42]

所以不出所料，現在即使最低層級的餐館（如：快餐店或速食店），也正想辦法引起更富裕群眾的青睞。舉例來說，美國墨西哥速食連鎖餐廳 Taco Bell 就採用更新鮮、品質更好的食材，成功地推出 Border Bowls 系列新品。雖然新品單價價格點在三美元到三・五美元，並非高價食品，但是 Taco Bell 總裁艾米爾・波列克（Emil Boleck）說明，該公司正想辦法在速食業巨頭與速食休閒餐廳之間，創造一個新層級[43]。Taco Bell 堅稱此系列新品已協助其連鎖餐廳，吸引新顧客區隔，也讓單店業績增加將近十％[44]。

全新的品牌

讓企業擴大目標顧客範圍的生產效率，大都應用到消費者消費潛能的整體範疇，爲企業打造出眾所周知的「品牌金字塔」（brand pyramid）。生產效率是一項主要驅動力，但是取得通路或勢力，甚至共用會計或顧客服務能力，也會在企業裡引發多層級的品牌管理。最近這種做法已適度調整，以增加新中間地帶定位的品牌爲重心。

汽車業就是這股趨勢的實證，各主要業者正積極追求我們所說的「大小通吃」（soup-to-caviar）策略。若干汽車公司已利用收購與投資策略，擴大市場定位範圍。BMW現正依循一項有系統的成長策略，推出迷你版車款取得低價市場；研究1系列車款，以符合迷你車款與

3系列車款的中間地帶定位，推出X5越野休旅車的低價款X3，並推出6系列車款，以5系列車款與7系列車款的中間地帶爲定位。

卡夫食品在一九九〇年代初期，就在家喻戶曉的品牌Jack's上，增加墓石（Tombstone）披薩餅這個品牌，後來在一九九五年又推出更高價位的DiGiorno披薩餅，在一九九八年推出加州披薩餅廚房（California Pizza Kitchen, CPK），進軍頂級披薩餅市場。不過對卡夫食品來說，就定位和獲利能力來看，DiGiorno披薩餅顯然是新中間地帶的贏家：這項提供便利餐點的商品，以習慣外食及外帶披薩餅者爲目標。DiGiorno披薩餅一直是卡夫食品旗下的當紅商品，推出第一年就讓該公司披薩餅事業部業績成長二十%，此後業績更大幅成長。

其實，DiGiono披薩餅把類別產品定位圖，擴大到把冷凍披薩餅和餐廳外送披薩餅涵蓋在內，這樣做已經遵照新中間地帶策略。卡夫食品在一九九五年推出DiGiorno披薩餅時，當時最好吃的冷凍披薩餅和餐廳外送披薩餅，品質上有明顯差異。因此，DiGiorno披薩餅不但擴大卡夫食品對品質的想法，也擴大產品定位圖，讓該公司考慮挑戰當時市值一百九十億美元的披薩餅外送市場，而不是繼續在市值僅二十億美元的冷凍披薩餅市場競爭[45]。

現在看起來，外送披薩餅雖然不是什麼奢侈品，但以費用和消費者態度來說，外送披薩餅跟供應冷凍披薩餅市場的標準商品相比，可算是奢侈品。由於達美樂（Domino's）這類公司的出現，人們開始習慣將外送披薩餅當成日常食品，而不是什麼特別食品。這些低成本、迅速外送業者也開始對冷凍披薩餅市場，造成重大威脅。當時負責爲卡夫食品推出DiGiorno披薩餅的玫琳・凱・哈本（Mary Kay Haben）向《媒體週刊》（*Mediaweek*）表示：「我們剛開始進入市場時，確實有些懷疑。在大家習慣花五美元買二個冷凍披薩餅的情況下，有人肯花五・五九美元買一個冷凍披薩餅嗎？就算外送披薩餅要花十美元，大家卻不認爲冷凍披薩餅會跟餐廳外送披薩餅一樣好吃。」[46]

DiGiorno披薩餅在一九九八年推出職業高爾夫巡迴賽行動俱樂部（PGA Tour Rolling Clubhouse），蓄意以所得較高的家庭爲目標，就是該品牌努力解決價格問題的一種方式。由於高爾夫是富裕大眾的主要休閒活動，這個行動俱樂部在一九九八年夏天，造訪一百二十四個城市，「吸引年輕人打高爾夫球，並爲DiGiorno披薩餅增加家庭消費者」[47]。加州披薩餅廚房的冷凍披薩餅系列，就是卡夫食品往高價市場發展的下一步。雖然對市場而言，這個系列商品才推出不久，但業績卻相當亮麗。儘管該品牌資深行銷經理布萊爾・柏格斯（Blair Boggs）拒絕以「老饕」描述此系列，卻對「高檔」這個稱呼感到滿意[48]。據報導，加州披薩餅廚房這個系列雖然才剛推出，卻已經獲得相當不錯的投資報酬。

取得新中間地帶

從桃樂西・派克（Dorothy Parker）到法蘭克・洛伊・萊特（Frank Lloyd Wright）等時事

評論家，都改述過希臘傳記作家普魯塔克（Plutarch）的名言。「給我們奢華的生活，那麼我們就不需要生活必需品了。」這些時事評論家這樣做，對一項無遠弗屆的認知，持續提供精闢的見解。一直以來，奢華品總是很稀奇，是存在於日常生活例行事物以外的精緻事物。生活必需品總是平凡、一點也不稀奇。而且以歷史來看，在大多數時候，消費者必須在奢華品與必需品之間做選擇，沒有折衷商品可供選擇。現在，許多產業中有許多類別商品的情況，依舊是這樣。

不過，富裕大眾的興起，正迫使行銷人士開拓新中間地帶，塡補奢華品定位及大眾市場定位之間的懸殊。但就長遠來看，行銷人士不可能只運用新中間地帶策略做爲第三種方式。從餐廳業、汽車業和消費用品業的發展就能了解，企業展望未來時，應抱持這種觀點：依據不同顧客需求、生活型態、尤其是不同所得，提供全系列產品與服務。

這種全系列產品與服務必定會造成一些困惑。商品之間的差異愈來愈微妙，因此必須有比以往更清楚的訊息和定位。當品牌延伸至極限，促使消費者從大量選項中挑擇時，必須評估更多標準，因此讓購買決定變得更複雜。在這種情況下，清楚明確就相當重要。

以福斯汽車與奧迪汽車爲例，這兩個品牌日趨激烈的競爭中，對消費者傳遞模糊不清的訊息，就會讓品牌蒙受損失。從一九九〇年代後期開始，許多消費者設法辨別奧迪A4與福斯Passat的差異，這兩款車的設計、所用零件和價格點都差不多。

但是原本是「國民車」供應商的福斯汽車公司，要以 Phaeton 車款，攻占奧迪汽車先前專屬的奢華定位時，消費者怎麼肯花十萬美元買 Phaeton 車款？福斯汽車執行長伯恩特・皮契斯瑞德（Bernt Pischetsrieder）做此解釋：「福斯和奧迪這兩個品牌，彼此間從沒有階級高下之分。」[49]至於消費者是否認同這一點，還有待商榷。

等到塵埃落定，我們認爲由征服新中間地帶引發的趨勢，對消費者和行銷人士只是有利無弊。消費者能獲得品質更好的商品和服務，讓生活更便利、更有效率、也更愉快。對企業來說，新定位提供企業避開大眾市場充斥的價格戰和商品化。近幾十年得來不易的生產效率，現在將應用到創造較高利潤的產品與服務，在未來幾年內刺激更多顧客增加消費，而且是讓企業有利可圖的消費。

3

對待某些顧客更公平些

更多花錢的不同理由

・讓顧客有機會花更多錢：
提供新的頂級版本，在現有商品上，
增加產品升級和不同服務等級。
・給予顧客渴望的尊榮禮遇：
創造禮遇等級，
以顧客希望被尊榮禮遇的各種方式，
充分獎勵願意消費的顧客。
・提供個別顧客適當價格：
運用有效定價策略，
以非商品本質之特性爲基礎，
獲得差別利潤。

舊法則：以大家可負擔的價格，提供大家完全一樣的商品和服務。

新法則：以顧客可負擔的價格，提供大家幾乎一樣的商品和服務。

對許多經驗豐富的滑雪者來說，剛下過雪的雪地眞是令人嚮往。這種雪地既乾淨又充滿刺激，不過滑雪者通常必須有某種程度的狂熱，才能找到這種雪地。有些滑雪者租用直升機，搭載他們到難以抵達的山頂，有些滑雪者則花幾個小時，歷經艱辛旅程，到達地處偏遠的滑雪場。下一個最棒選擇是，當第一批搭纜車上山滑雪者——在大多數度假村要做到此事可不容易。滑雪者必須清晨四點起床，天都還沒亮，就在寒冷中站著排隊，等第一批看守員抵達。

不過現在，有些滑雪勝地提供新方法，讓滑雪者享受在剛下雪的雪地上滑雪之樂。從猶他州到佛蒙特州，滑雪業者已經領悟到，這種剛下過雪的雪地對某些顧客有多麼重要，業者也以高價，提供這種一度相當貴重的經驗給這類顧客，藉此創造新的收入來源。舉例來說，猶他州的鹿谷（Deer Valley）滑雪度假村，只要滑雪者願意支付一千美元的費用，就能享受在開場第一小時滑雪，名額只有八位。這項稱爲「第一道雪印」（First Track）的方案，表面上看起來是一項課程，費用內含個人滑雪教練的指導。

鹿谷滑雪度假村並不是唯一採用這種做法的業者。科羅拉多州滑雪勝地銅山（Copper Mountain），一般票價格爲六十一美元，開場前十五分鐘入場者票價則要二倍，要一百二十四美元。更棒的是，購買這種提早入場券，讓持券者在當天排隊時能插隊到隊伍最前面。對許多滑雪者來說，這個福利比提早入場更吸引人，卻也是滑雪場經理人目前推銷最具爭議的優惠之一。雖然滑雪要花不少錢，以往卻被認爲是相當公平的運動，至少負擔得起初期費用者這樣認爲。儘管數十年來，纜車票價並不相同（如：多日優惠價及當地居民優惠價），這種平等主義的態度卻依舊不變。

但是在滑雪者人數一直未見增加的情況下，業者只靠票價差異（而不是靠差異化商品），要讓獲利增加，這樣做的效果已經迅速衰退。現在許多滑雪度假村爲了設法增加營收，提供各種想像得到的舒適設備，讓顧客付費享用。代客停車、淋浴設備和俱樂部休息室、水療、插隊特權和私人指導，這些就是滑雪者支付七千美元年費可享用到的部分福利。在某些度假村，滑雪者要享用整套額外福利，則要繳交超過七千美元的年費。

現在，願意花大錢的滑雪者愈來愈多，但是整體來看，這類方案推行得並不好。由於許多滑雪度假村地處美國林務局的用地，有些滑雪者甚至告上法院，認爲這種差別待遇不合法。即使業者可能獲得勝訴，但是某些相關教訓依舊存在：首先，大規模事業要營運獲利，就必須把顧客做有效區隔，將價格定在顧客願意支付的上限。其次，這種區隔型態對企業而言，並不是一項容易的挑戰，主要是因爲依此區隔顧客，對社會造成的衝擊所致。

與主顧客共舞

我們在第二章，探討在奢華品市場與大眾市場間，取得一個新中間定位的好處。但是對許多長期致力於以大量生產、一體適用商品，滿足大眾市場需求的企業來說，這項做法未必容易，甚至未必可行。對這些企業而言，這樣做必須大幅縮減對既有基礎的承諾。對其他許多企業（如：先前提到的滑雪度假村）來說，也必須突破社會慣例這類障礙。

要在獲利能力上看到顯著成效，這些企業必須想辦法，一則是讓整體獲利能力有些微的提升，二則是從某些顧客獲得顯著的獲利改善。現在，美國有五分之一的家庭所得，占總所得比例將近五分之三。因此，這些企業的行銷人士試圖採取第二項做法，設法將不同版本的核心商品，提供給願意支付高價的消費者。

在某些以公平對待顧客爲榮的產業，採用這種做法簡直是異端邪說，但是請注意：堅持維持顧客單一待遇的產業數目正迅速萎縮。目前在某些名流醫院，消費者可以找到四季飯店（Four Seasons）套房般的產科病房。就連政府機關也將行車執照等服務放到網路上，展現對網友的偏私。

在某些情況下，顧客已經籌劃聯合抵制，抗議企業採取這類區隔做法。幸好有許多證據顯示，差異化商品終究能對形形色色的顧客，產生既合法又具吸引力的利益。舉例來說，對特定買家索取較高價格，對許多企業的純益有徹底的影響。不管顧客是否知情，從在精品百貨購物到欣賞歌劇表演，大多數顧客的購物和零售經驗，常受惠於開銷較大的顧客。

而且在企業努力增加本身競爭力，傾向以老舊無創意的方式，刺激大眾市場商品買氣時，這些創新很少能長期獨占鰲頭。美國航空（American Airlines）於二〇〇〇年夏天，推出讓經濟艙**所有**顧客享有座椅空間加長，不像主要競爭對手只讓常客享有這種福利。二〇〇三年九月，當肯甜甜圈（Dunkin' Donuts）供應價格更實惠的拿鐵咖啡，以「給眾人喝的拿鐵咖啡」做廣告，開始更直接地跟星巴克（Starbucks）競爭①。我們甚至能想像到，相互競爭的滑雪度假村業者，利用人工造雪讓滑雪道每天有幾次猶如剛下過雪似的，以回應先前提到的高入場票價新制。然後業者會向更多滑雪者，推銷這種新推出的頂級滑雪體驗；在供給成長的情況下，業者就能提供讓本身獲利可觀，也讓消費者更負擔得起的價格。

提供顧客差別待遇

企業要讓現有商品產生差別（況且有些商品跟顧客已有數十年的關係），就必須從現實生活經驗中，尋求精闢見解和策略。我們的研究引導我們探討，企業已經採取哪些途徑，把本身傳統大眾市場商品差異化，採用哪些做法解決不滿顧客的反彈。我們發現有些企業正徹底進軍新市場區隔，在某些情況下，還讓社會大眾對特定產業及商品的看法，有了徹底的改變。

但是我們也發現，有些企業雖然妥善處理本身顧客群的初期反彈，卻無法讓新推出的差異化商品比以往的商品更具吸引力，因此最後終告失敗。

我們的研究顯示，大眾行銷人士可以運用三項策略，在不犧牲原有核心大眾市場的情況下，掌握更多富裕大眾的開銷。

- **讓顧客有機會花更多錢**。提供新的頂級版本，在現有商品上，增加產品升級和不同服務等級。
- **給予顧客渴望的尊榮禮遇**。創造禮遇等級，以顧客希望被尊榮禮遇的各種方式，充分獎勵願意消費的顧客。
- **提供個別顧客適當價格**。運用有效定價策略，以非商品本質之特性爲基礎，獲得差別利潤。

這三項策略都能讓消費者有不同理由花更多錢，各策略本身的複雜度和適用性也不一樣。

讓我付費取得服務

有多少次你在商店裡排隊，希望自己多付一點錢，就能馬上取得服務？或者，你訂購某項缺貨商品，心想要是能多花一點錢，就能馬上拿到商品，讓現在能拿到商品、但願意花時間等的消費者繼續等，那該有多好？每一天有幾百萬名消費者有消費不足的情況，只因爲他們沒有機會花更多錢。

儘管有這種鬱積已久的需求，大多數家具廠商並未提供機會，讓消費者額外付費，獲得更確定的交貨時間。舉例來說，電信業者還是讓主顧客來電等候二十分鐘以上，並未設法讓主顧客付費，優先享受服務。想想看，電話公司可以把替顧客省時的查號業務，轉變成市值近六十億美元的市場，有些企業的毛利甚至高達五十%②，卻沒想到以優先服務顧客藉此收費，這一點實在令人訝異。事實上，用戶使用查號服務，就是電信業者營收的第二大來源。

生活繁忙的富裕大眾根本沒耐心等候，所以適時可靠的服務相當重要。不過充分利用這項商機的企業並不多見，況且掌握這項商機又不需要多花錢。其實若能處理得當，迅速回應顧客，反而能降低企業的服務成本。

以戴爾電腦的做法爲例。某些媒體人士致電到戴爾電腦技術支援中心，因爲等候多時而惱羞成怒，此事引發軒然大波，讓該公司飽受抨擊。由於來電量驚人，戴爾電腦開始包裝服務，對願意多付費的顧客，提供更迅速的回應。該公司主管於二〇〇三年，開始測試一項來電優先服務方案，收取八十九美元的費用，提供顧客三年來電優先提供技術支援的服務。由於價格在顧客負擔得起的範圍內，現在趕時間的顧客，已經有機會優先取得服務。

戴爾電腦也藉由減少服務人員必須線上回答顧客，指導顧客完成辛苦冗長設定的必要性，進而減少每通來電的平均處理時間。顧客只要支付一百一十九美元到一百三十九美元不等的費用，戴爾電腦就會派技術人員到府服務，完成電腦設定作業③。這項方案或許不能幫戴爾電腦賺進幾百萬美元，卻可能幫該公司省下幾百萬美元。通常，只要把每通客服電話平均處理時間減少一秒，就能讓每年耗資五億美元做顧客服務的企業，每年省下一百萬美元④。

具有穩固大眾市場定位的企業，在使用上述做法，推出額外加價的服務水準時，會面臨什麼風險嗎？沒錯，這類企業會面臨的風險，跟以全新商品進入新中間地帶的企業，所面臨的風險差不多。但我們認為，額外加價服務也協助這些企業，在不捨棄既有運作和生產機制，也不激怒本身核心市場的情況下，逐漸發展出一項適合富裕大眾的價值主張。

有些經理人可能認為本身的商品太稀鬆平常，沒辦法為準備消費的富裕顧客，做更進一步的差異化。但是山姆・希爾（Sam Hill）、傑克・麥克葛拉斯（Jack McGrath）和桑狄普・戴亞（Sandeep Dayal）在共同撰文〈怎樣替沙子建立品牌〉（How to Brand Sand）中，破除這種想法，說明即使商品也能透過銷售方式的三項簡單改變，有效地產生差異⑤。這三位作者建議的三項改變是：**增加使用者的便利性、提高交貨或性能的一致性**、以及**客製化**（customization）（通常，企業只要把現有產品加以分類，讓顧客獲得自己偏愛的產品即可）。

這三位作者提出的策略主要是以企業用商品為主，但是在日漸富裕的市場中，這些策略也適用於大眾市場消費用品。現在，較富裕家庭中要賺錢的人很多，每個人的時間都很寶貴，所以便利性是大家一致的要求。兩名經濟學家發表一項與時間有關的有趣評論：無論如何，就因為時間相對價值的改變，所以當你愈有錢時，時間就愈寶貴⑥。這項推論雖然簡單，卻很有說服力。一天就只有二十四個小時：我們沒辦法獲得更多時間。但是基本上，物品和所得持續不斷地增加。當我們獲得物品的能力增加時，我們更明顯感受到時間不夠用，也就更在意時間，覺得時間更寶貴。富裕大眾逐漸認清時間的相對價值，精明的行銷人士也必須有此體認。

優惠！

目前商家、航空公司和娛樂業推行的常客方案所採用的獎勵，其受歡迎的程度與實際效益已有詳細報導。會員制以擁有特權聞名。但知名企業正在對這種做法，做出兩項重大改善，提供更適合富裕大眾的服務。首先，由於優惠已成為整體服務的關鍵要素，有些企業正向顧客**推銷**所推行方案的身分等級，而不是讓顧客免費取得身分等級。如此一來，可為企業創造雙贏局面：不但讓顧客更滿意，還能創造「非常客」這個新顧客區隔，在額外收費取得身分等級的情況下，讓企業有利可圖。另一項額外的好處是，企業可以像量販店一樣，在顧客入會及更新會員身分時，毫不隱諱地收取獲利貢獻，而不是像顧客購物時那樣，讓企業慢慢累積獲利。

其次，某些企業就樂於採用對手禮遇常客的方案，讓常客不必花錢，輕鬆享有對手提供的優惠，外加本身推行方案的獨特優惠。現在行銷人士日漸領悟到，只提供標準服務是不可能引誘對手的忠實顧客。

推銷身分等級

有時候，顧客爲了獲得免費福利，而渴望取得忠誠顧客身分，這樣做似乎很蠢。換句話說，只有太小氣或太窮困的人，才會花錢買這些優惠。

但是許多時候，顧客沒辦法透過其他方式，獲得這些身分所能享有的福利（除非他們願意花大錢）。想想看，搭乘經濟艙，班機已客滿，而鄰座竟然有空位，那有多舒適啊；或者能在白宮林肯臥房過夜，多麼令人興奮。以往，只有老主顧才能享有這種禮遇。近幾年來，由於業者精明到推銷顧客身分等級，讓顧客更容易取得這兩項福利。

換句話說，最有創業精神的經理人已開始了解到，愈來愈多人願意花錢取得常客身分。

這些消費者希望不必額外消費購買更多商品，只要付費就能取得常客身分享有的優惠。

許多航空公司正認清這個現象，開始允許常客付費，讓主顧客維持本身珍愛的精英身分（對許多飛行常客來說，航空公司會員身分等級相當重要，他們常搭機到很遠的地方，只為了獲得維持會員身分所需的哩程數）。雖然這些方案只是臨時辦法，幫忙忠誠顧客度過經濟困窘期，而且是以整體顧客群的一小部分為目標對象，但也敞開大門，讓企業獲利可觀的身分推銷業務得以推動。

身分等級當然必須維持某種程度的專屬性。舉例來說，美國航空的會員禮遇方案就只提供給現有會員，而且不允許付費取得身分升等（如：金卡會員不能付費升等為白金卡會員）。太慷慨給予身分，這種身分就沒有什麼價值可言。但是如果業者認為有**太多**顧客願意付費購買會員身分，因此不願意以高價出售這種讓消費者獲得更好服務的權利，那麼業者就該重新思考本身的服務水準和區隔策略，因為這樣做根本是有錢不賺。

不過，授予身分除了提供實質福利，也可以涵蓋其他優惠。有時候，這跟提供無形或非間接利益有關，例如：影響力和掌控權。跟紐約頂級餐廳訂位過的人就知道，除非你是名人或有錢住頂級飯店，有極具影響力的管家幫忙打點，否則根本不可能訂到位子。現在，沒沒無聞又沒辦法靠關係的人，可選擇持有美國運通（American Express）發行的白金卡。

除了在不可能訂到位子的餐廳結帳，拿出信用卡時感到很得意外，美國運通白金卡的價值在於，確實能讓這些卡友進入頂級餐廳用餐。美國運通白金卡推出的美饌方案，爲卡友在全球最棒的八百五十多家餐廳預留一桌位子。就算卡友臨時向這些餐廳訂位，也能訂到位子。雖然年費三百美元，還有年度最低消費額度的要求，但是即使在從未去過的城市，卡友仍能馬上受到禮遇。

美國運通白金卡卡友還能獲得許多管家服務，包括很難訂到的戲院門票和僅邀請特定會員的活動。以前電影明星也不曾有這種禮遇——這或許是促使英國查爾斯王子（Prince Charles），送愛慕對象卡蜜拉・派克—鮑爾斯（Camilla Parker-Bowles）一張這種眾人覬覦的信用卡的原因⑦。雖然要持有美國運通白金卡，只能透過「邀請」（因此只有名流富人能成爲卡友），不過現在，大多數新富階級都已受邀加入卡友行列。

另外值得注意的是，美國運通推銷優惠待遇的策略運用，並非只限於本身頂級卡友，金卡卡友也享有購票特權。舉例來說，在Ticketmaster購票網站，美國運通白金卡友和金卡卡友就能透過線上訂購表專屬卡友區索取門票。最近詹姆斯・泰勒（James Taylor）在波士頓Tweeter中心舉辦音樂會，門票賣完二小時後，美國運通金卡卡友還能自選座位買到票。

赫茲租車（Hertz）是另一家以推銷身分等級爲核心事業，讓業績蒸蒸日上的公司。以赫茲第一金質俱樂部（Hertz #1 Club Gold）方案爲例，顧客繳交年費五十美元，就能直接取車，不必到櫃台辦理手續。這項方案跟高價商品不同，因爲身分會跟著顧客，不侷限於單次購買，因此這項優惠適用於所有租車業務，不管顧客爲了出差租中型車，或是個人週末出遊租敞篷車，都能享受促銷價格租車。

大致說來，餐飲旅遊業和金融服務業率先以款待明星般的方式，禮遇特定顧客。但是各行各業都能想辦法，授予尊貴身分給想花更多錢受到禮遇的顧客。

禮遇身分滿天飛

要打動高消費顧客，會面臨到的獨特挑戰之一，就是解決高消費顧客可能是許多同業對手競相爭取的最佳顧客區隔。因此他們可能對於企業提供高消費顧客的優惠，感到習以爲常，認爲不論消費多寡，都應該受到禮遇。談到特殊待遇一事，由於市場已呈現飽和，行銷人員要處理的問題已從「我們如何提供身分給主顧客？」，轉變成「在對手或其他同業都提供身分給高消費顧客的情況下，我們要如何還擊？」

了解貴公司要提供忠誠方案給哪些顧客，並認淸對手利用忠誠方案提供這些顧客的身分和優惠，就是應付這項挑戰的一種方式。這項做法還有一個額外的好處：富裕大眾將會樂意協助你，了解其他企業提供他們什麼樣的身分，讓貴公司有機會應付或勝過對手的忠誠方案。

現在，航空公司定期給予這種**禮遇身分**（courtesy status），許多業者推出的常客方案，就自動提供類似身分給已取得對手方案的禮遇身分者。聯合航空（United Airlines）將本身的禮遇方案稱爲「聯合航空金卡方案」(Go for the Gold),雖然沒有大肆宣傳,該公司已建立相當完善的流程,審核顧客既有禮遇身分及提供相同身分。除了航空業,從食品雜貨業到賭場,都有潛力推出類似的互惠協議,挑戰市場現有的顧客忠誠方案。

不過,美國運通最近推出 Centurion 頂級黑卡,或許是所有顧客獎勵方案中的翹楚。雖然這張卡僅透過該公司主動邀請的方式發行,而且以年所得超過十五萬美元者爲目標顧客,因此數百萬家庭有機會成爲卡友。Centurion 頂級黑卡除了有專屬管家服務和特殊活動外,最吸引人的特色之一是,其他公司忠誠方案對 Centurion 卡友的全面禮遇,讓卡友在大多數消費場所享有優惠。Centurion 頂級黑卡卡友繳交年費後,就被自動列爲四家航空公司和許多租車及飯店的優惠會員——連麗池卡登飯店(Ritz-Carlton)和四季飯店等高級連鎖飯店都包括在內。不管卡友在這些商家消費多少,持卡期間都能享有優惠身分。

價格公道(目前來說)

雖然差異化是加額定價的先決條件,但這只是首要步驟。以顧客重視的利益爲基礎做區別,以獲得報酬,必須有不同的定價方案才行。價格差異絕對不是什麼新概念,諾貝爾獎得獎人喬治・史蒂格勒(George Stigler)早在一九六六年的著作《價格理論》(*Theory of Price*)中,即提到此事。史蒂格勒認爲,企業必須在時間、地點或外觀上有所不同,才能獲得並維持更高的價格；不然的話，所有買家最後就會買市場最低價的商品。這種往低價商品遷移的現象，已經出現在特定產品上；儘管買得起更高價的商品，大家卻還擠到沃爾瑪百貨和好市多（Costco）這類平價商店購物。

自從商業出現以來，最適定價（optimal pricing）一直是一個相當複雜的問題。而且隨著科技的出現，即時價格變動（如：電子價目板）、動態及時折價券（如：目前顧客在大多數食品雜貨店結帳時取得的優惠），和出清存貨即時降價這類定價創新，讓定價變得更為複雜。

為協助決策者管理定價的複雜度，大多數定價教科書建議，以一種線性方式進行定價策略：首先以企業的策略目標，比方說要達到最佳市場占有率、業績或獲利；然後以競爭和需求變動等因素為基礎，決定初步定價和後續戰術⑧。

但是現在，在富裕大眾的重要性日益增加的情況下，再怎麼精明的定價策略也必須重新修正。隨著所得與財富與日俱增，行銷人士必須找出策略，誘使消費者願意支付目前負擔得起的更高價格。企業必須確定本身的定價策略，是以價值式思考為導向，而不是以成本加利潤的想法為主。

至少有二項因素，讓富裕大眾更可能比其他顧客支付更高的價格。首先，他們的比價資訊搜尋成本較高，因為就金錢價值而言，他們的時間更寶貴（同前所述）。為了找尋更低價商品而花時間，對他們來說就要花比別人更高的時間成本。因此，搜尋成本隨著所得增加，目前這項關係日漸迫使消費者對價格愈來愈不敏感。雖然科技已經讓消費者可以輕鬆搜尋低價商品，但是便利和習慣依舊占上風。根據一項對線上購物的調查顯示，許多消費者一旦習慣跟某家容易使用的線上零售商交易，甚至懶得點選滑鼠，查看其他線上商店是否賣得比較便宜。在網路上，即使像書籍這類已商品化的物品，價格差異還是很大⑨。

消費者愈來愈富裕，導致消費者願意支付的價格上限日漸攀升。至少就理論來說，所得與財富的成長，會提高消費者購物時願意支付的價格上限，因爲消費者決策常受到預算考量的變動所致、而非實際價格所影響。大家都知道，消費者會定期評估商品的實際成本，不但考慮價格，也以本身必須拿出多少所得獲得商品，做爲評估的基礎。雖然整體來說，富裕大眾具有價值意識，但是行銷人士應注意，顧客只把價值當成參考因素之一。在其他因素都一樣的情況下，所得愈高，消費者愈可能支付更高的價格上限。行銷人士若能把消費者渴望便利或對即時性的需求考慮在內，這項關係就更爲穩固。這些因素會促使消費者在購物時願意支付高價，比方說，包含一切服務在內的假期或只在海灘曬太陽，只要價格不超過消費者設定的上限就可以。

降價刺激買氣

相反地也有一些特別機會，讓行銷人士降低高價商品的價格，增加消費並提高業績。許多項級名品廠商和高級用品業者受到經濟不景氣波及，想辦法降價促銷，讓不打折時無法多消費的臨時顧客多多惠顧，藉此利用過剩產能。

企業應考慮兩項靠得住的審慎折價策略。第一項策略是運用折價券，最近這股風潮甚至吹進高級餐廳。像 Restaurant.com 這類網站銷售的餐飲折價券，甚至能在高級餐廳享受高達五十％的折扣。如果你覺得這不算什麼，顧客還可以使用該網站提供的連結，連上 eBay 拍賣網站，以更低價標到折價券。

同樣地，餐飲訂位網站 Dinnerbroker.com 正透過網站，推出精選餐廳非尖峰用餐時段十％到三十％的折扣（該公司也提供付費臨時訂位服務，費用在二美元到十美元不等）。網站上的清單列出各餐廳每日不同時段的折扣率，看起來很像娛樂業和旅遊業採用的收益管理系統，格外引人注意。而且對參與折價活動的餐廳來說，收益管理確實是這些方案的關鍵利益。這項系統讓餐廳業者在非尖峰時段依舊客滿，這不只表示業者獲得更高的營收和更妥善利用資產，也確保餐廳人聲鼎沸，讓支付全額的顧客用餐愉快。畢竟對郵輪、戲院和度假村這類娛樂服務業來說，擁擠人潮可是關鍵要素。（誰想搭乘遊客稀少的郵輪呢？）

現在這些方案進行得相當低調，這項做法讓顧客相當感激（許多顧客不希望因為拿折價卡或折價券而被人看扁了）舉例來說，像 iDine 這類線上餐飲俱樂部就低調到，只要求會員登記信用卡，享有用餐折扣省下的金額，自動變成退款，列到信用卡月結單上。

第二種折價策略是，培養次級市場。雖然這項戰術並非新做法，卻被大量用於某些產業的新區隔，引發相當大的騷動。以奢華飯店爲例，現在包括 Hotel.com 和 Expedia.com 在內的飯店訂房網站，就有幾十家。而且根據《華爾街日報》表示，雖然透過網路訂房業者訂房的比例只有九％，但是這股趨勢已經讓知名連鎖飯店，包括萬豪（Marriott）、希爾頓（Hilton）和凱悅（Hyatt）在內的五家業者，合作成立 TravelWeb.com 網站加入競爭⑩。奢華飯店一直不願加入這場混戰，擔心這樣做會降低品牌價值，但是許多業者很難避免這項誘惑，決定加入線上訂房的業者，等經濟景氣好轉時，就不可能恢復單一售價。到 Hotels.com 網站看看就能發現，連最高檔的飯店都積極參與線上訂房。

不過，運用分段定價（tiered pricing）和線上批發的企業必須審慎小心，以確保適當的消費群最後能以適當價格層級惠顧。分段價格之間的疏漏，可能造成這種情況：有錢人以最低價成交，迴避行銷人員訂定的較高價格方案。如果線上訂房業者的主要顧客，是較富裕且常使用網路者，而不是無論如何都不願意支付標準房價、對價格眞正敏感者，那麼這種最壞狀況就會出現。對醫療業來說，這種荒謬效應已是一大問題，沒有保險的窮人無法受惠於保險業者（及更富裕顧客）獲得的量價折扣，反而要負擔高價⑪。

儘管如此，就算顧客人數眾多，有時候企業還是可能強化不同層次的界限，因此規劃多層次行銷策略時應該開放思考。舉例來說，依據夏威夷當地居民慣例，跟不得不付較高價格取得產品與服務的觀光客相比，當地居民優惠價就讓夏威夷州全體居民成爲第二層市場。

同時，企業實施分段定價，也必須經過審愼仔細的分析。事實上，價格差異未必是取得最佳獲利的最佳策略。兩名英國經濟學家發現，獲得某些顧客願意支付的額外價格，這項利益通常不超過分段定價涉及的成本。「唯有當企業從大多數忠誠顧客獲得的額外獲利，超過從最不忠誠顧客（因爲價格改變而放棄購買）的獲利損失時，這種做法才可能讓企業有利可圖。」⑫

價格層級過多

任何有創意或積極的定價策略都有風險存在。在保障大眾有權取得公平價格這方面，雖然大眾未必總能取得公平價格，而且相關保障也模糊不淸，尤其線上價差這部分。但是企業必須認淸這方面的重要法律限制。決定公平性時，企業不應只考慮法律條文，也要把消費者的觀點列入考量⑬。

讓所有消費者都能適當取得商品，就是幫忙主管達到此意圖的一項指導原則。這樣做可以避免知名產業和保險業曾犯過的不法實務，這些業者以地區做爲決策基礎，因此就等於依據各地居民劃分價格界限。由於透過網路推銷的本質，這項被稱爲「歧視」（redlining）的實務，已被重新嚴密調查。二〇〇〇年四月，《商業週刊》率先以「網上輪候」（Weblining）一詞報導，企業不以地區、而以目前資料探勘技術提供的顧客分類**和評等**結果，限制本身服務時，這項實務已經讓企業陷入困境。舉例來說，現在像三和銀行（Sanwa）這類銀行，在客戶來電時可依據字母評等系統（分爲A、B、C三級），顯示顧客評等，評估顧客要求，取消支票跳票費用⑭。第一聯合銀行（First Union Bank）的愛因斯坦系統和其他許多業者的系統，也具有類似特性。同樣地，富利波士頓金融公司（Fleet Boston Financial）也開發一套系統，結合從信用卡局等外部來源購得的資料，計算本身顧客的總消費能力和該公司的錢包占有率，利用這項資訊做爲顧客服務與對待方式的準則⑮。現在，這一切都是相當標準的業務，卻因爲可能被濫用及意外造成負面後果，而引發關注。

爲了解差異定價可能變得多麼棘手，我們以亞馬遜網站（Amazon.com）爲例，該網站就曾被舉發，以不同價格出售DVD給不同顧客。也就是說，有購買記錄的忠實顧客反而比亞馬遜網站認定的首次惠顧者付更多錢。其實這種做法並不是什麼稀奇事（通常新顧客都能享有較低的入門優惠價），但是以目前獎勵主顧客的慣用做法來看，主顧客才應該享有最低價。當時面對許多顧客反彈，亞馬遜網站根本招架不住，不得不馬上終止自稱對測試價格彈性所做的簡單測試,也發誓絕不再犯。亞馬遜網站向《華盛頓郵報》（*Washington Post*）表示：「動態定價很愚蠢，因爲大家終究會發現。」⑯本質上，這樣說或許未必是不變的眞理，但卻指出當某些做法和使用這些做法的業者不受顧客青睞時，企業就該跟這些做法保持距離。

另一家因爲地域歧視引發爭議的網路初期領導業者，則是從事送貨到府服務的 Kozmo.com（現已歇業）。Kozmo.com 在一場訴訟案中被指控，服務比較有錢的白人社會，卻拒絕服務紐約哈林區這類非裔美籍人士社區⑰。以美國首府華盛頓特區爲例，有三分之二的居民爲非裔美籍人士，但是就總居民數來看，Kozmo.com 服務三分之二比例的白人居民，而非裔美籍人士獲得服務者僅占八分之一⑱。諷刺的是，該公司的配銷中心就位於被指控拒絕服務的地區。雖然該公司主管辯稱，公司只是以網路用量人口統計學做爲挑選服務區域的基礎，這種做法所產生的服務模式，顯然跟歧視的可預期結果一樣。

跟公平有什麼關係？

就算企業完全坦誠地實施本身的行銷策略（這本來就是企業該做的事），顧客也可能認爲企業優惠某些區隔客戶，而感到不快。產品品質和服務的差異水準，常讓各階層消費者感到不舒服。不過這些態度大都以情緒成分爲主，無法輕易歸類。爲什麼這麼多消費者對於飛機上頭等艙、球賽或歌劇包廂座位都沒意見，他們卻無法忍受商家爲常客另設結帳櫃台，也不能忍受電影院最佳座位索取較高票價的提議？

多年來，行銷學者試圖了解消費者對差異化商品及售價公平概念的態度，學者在這方面的精闢見解也日漸出現。丹尼爾．卡納曼（Daniel Kahneman）、傑克．尼奇（Jack Knetsch）

和理察・薩勒（Richard Thaler）在一九八六年共同撰文的〈公平是追求獲利的一項限制〉（Fairness as a Constraint on Profit Seeking）中，爲想服務富裕大眾的行銷人士，提出這個關鍵問題：「爲什麼以市場結算價格出售畫作或房子就算公平，但是以市場結算價格出售蘋果、晚餐訂位、工作或足球票價就不公平？」⑲

這三位作者取得的答案，把許多情況和根據都包含在內。有時候，消費者則以物品零售市場不流通，而覺得不公平，球賽門票即爲一例。有時候，消費者因爲物品是否被認爲是生活必需品或基本權利，而認定公平與否，供電服務即爲一例。不過三位作者做出的整體結論極具說服力：不論「合理」預期經濟成果爲何，顧客相信賣家是否公正，會影響賣家的生意，也會妨礙企業取得最大獲利。

爲了避免做出這種引發顧客反彈的舉動，企業必須預作準備並持續監視顧客對差異化的反應。我們所做的研究也探討消費者對差異化商品之適當性的態度，這項探討將許多產品和服務業列入考量。我們發現在特定重要類別，消費者對差異化商品大表不滿。尤其是消費者顯然認爲，有些服務根本是基本權利。超過七十%的受試者表示，拒絕在供電服務、醫療、醫院照護和教育上有差別待遇。

在這些類別對差異化的不悅，呈現出一個強大的行銷挑戰。除非在這些產業的業者，精挑細選差異化機會做爲目標並審愼行事，否則就可能冒犯到許多顧客。愈富裕的家庭愈願意接受差異化商品，這件事沒什麼好訝異的，在我們的調查中，超過二十%的受試者認爲特定類別的差別商品是可以接受的。

我們當中愈有錢者確實相信，特定類別有差異化商品是公平的，他們可能期待，日後這些類別出現更多差異化商品——這正是反應敏捷企業可以掌握的商機。個人電腦、家用電器、餐廳、汽車、主題樂園和電影院，就是以反應敏捷聞名的企業。在這些類別提供相關商品的業者，若持續留意顧客可能出現的反彈，就能以更富裕的顧客群爲目標，提供更好且等級更多的新服務，更堅決地往這方面發展[20]。

時間是重點

以主題樂園爲例，大多數旅客參加主題樂園之旅，必須接受這項令人不悅的事實，他們必須把大多數時間花在排隊，排隊等候搭乘遊樂設施、等候用餐、等候上洗手間。在許多知名機構從迪士尼樂園到諾式果園（Knott's Berry Farm），要使用最新、最叫座的遊樂設施，就要等二個小時以上。由於這樣耽誤很多時間，現在主題樂園行銷人員設計精心製作的「前導介紹」（preshow），供遊客在漫長等候入場時觀賞。以往，主題樂園只會對「名人」開例，讓他們不必排隊等候。環球影城（Universal Studios）發言人艾略特・席柯勒（Eliot Sekuler）向《橘郡記事報》（*Orange County Register*）解釋，像男星湯姆・克魯斯（Tom Cruise）這種名

人，「顯然不必排隊。」㉑

但是環球影城明白，有些顧客在等候使用遊樂設施時，願意花更多錢，取得更好、更快的服務。席柯勒在接受《橘郡記事報》的這次訪問中表示：「有些人認爲如果可以省時又不費力，花點錢不算什麼。」㉒於是，環球影城推出新顧客層級，提供顧客體驗當名人的滋味。以奧蘭多的環球影城爲例，除了門票費用，願意多花一百美元以上的遊客，就能購買貴賓票。價格較高的貴賓票讓遊客能享受有導遊陪伴、半私人的主題樂園精選之旅，在搭乘遊樂設施時能優先入場，還享有特權挑選自己喜歡的座位。只要付一千七百美元，整團遊客就能享受由樂園貴賓導遊帶領的私人旅遊，導遊會帶團到遊客想搭乘的遊樂設施㉓。

雖然人數不易取得，但是對環球影城來說，推出貴賓套裝行程一直很重要。從一九九〇年代後期起，由於家庭減少休閒旅遊，主題樂園遊客普遍減少，環球影城跟大多數主題樂園業者一樣，必須找新方法增加營收。雖然環球影城將園內餐廳和商店變得更高級，讓園方自一九八七年到一九九七年，遊客平均消費增加七二％（每位遊客平均消費三十三·八一美元），但是這項成長大都已達到極限㉔。主題樂園將繼續努力找出新方法，不但要增加遊客數目（這些方案讓沒耐性或沒時間的顧客可享受差別體驗），也要徹底增加每位遊客的消費。

一些領導業者正把主題樂園差別服務的概念，做更進一步地延伸。業者營造環境，利用不同服務層級，讓每位顧客覺得自己是名人。寶獅娛樂公司（Busch Entertainment）推出的探索海灣（Discovery Cove），就是採用這項做法，整座樂園以服務有錢顧客群的需求爲主。你討厭排隊、但是站在優先入場行列中卻覺得不自在嗎？探索海灣的設計宗旨，就是讓顧客絕對不用排隊，並限制每日遊客人數不超過一千名[25]。不喜歡導遊帶團的束縛？在探索海灣，服務人員跟遊客數的比率爲五比一，所以遊客隨時能找到服務人員尋求協助。另外，探索海灣也提供在熱帶礁湖中與瓶鼻海豚共泳，或在周圍都是熱帶魚的暗礁浮潛等獨特設施。

想享受這些服務都要花大錢，單日門票爲一百一十九美元，相較之下，奧蘭多環球影城的門票就便宜多了，成人票爲四十九・九五美元，兒童票爲四十・九五美元。在探索海灣想跟海豚和熱帶魚共泳的遊客，必須願意支付二百一十九美元。但是在時間壓力下，新富家庭久久出遊一次，這種價格還是很划算。

差異化的處方

那麼在我們的研究中，差異化策略最不可能獲得顧客支持的產業，該怎麼辦呢？在這些業界推動多層次行銷可能很難，卻不是不可能。其實這些產業長久避免差異化，讓消費者積壓對更好商品需求的渴望，這或許是產業可以掌握的最重要機會。

舉例來說，像健保服務那樣跟政治、社會或經濟有關的服務很少。不過在這種爭議環境下，MDVIP這家公司的生意卻日漸興隆。它是怎麼做到的？MDVIP已經爲願意付錢獲得更好服務的富裕大眾，創造更高標準的醫療服務。在推行這項服務時，該公司已克服消費者、同業和市民代表，對該公司服務公平性的嚴重關切。MDVIP 共同創辦人愛德華・高曼（Edward Goldman）向我們敍述該公司的經驗，提供想在所屬類別創造有意義差異，卻會引起爭議的其他企業做參考。

MDVIP 藉由發展現在常被稱爲「保健**看管**服務」（concierge）或「**精品**保健服務」，讓本身的服務獨樹一格。MDVIP 限制醫師病患數在六百人以內，不像其他一般醫院醫師病患數高達數千人。結果，MDVIP 就能提供會員高水準服務，會員固定年費爲一千五百美元。高曼在二〇〇三年三月接受我們的訪問時表示：「病人跟醫生的關係更好，在管理本身健康時也享有更大的便利，並強調以預防保健爲主。」㉖舉例來說，病患通常能在同一天到不同科別看診，不必趕時間，可以從容地完成一對一診療，之後還把醫師的傳呼機號碼和電子郵件信箱，提供給病患供後續查詢。

高曼強調，雖然任何人都能獲得 MDVIP 的服務，但事實證明，這項服務最獲得較富裕顧客的青睞。「年所得十萬美元到三十萬美元者，是我們追求的市場區隔。這個消費者區隔規模夠大，這類消費者了解額外服務的價值，也願意爲此多花錢。」

爲了支援這項設定目標的價值主張，高曼故意將 MDVIP 的服務價格，訂得比市場最高層級還低：「最近我爸媽在某個場合，跟另一名紳士說明 MDVIP 的概念。那傢伙回答：『我生病時，會趕快搭機到曼哈頓的醫院就診，那間醫院的側廳就是以我的名字命名。』……這種人顯然不是我們公司的目標客戶。坊間還有其他保健看管服務，每年向會員收費二萬美元。我們想以價格點吸引更多消費大衆。畢竟，一千五百美元大約是個人每年花在觀賞有線電視付費頻道，或每個月外出享用一次大餐的金額。」

即使像MDVIP這類企業已經界定本身的服務與價格點，仍然必須採取額外步驟，減緩認爲任何區隔都不適當者的反彈。MDVIP的模式，起初確實引發特定團體的爭議，尤其是年長消費者和某些衆議員與參議員，對此有意見。MDVIP巧妙地運用兩項明確訊息做回應。首先，該公司主張藉由差異化服務，只是解決健保市場預防保健未滿足的需求。高曼回述當時的情況說：「我們的健保服務，眞的強調預防保健這方面，本公司名稱中的ＶＩＰ就意指『預防的價值』(value in prevention)，而且聯邦方案並不提供預防保健服務。政府並未提撥醫療經費，供預防保健使用，因此如果病患需要預防保健服務，就必須自行付費。」依據這種推論，MDVIP聲稱該公司並未擅自更動消費者想保護的基本權利。

MDVIP的第二項訊息則適用於許多產業：事實上，健保服務原本就有區隔存在。高曼明確地表示：「我們指出健保制度已存在幾項區隔，包括無保險者、健保組織(health maintenance organizations, HMO)和優先供應組織(preferred provider organizations, PPO)的顧客。而且，醫生的教育程度和能力也有極大的差異。換句話說，我們公司並沒在市場上推出什麼新區別。我們只是因爲在已經區隔化的市場，公開進行區隔，而飽受抨擊。」

爲確保這類訊息有效地散播出去，行銷人士應效法MDVIP主動積極的溝通方式。該公司直接聯絡從眾議員到媒體等中立機構，直接向其告知原委並說明本身服務。「我們要讓人們知道我們是誰、我們爲什麼這麼做，」高曼表示。「這樣的話，大家已經知道事實狀況，如果聽到別人對本公司的批評，也不會受到影響。」現在，高曼看到MDVIP的努力已經獲得回報。「我們沒再聽到任何有關公平的爭論。即使那些曾批評我們的人，現在大都了解消費者對於我們服務的需求，也知道他們的權利仍存在市場上。」

病患不只接受MDVIP的服務，也熱烈歡迎這類服務。MDVIP自二〇〇〇年創辦以來，已經逐漸擴展，在七州有二十五個據點，在二〇〇四年還要設立另外四十幾個據點。「我們要把握在這些新市場的良機，」高曼表示。隨著事業基礎設施安置妥當，MDVIP現在可以跟其他產業互補事業合作共同行銷，例如：財務經理人、甚至與名車廠商合作，專注於提高本身的服務。

儘管MDVIP必須克服一些挑戰，高曼仍確信，替爲數日增的富裕消費者提供差異化商品的市場商機：「這是一個服務不足的市場，但可以開發利用。你若開發出具適當差異化的商品，必定能引起這些消費者的回應。事實上，要在富裕大眾市場做生意並不難。」

用對方法，就有太平日子可過

不管在什麼產業，任何新入行者要想成功，就必須有效處理常與推出差異化商品有關的社會政見。我們的研究顯示出，管理消費者反彈的成功企業採用的三項有效戰術：

- **在價值主張和行爲上做區別，而不是對人有差別待遇**。接受我們訪問的每位受訪者都強調這項重要性——各商品有其獨特的價值主張，提供選擇和交易給各所得水準的消費者。雖然有錢人比較可能是主要消費者（他們幾乎是每項較昂貴物品的最大消費者），但是商品絕不該讓任何發現「物有所值」主張很值得的買家打消念頭。同樣地，獎勵應該以表現良好的顧客爲對象，而不是以特定顧客爲對象。
- **清楚傳遞訊息表達企業的理論根據**。光是知道商品不具歧視還不夠，消費者和相關團體必須了解這類禮遇的做法與原因。行銷人士必須清楚詳述，不同層級與商品服務公平設定對象的論據；同時也必須定期傳遞這項訊息，尤其是對那些可能高度關切此問題者。
- **謹愼、謹愼、再謹愼**。外表讓人覺得行爲不當時，通常就算做得對也沒用。對最佳差異化商品來說，情況也是這樣。雖然某些富裕消費是爲了社會效應，但是這類效應大都是爲了向同儕炫耀。各世代和社會的有錢人總會了解到，大膽展現差別消費不僅討人厭，也可能對日後消費有害。看看瑪莉皇后（Marie Antoinette）揮霍無度的下場就知道。

根據我們的觀察，謹慎採用多層次行銷並獲得成功的企業，都巧妙組合這三項策略，剛開始先推出差異商品，看看市場反應如何，視需要測試一段時間，然後逐漸加速新產品上市，直到最後完成改變。我們看到這項模式在一些產業重複出現，就連消費者表示極不可能接受差異商品的產業也包含在內。

當塵埃落定

許多產業遲早會成功地做此轉變。以金融服務公司爲例，儘管消費者對差異化商品相當敏感，卻很少引起大眾的反彈。德意志銀行（Deutsche Bank）就想讓商品有所不同而推出新服務，其行銷長亞歷山大・拉巴克（Alexander Labak）告訴我們：「讓人們接受更有錢的顧客可能在本身財富管理上，有比較複雜的需求，這件事並不難。謹慎推銷這項方案，避免涉及精英主義，改爲提倡『各有所好』的智慧。」㉗

新罕布夏州坦尼山滑雪度假村（Tenney Mountain Ski Resort）總經理丹恩・伊根（Dan

Egan），也是以這種方式看待滑雪業的發展。他在二〇〇三年時，向倫敦《獨立報》（*Independent*）表示，插隊「只是激怒少數人．．就跟頭等艙乘客能先登機一樣惱人罷了」[28]。

但是伊根這麼判斷，是因爲他深切認同以生意掛帥的假定——許多企業也可能這麼想——不過這種想法卻可能讓這些人在該謹慎時反而粗心大意。「滑雪業者不得不盡量擴大營收，貴賓方案能讓業者壓低一般顧客要支付的基本纜車通行費。」[29]任何企業人士都能理解這種說法，但是顧客可能不這麼想。

II

設計商品的新法則

4

找出情境用途

不同場合的歸屬感

在我們這個以凡人爲主的社會，
消費者利用所有物傳遞有關本身的資訊，
在任何特定場合達到某種歸屬感。
我們看場合穿衣服，扮演不同角色時，
使用不同產品或不同種類的產品。
這種趨勢創造出學者所說
「完美陌生人凝聚的社會」

舊法則：生產適合大眾日常使用的「特殊」品。

新法則：生產只適用於特殊情境的「日常」用品。

我們大都有這種經驗，在正式晚宴中，看著桌上的刀叉感到困惑，不知道哪一道菜要用哪支叉子或湯匙。但是現在人們可以選擇的銀製餐具，跟維多利亞時期晚宴與會者可選擇的銀製餐具完全不同。這類宴會經常包括十二道以上的菜餚，每人要用的一套銀製餐具，可能多達二十四件。每件餐具有獨特用途，都是從當時所用一百多種銀製餐具中，精挑細選出來搭配特別菜餚和食材。

光拿湯匙來說，就不只一種款式，有爲清湯和濃湯分別設計的湯匙，也有爲冰淇淋設計的湯匙（還有爲冰淇淋設計的叉子，讓人更方便享用結冰的冰淇淋）。至於目前較少見、更具異國風味的菜餚，客人認爲主人會提供特製餐具，吃骨髓用的湯匙、吃沙丁魚用的叉子和吃澤龜用的叉子就能佐證。

這種專門化延續到刀具，餐桌上使用的刀子就多達八種，每種有不同的設計，食用乳酪、魚、野味、烤肉和水果都有特製刀具。每種刀具都有自己的刀托，而且每套餐具還有各自的奶油刀、鹽碟和依據季節需要所使用的野味剪刀。

餐桌上也使用各式各樣的高腳玻璃杯，每套餐具包括八只玻璃杯，排成二排，用到的玻璃杯數少時則依對角線排列。這些特製玻璃杯用來喝水、喝法國勃艮地紅酒、波爾多紅酒和香檳，綠色玻璃杯用來喝法國白葡萄酒，還有喝雪莉酒專用的玻璃杯和喝德國萊茵河區葡萄酒的紅色玻璃杯①。

這種多樣性用來強調，異國情調豪華晚宴食材展現的豐盛菜餚。賓客會細心察覺到，雖然這些食材相當昂貴，但在主人家卻再平凡不過，只是用來展現主人收藏的餐具和器皿。

不過這種驚人的多樣性並不僅侷限於最上流社會。根據羅傑斯歷史博物館（Rogers Historical Museum）表示，當時即使一般家庭也能買得起各式各樣的餐具：「大致翻閱一八九七年施樂百的目錄（「世上最便宜的供應品店」〔Cheapest Supply House on Earth〕）就會發現，一套十二人份的餐具組包含一百件餐具，售價十一．五〇美元。以當時每月七十五美元到一百美元的平均所得來看，對家庭來說，一輩子買一次這種奢華品是負擔得起的。」②

維多利亞時期在銀製餐具、玻璃杯和其他餐具的奢侈浪費，說明以往有錢人如何大量特製日常用品以此享樂，一般人在手頭日漸寬裕的情況下，如何模仿當時有錢人的生活方式。雖然我們現在很少用到骨髓匙，但是我們繼續把錢花在許多相當特別卻很少使用的產品上。我們這麼做，一則是欣賞這種特製品所產生的功能，例如：以設計得當的叉子，就能輕鬆地食用螃蟹；一則是擁有特製品讓人覺得有面子，對現代人和維多利亞時期的人而言，都是既令人愉快又重要的。

對於維多利亞時期的人來說，一項物品有各式各樣的種類可選擇，每種都是爲了特別用途或場合而設計，藉此展現並享受財富的好處，這樣做很含蓄，所以可以接受。這幾乎是明目張膽過度消費的一種形式。雖然沒有特別炫耀任何物品，每項物品只是爲特定用途而設計，只是準確符合味覺需求，用這種方式不會引人注意。不過，這樣做其實相當明顯，暗示性極高。留給觀察者去想像，如果一個人釣魚時穿釣魚外套，打獵時穿打獵用的外套，這個人肯定很有錢。雖然現在我們當中，很少人有吃澤龜用的叉子，不過大家對於享受特製品展現本身素養一事，依舊樂此不疲，新富階級更是如此。

舊酒新瓶

就拿玻璃杯爲例，奧地利的雷德爾公司（Riedel，跟針狀結晶〔needle〕是同韻字），生產玻璃杯和水晶製品已將近三百年。該公司在一九七三年時，第九代傳人克勞斯・雷德爾（Claus Riedel）推出整組十件的玻璃杯組，每只玻璃杯在容量和形狀上經過精心設計，以增加特定酒類的風味和香醇，對玻璃製品消費做出一項重大貢獻。一九八九年，雷德爾公司在美國只賣出二千只玻璃杯，現在該公司每年在美國賣出超過一百五十萬只玻璃杯，在全球賣出五百萬只玻璃杯，所供應的玻璃杯種類超過八十種。這些玻璃杯的售價，從入門級 Overture 系列玻璃杯售價約八美元，到典藏級 Sommelier 純手工吹製水晶玻璃杯售價八十五美元不等。跟維多利亞時期所用的玻璃杯一樣，每只玻璃杯是用於品嘗特定酒類，比方說：波爾多、勃艮地（包括有一只玻璃杯爲頂級葡萄酒專用）、席哈紅酒和夏多內白酒等等。

烹調器具是富裕階級透過特製產品，讓市場獲得驚人成長的另一個領域。烹調器具廠商協會（Cookware Manufacturer Association）執行副總裁修・魯辛（Hugh J. Rushing）向《紐約時報》（*New York Times*）表示：「男性對烹調愈來愈有興趣，是廚具零售市場的主要現象之一。視烹調需要，男性比較可能購買煮西班牙海鮮飯的專用鍋，女性則可能用長柄淺鍋或平底鍋代替。」③魯辛也指出，從二〇〇〇年起，烹調器具特製品的業績增加十七%。

當然不是只有富裕人士利用商品特製化的好處，大家都喜歡用適當工具，做適當工作。但是富裕大眾確實更常想用這些特製器具，也比較不在意花高價獲得這項特權。我們所做的研究就支持這項主張，研究揭露的資料支持這項邏輯理念——從汽車到鞋子等許多類別的產品持有數量來看，高所得者每樣東西都擁有更多，也擁有更多幾乎一樣的東西。這項特徵很重要，我們可以藉此了解，透過特製化進行產品創新，雖然可能吸引廣大消費者，卻會先對那些消費最多且以最高價消費的人，造成最大影響。

我們的研究顯示，富裕大眾因爲本身社會地位不明確，所以特別可能購買情境用途商品。他們的需求可能從保齡球衣到晚禮服。而且由於本身購買力強，這兩樣東西很可能都出現在富裕大眾的衣櫥裡。在我們這個以凡人爲主的社會，消費者利用所有物傳遞有關本身的資訊，在任何特定場合達到某種歸屬感④。我們看場合穿衣服，扮演不同角色時，使用不同產品或不同種類的產品。這種趨勢創造出學者所說「完美陌生人凝聚的社會」⑤。

而且，個人所能選擇參與的情境數目激增。因此，人們需要更多**資訊主體物品**(information-bearing goods，外表傳遞出持有者對場所有適當了解的物品)。以往的世代，有錢人不必只爲了表示地位並獲得認同而消費。以前的世代不但有更多階級資訊可用（因爲社交圈較小及使用紋章頭銜），就連戒奢令（sumptuary law）都規定，以衣著及其他外在表徵假扮另一階級就算犯罪。現在，由於人口日漸增加，人與人之間的接觸日漸頻繁，要「融入」許多場合，就是日常生活中的一大部分。即使有上班穿休閒服這種眾所皆知的特例，讓大家可以在職場中想怎麼穿就怎麼穿，結果情況迅速轉變爲，大家在不同場合中再確認個人的身分地位。**商務便服**（business casual）是新標準規則，迫使員工還要花錢，買一堆能展現身分地位的便服。

要顯示身分地位，穿鞋也是一門學問

現在，許多產品能透露有關持有者的重要資訊，鞋子即爲典型實例。想想看：男士們或許有二雙或三雙上班穿的鞋，一雙休閒鞋，一雙搭配正式服裝的鞋子。有禮服的男士，可能有黑色領結做搭配。然後，男士們還擁有各式各樣的運動鞋，用於打網球、慢跑、交叉訓練、打高爾夫球、甚至玩滑板。外加滑雪靴、健行靴和冬季用靴，一般男性爲了打扮一雙腳，很可能擁有十二雙到十五雙鞋。

而這只是相當保守的估計。雖然很少人能跟擁有一千零六十雙鞋的前菲律賓總統夫人伊美黛・馬可仕（Imelda Marcos）相比，不過事實上，美國女性大約擁有三十雙鞋⑥。消費研究員伊莉莎白・修弗（Elizabeth Shove）和亞倫・渥德（Alan Warde）把目前的鞋類選擇跟以往的運動鞋做比較：「我們現在能買到慢跑鞋、訓練鞋、回力球鞋和網球鞋，但是父執輩當時只能買到膠底布鞋。」⑦更正確地說，美國運動器材協會（National Sporting Goods Association）光是在運動鞋類別列出的鞋款，就超過二十四種。

而且，個人擁有的鞋子數量還在繼續增加。以鞋子銷售量來看，在美國目前每人**每年**約買五雙鞋，在一九二〇年時每人每年才買二・五雙鞋⑧。這種對鞋子的狂熱，大都要歸因於富裕大眾不成比例的購買，這些人特別愛買鞋。美國男鞋名品廠商 Allen-Edmonds 的業務暨行銷主管盧・李波（Lou Ripple），跟我們分享他對這股趨勢的看法：

> 幾年前，我們的顧客會買一雙黑鞋、一雙棕鞋，這樣大概就夠了，足以搭配大多數正式服裝。等到這些鞋穿久了，就當休閒鞋穿或除草時穿。
>
> 這幾年的情況變了，市面上出現許多不同款式的鞋子。所以，顧客真的有一櫃子的

鞋。二十年前，你可能會聽到人家這麼說：「我的鞋子都是 Allen-Edmonds，我只穿這個牌子的鞋。我的衣櫥裡就只有這個牌子的鞋。」有的人擁有六雙到七雙鞋，有的則有二十五雙或三十雙鞋不等，但都是 Allen-Edmonds 的鞋。

由於不同公司推出不同鞋款，我們發現顧客這麼說：「嗯，正式打扮時，我穿 Allen-Edmonds 的鞋；我還有幾雙 Timberlands 和 Rockports 的鞋。」你知道的，顧客出席不同場合時就穿不同鞋款，而且這幾年來，我們已經推出更多不同鞋款，適合在更多不同場合穿著。所以，以前只穿我們的鞋出席正式場合或只買正式鞋款的顧客，現在也買我們推出的商務便鞋和休閒鞋。而且現在因爲我們推出各式各樣的鞋款，可以搭配所有場合穿著，所以顧客正恢復以往的情況，整個衣櫥裡擺的可能都是 Allen-Edmonds 的鞋子。⑨

水上運動專用鞋

在一個替各種場合設計產品的領域中，企業如何創造優勢？在百家爭鳴、競爭激烈的鞋類市場中，我們可以預期得到，要創造許多新機會和創新，若非不可能就是很難。但是以過去和最近的情況來說，老字號企業和後起新秀已經巧妙處理，藉由開發鞋子的新使用場合，徹底拉抬生意。在這些實例中的共同關鍵就是：留意細微趨勢並迅速回應。

一九八七年時，耐吉公司推出這款鞋——「水上運動鞋」，引發鞋業出現一個全新類別的發展。當時耐吉公司在適應市場之際，發現本身輕巧慢跑鞋系列雖然在市場上銷路不佳，卻受到玩衝浪者的喜愛。這些顧客正在找在水中穿得舒服又能提供阻力，在陸地岩石和碎石路上行走時又耐穿的鞋子，但目前市面上買不到這種鞋。耐吉馬上修改原先輕巧慢跑鞋的形狀，並增加霓虹色彩，於是溯溪鞋就應運而生。這款鞋上市不到一個月，就賣出五萬雙，於是耐吉公司迅速增產，每天生產量爆增到三千雙。

競爭者迅速跟進。以生產惡劣天候裝備和漂浮設備聞名的亞米茄（Omega），推出 Reef Runner，銳跑（Reebok）推出 Kahuna。水上活動專用鞋開始暢銷，並不是完全出乎意料的事。雖然水上活動原本就很受歡迎，當時卻開始迅速成長。一九八〇年代後期，美國運動器材協會注意到，在所有參與運動中游泳排名第一，比有氧運動、散步和保齡球更流行。衝浪、滑水和排球的零售業績也顯著提升。

當時耐吉的發言人做此解釋：「本公司水上運動鞋在市場上造成意想不到的成功，讓我們確信水上活動產品的市場很大。衝浪者和玩小汽艇者都很前衛，開創運動潮流。」發言人又繼續補充，說出耐吉更大的願景：「我們不把耐吉當成一家製鞋公司或服飾廠商，而是當成運動用品公司看待。我們要接觸前衛消費者，提供他們需要的產品。」⑩

但是，並不是每個人都被耐吉水上運動鞋突然爆紅，或被這件事所展現的特殊情境用鞋的商機所打動。一九八九年、也就是水上活動鞋推出的二年後，負責運動品牌 Converse 公司行銷與研究的史蒂芬・恩卡納修（Stephan Encarnacao）認爲：「大家把運動當一回事、熱中運動，這樣很好。但是別把這件事過度延伸。我不希望我們公司太認眞看待此事，甚至相信消費者需要槌球專用鞋。」⑪

我們或許不該那麼認眞看待**自己**，但是認眞看待**情境用途**（occasional use）是另一回事，這件事可能拯救 Converse 避開最後面臨破產的命運。二〇〇二年時，在九十三年來被稱爲「美國製造」偉大鞋商後，Converse 因爲損失將近二%的市場而被迫關廠。根據奧勒岡大學華沙運動行銷中心主任瑞克・博頓（Rick Burton）表示，Converse「仰賴籃球鞋太久」，選擇以籃球明星查克・泰勒（Chuck Taylor）All-Star 高筒鞋款做主力商品⑫。由前高中明星球員於一九二三年設計的 All-Star 鞋款，已經讓 Converse 在一九六〇年代後期，在籃球鞋市場有高達九十%的占有率。雖然這款鞋曾受到威爾特・張伯倫（Wilt Chamberlain）這類職業球員的青睞，但是皮製運動鞋上市後，這款鞋的業績就迅速下滑。到一九八〇年代中期，即使有J博士朱利斯・艾文（Julius "Dr. J" Irving）和賴瑞・柏德（Larry Bird）等知名球員的背書，也無法阻止該品牌或該公司逐漸沒落之勢。

相較之下，耐吉從一九八七年推出水上運動鞋後（在 Converse 發表上述評論的兩年前），公司市值從十億美元成長到一百億美元。在這段期間，耐吉推出以女性、曲棍球和高爾夫球專用的鞋款與服飾。耐吉收購賀利國際公司（Hurley International LLC）後，即涉足情境用途運動產品可能最熱門的兩大領域：滑板與衝浪。而且在二〇〇三年九月，就連 Converse 也被耐吉收購。

以日漸出現未被滿足的需求爲主，使用運動鞋的新情境似乎層出不窮。將籃球和足球這類傳統運動參與者分眾化（fragmentation），區分登山、滑雪板、越野機車和滑板等數十種不同的運動，這樣做繼續爲廠商帶來龐大商機和利潤，尤其是能迅速回應的新秀企業更是受益良多。高伯瑞在《富裕的社會》中指出：「只要消費者尋求多樣性而非數量多寡，繼續增購新產品，那麼他就會像博物館一樣累積收藏品，而且興致不減。由於一般消費者想擁有很多不同的物品，但實際上卻只擁有一小部分的物品，因此廠商簡直有無限商機增加這類產品。」⑬

汽車和住宅也變成情境用品

就連一般家庭預算中某些最昂貴的項目，也正逐漸成爲情境用途必需品。幾十年前，汽車是既稀有又奢華的所有物，現在汽車本身的消費重要性卻已改變。我們不但想擁有一部車，也想擁有很多車。雖然鉅富總喜歡收藏幾部勞斯萊斯（Rolls Royces）或布佳迪跑車（Bugattis），這股趨勢已席捲中上階級消費者。幾年前，美國汽車牌照的數目已經超過駕駛執照的數目，讓這股趨勢更加穩固。一九九八年時，這項比率攀升到每位駕駛擁有一・一四部車⑭。從一九九九年四月到二〇〇二年四月，光以這三年來看，擁有三、四部車的家庭比例激增為三一%，從一千零九十萬戶增加到一千四百三十萬戶⑮。富裕階級正加速這個市場的發展，這件事並不令人意外。根據知名汽車評等機構包威爾公司表示，新車買主有十三%考慮購買豪華汽車，這些人本來就有三部以上汽車者占四十%⑯。個人擁有汽車數量的增加，是因為消費者購買各式各樣的汽車，主要不是以運送為考量，比方說：敞篷車、客貨兩用車、大馬力汽車和古董車。從一九九八年到二〇〇三年，廠商提供的車款數目增加五十%以上，提供消費者前所未有的選擇和特製化。阿拉斯加州甚至為這些汽車設計特殊情境用途的牌照，因為這類汽車的使用較不頻繁，因此允許這類汽車牌照稅享有優惠。

為配合這種轉變，富裕者的住宅也必須做改變。二〇〇一年時，有十八%的新屋提供空間停放三部以上的汽車，在一九九二年、美國首度調查這項數字時，這類新屋只占十二%⑰。這個空間不但供停車專用，車庫也逐漸被當成家庭儲藏室使用（同前所述，大家愈來愈喜歡粉刷裝修過的地下室，因此助長這股趨勢）。至少家電廠商惠而浦（Whirlpool）已經利用這個機會，將主力商品從洗衣機和乾衣機，改為神鬼戰士車庫產品（Gladiator GarageWorks）系列。這個系列提供從工作台到櫥櫃、工具牆等種種事物，甚至還提供車庫冰箱。此系列用品不只是家用版的縮小版，也特別設計讓消費者在車庫使用；車庫冰箱內建加熱器，即使氣溫在零度以下，也能維持冰箱內置物品的冷藏狀況，不會結凍。

這一點引導我們了解另一項更昂貴的情境用途必需品：住家。即使消費者一輩子通常只買一次住宅，現在的情況也逐漸改變。有些消費者買幾間房子，有的房子只是偶爾使用，而且不是只有鉅富才這麼做。據估計，美國目前有六百四十萬戶家庭（約占總家庭數的五％），擁有二間以上的房舍，但是更重要的或許是，預期到二〇一〇年時，擁有二間以上房舍的家庭將近一千萬戶⑱。

這股趨勢有部分是因為嬰兒潮世代購買度假屋，為退休做準備。但是對於發現這項機會並設計產品因應這個特殊市場的企業來說，這類住宅和相關用品的採購，在未來依舊是相當重要的商機。

隨機應變

企業如何滲透並征服情境用途市場？某些企業已傾全力做好兩項完全不同的策略，以充分利用這項商機。跟競爭對手相比，他們這樣做已獲得相當傑出的事業成效。

- **創造新的使用區隔**：成功企業擅長在既有傳統使用行為區隔和類別內，開發新用途。
- **改善適合性**：企業可以專心改善本身的商品，讓商品更適合特定情境使用。這樣做，企業也能依據本身克服特定基本元件使用挑戰的能力，為品牌和商品創造額外的差異。

在原有用途中找出新用途

依據本身用途的某些層面或使用者的某些屬性，劃分既有用途類別，就是界定和掌握新情境的一項重要策略。就像拆解俄羅斯娃娃一樣，各步驟揭開另一個未被滿足的需求，然後開發產品滿足這個市場。

洗髮精的發展史就很有教育性。根據記載，肥皂出現於西元前二八〇〇年：在古巴比倫遺址的灰燼筒中發現最早形式的肥皂。雖然筒子上淸楚刻有肥皂的做法，卻並未記載用途。早期肥皂似乎被用於洗髮和造型。根據美國肥皂淸潔劑商會（Soap and Detergent Association）表示：「聖經的故事暗示，猶太人知道把灰燼和油脂混合，就能做成一種髮膠。」⑲

相較之下，目前大家用的洗髮精是近來才被發明（或重新發明）出來的。一九三〇年時，約翰・布瑞克（John H. Breck Sr.）在麻州春田市私人診所，苦心鑽研數十年後，推出以自己名字爲名的洗髮精⑳。這項產品跟當時大家的慣用做法極爲不同，當時人們習慣用同一塊肥皂洗澡、洗髮。藉由呼籲使用者區別使用情境，並概述這樣做的好處（布瑞克認爲使用肥皂洗髮會造成落髮），讓布瑞克能依據既有用途的特定區隔，開發客製化產品，創造一個相當重要的新事業。

只是布瑞克把這項做法再加以延伸，他爲乾性髮質和油性髮質設計不同配方，將洗髮精再做區隔。布瑞克之子艾德華（Edward）繼承父業，以女性爲目標顧客，也讓從一九三六年起出現於布瑞克洗髮精廣告中的「布瑞克女郎」（Breck girls）聞名全球。該品牌已經在消費者心中建立相當穩固的地位，提到布瑞克就讓人想到洗髮精，經過十幾年的營運衰退，後來又再度受到世人注意，但最後還是在二〇〇〇年退出市場。

雖然到最後，布瑞克洗髮精淪落爲擺在架位底下的低價產品，但是該品牌曾經風光三十年，而且是頂級品牌並受美容院業者青睞的高價品。況且以布瑞克洗髮精當時推出的情況來說，其暢銷程度就更值得注意了，雖然現在美國人十之八九聲稱自己每天洗髮㉑，但是在經濟大蕭條時期，要用另一塊肥皂洗髮可是相當奢侈的事。

布瑞克洗髮精上市幾年後，其他洗髮精廠商繼續將洗髮精做進一步區隔，而且先發制人者先贏。舉例來說，一九五三年嬌生公司（Johnson & Johnson）推出嬰兒洗髮精不落淚配方。不過，以此特定用途爲對象，涉及到肥皂的一項實質突破，嬌生公司推出中性清潔劑供消費者使用。雖然這些清潔劑不像傳統肥皂那麼有效，但是卻相當溫和，看起來**極具魅力**，又很適合嬰兒敏感又不太髒的肌膚。爲這個使用者區隔設計清潔劑新類別，讓嬌生公司在超過五十年後的今天，還在這個類別獨占鰲頭。嬰兒洗髮精不落淚配方上市六個月，就奪下七十五％的嬰兒洗髮精市場，這種占有率一直居高不下，直到一九九五年美國因爲出牛率上升和富裕家庭日增，讓嬌生的競爭對手成功推銷利潤更高的改良產品，而且價格還是嬌生嬰兒洗髮精售價的二到五倍。

嬌生公司繼續在不同用途洗髮精發現商機，最後終於在控制頭皮屑領域建立主導地位[22]。但是奇怪的是，從某個例子來看，在嬰兒其他用品繼續開發商機時，嬌生公司卻漏掉一次以上的機會。根據國際研究機構歐洲透視（Euromonitor）表示：「嬌生公司在美國是一家嬰兒照護用品公司，在所有類別中具有主導地位，特別是**嬰兒防曬用品類別**。」[23]其實，先靈葆雅（Schering Plough）才是嬰兒防曬用品的龍頭企業，二〇〇一年時先靈葆雅的水寶寶嬰兒系列（Coppertone Water Babies）和水寶寶兒童系列（Coppertone Kids）品牌，市場占有率超過五十%。這個市場在四年內成長五十%，從一九九七年到二〇〇一年，由六千萬美元成長到九千五百萬美元，不過成人防曬產品和兒童防曬產品之間雖有些微差異，卻很難界定。

依據情境用途設計更多洗髮精，接下來的合理做法正緩緩出現。現在，業者開始以相同顧客體驗不同情境爲目標，依此設計新款洗髮精。比方說，有到海灘玩後使用的洗髮精，在游泳池游泳後使用的洗髮精，甚至還有參加派對前使用的超彈力洗髮精。而且這類擴散商機相當多。現在，在包含造型產品（噴霧、慕絲和髮膠）、染髮和家庭燙髮及毛髮增長產品在內的護髮用品業中，洗髮精只占三三%[24]。

在這方面，牙膏業者的反應倒是慢半拍，業者最近才發現，在許多家庭裡，家人們是共用同一條牙膏的。爲設法糾正這項問題，業者不再以解決口氣清新、美白或牙垢問題爲目標，而是以使用者做區隔。寶鹼就推出一款名爲Crest回春功效牙膏（Rejuvenating Effects）的女性專用牙膏。這項產品以三十歲到四十四歲的女性爲目標，這個區隔比以往的區隔年紀更長，所得也更高；而且寶鹼耗資五千萬美元爲這項產品做宣傳。

寶鹼知道，基本上這項新產品提供跟本身其他商品一樣的功效。但是增加香草和肉桂口味，再加刷牙時增加一些刺激感，外加新包裝水藍色色調，將會讓女性認爲這是爲她們專門設計的產品。寶鹼也希望藉此讓Crest品牌的業績回春。一九九〇年代後期，高露潔棕欖（Colgate-Palmolive）這些對手，以美白這類美容屬性推出新品競爭，Crest則比較注重控制牙垢和牙齦護理等功能屬性，因而導致業績下滑。

有趣的是，寶鹼知道男性不可能「了解」女性專用牙膏這項概念。但是該公司以另一項提供兩性除毛功效、卻以女性專用爲號召的吉列維納斯（Venus）除毛刀做對照。吉列維納斯除毛刀在市場上成功地創造差異，也爲吉列創造龐大價值。

不過重要的是，這項差異應該以對消費者有價值的實質差異爲依據，滿足未滿足的市場需求，就像無刺激嬰兒洗髮精的例子一樣。無法充分提供新價值給消費者，可能導致消費者恢復大家共用商品的情況。雖然洗髮精不可能在近期內消失，但是對照只用單一清潔用品的便利性和使用區隔產品的好處，正幫助「全身潔淨乳」在西歐地區大紅大紫。以二〇〇二年爲例，這類產品占總用量將近七%的比例㉕。不過對肥皂業來說，這項轉變一直還不具有全面性的衝擊；這項轉變的走勢一直以單價較高且較易使用的洗髮造形產品爲主，而不是以肥皂形式爲主。

讓商品適合情境

讓產品適用於特定使用情境，就必須以跟特定顧客需求有關的方式，讓產品獨樹一格。不論是否每位買家都重視或使用滑板鞋的獨特功能，不可否認的是，這類鞋款並非只是把網球鞋弄好看些，讓滑板者穿。舉例來說，滑板者的獨特需求，尤其是要增加跟滑板之間的摩擦力，以及加厚鞋舌以增加翻轉滑板時的柔軟度，已經讓設計者爭取在製作過程中使用最新材質。這些條件列成的清單，看起來就像化學課本——例如：聚氨酯（PU）、醋酸乙烯（EVA）、熱塑性聚烯烴橡膠（TPR）和聚乙烯。設計者也找出能應用於製鞋，爲滑板者創造適當鞋子的新技術。舉例來說，滑板鞋廠商 Airwalk 採用的 Verus 技術，就利用道氏化學公司（The Dow Chemical Company）開發的小塑膠珠。這些珠珠形成幾何圓錐體，並以相反的型態塑造而成，讓滑板鞋相當耐穿。這項技術勝過其他知名廠商所用的氣墊膠底（air-and-gel）技術，因爲持續不斷承受壓力時，氣墊膠底結構很容易耗損。對某些人來說，滑板鞋可能就像改裝過的帆布懶人鞋，但技術上來說，絕不是這樣。

在任何特製產品上都能看到，這種實際上讓產品用量減少的興致。只要到知名廚具 Williams-Sonoma 專賣店逛逛，就能了解這種可能性。跟我們聊到這項主題的某位產業主管，就對該品牌蘆筍蒸鍋讚不絕口，這種蒸鍋只用於蒸蘆筍，她還跟我們發誓說，這種蒸鍋比她用過的許多方法，更能保存筍尖的養分。根據 Williams-Sonoma 網站這款蒸鍋的說明詳述，烹調美味蘆筍的關鍵在於，使用能讓蘆筍筆直豎起的細長鍋子，「煮熟蘆筍的根部，但用蒸氣蒸筍尖。」[26]

專業主廚和廚師喜歡光臨的專業廚具店 Sur La Table，就有幾十種專門爲烹調魚類設計的用品，包括：去骨鑷子和去骨鉗（對我們來說，這些東西跟針頭鉗相當類似）。該品牌也有五十七種不同款式的湯匙，包括：量匙、冷飲匙、吃葡萄柚用的湯匙（具有節慶感的鍍金湯匙）。設計師搞不好是從維多利亞式餐宴得到靈感。

在可能提振服飾業低迷已久的景氣的一次舉動中，服飾業者終於回過頭來，探討消費者實際使用衣服的方式。現在，這通常指的是跟許多電子用品做結合。傳呼機、手機、個人數位助理和這類電子產品，目前都被塞進口袋裡，但是從一七〇〇年代末起，口袋的設計根本沒有什麼改變，也就是說，二百多年來都沒變過！

不過，這種情況正開始改變。舉例來說，有七五％的美國男性擁有一條 Dockers 卡其褲。但是直到最近，這些消費者才有機會買到 Dockers 行動褲，這種褲子在側邊和背面都有口袋，很適合存放手機和個人數位助理。而且擁有Dockers品牌的李維・史特勞斯（Levi Strauss），對於設計科技相關服飾這項概念，並非新手。一九九五年時，該公司就跟電子產品廠商飛利浦（Philips）合作，開始探討配戴式電子產品（wearable electronics）。該公司工業服飾事業部，就是這項合作關係的成果，推出的第一批產品可以在歐洲精選零售賣場買到。

而且，褲子只是廠商努力設計服飾，更符合當今電子用品和使用情境的一項實例。蘋果電腦（Apple）和博頓滑板公司（Burton Snowboards）就合作設計，可以放iPod MP3播放器的運動夾克。「這款厚夾克相當帥氣，看起來就跟一般夾克一樣，差別只在於左側袖子有一個特殊材質的面板，上面有一組凸起的音效控制鈕。」㉗對年產值五百一十億美元的男性服飾業來說，這個消息來得太晚，在一九九八年到二〇〇一年間，西裝、運動外衣和褲子這些傳統主力商品的銷售量下滑十%，從五十三億美元減少到四十七億美元㉘。

了解情境

要改善既有商品，以適合特定情境，並為新情境創造新商品，企業要如何獲得所需的精闢見解？首先，企業必須更了解顧客、了解情境、了解這些類別本身未被滿足的需求。一流企業已經主動調查並投資這類能力，讓他們比對手更了解情境與使用環境。

經事實證明，對這些企業相當有用的一些技術包括：

- **專心探討產品的實際用途**——包括努力觀察研究。
- **雇用「高用量」員工**——熱中使用企業行銷類別所有產品的使用者，能將深入見解和知識提供給組織核心。

或許這些技術看似顯而易見（負責任的企業，怎麼會不研究自己的顧客如何使用他們的產品呢？），但是很多人卻視而不見。

迷霧中的情境

在產品使用情境上掌握機會，就必須運用文化人類學家的人種誌學方法，從消費者的觀點，就消費場合來看待產品和服務。許多行銷人士和主管可能不理會這項建議，他們認爲公司已經在發展顧客知識方面做了龐大投資，因此他們相信既有能力是足夠的。但是以飲料市場爲例，如果對飲料使用情境多加考量，就能研究出新的產品類別嗎？不過，可口可樂公司一直到二〇〇二年，才推出冰箱包裝（Fridge Pack），這種包裝從冰箱存放的觀點，改善可樂的消費。

利用把傳統四罐乘三罐的包裝設計，改變爲六罐乘二罐的包裝，通常冰箱內部後側空間就能存放更多飲料。前開式的獨特包裝設計，讓飲料更容易取用。這項改變並非出在推銷飲料，而出在推銷一項資訊主體產品：從冰箱被取出飲用的飲料。但是大家在家裡從冰箱拿出飲料飲用，這件事已經有數十年之久。爲什麼廠商花了那麼久的時間，才想到要讓產品適合情境呢？其實，他們之前就想到了。

起初，美鋁公司（Alcoa）提出這項構想，做爲增加鋁罐銷售量的一種方式。利用到人們家中觀察大家如何使用罐裝飲料，研究人員得知，大多數人每次只在冰箱裡放三到四罐飲料。雖然美鋁公司做的是鋁罐生意，但是該公司工程師後來著手設計出一種更好、更容易放進冰箱冷藏的飲料包裝，並稱爲冰箱包裝。美鋁公司認爲，如果能增加冰箱冷藏飲料的罐數，結果消費者就能取用更多飲料，因此能增加消費。同時使用者也不必再三補充飲料冷藏，讓使用者滿意度增加。

美鋁公司想得沒錯。可口可樂在二〇〇一年八月推出這種新包裝後，該公司旗下美國第二大裝瓶業者「可口可樂裝瓶公司」（Coke Consolidated），就看到這種十二罐包裝的業績成長二五％。隔年，這項改變又讓可口可樂瓶裝業者的業績成長二・八％。另外兩家跟可口可樂合作的裝瓶業者（包括美國最大裝瓶公司），也開始採用冰箱包裝。可口可樂裝瓶公司發言人評論說：「我們看到這種情況還懷疑，爲什麼以前沒有人想到要這麼做。」[29]

冰箱包裝也顯示企業能以兩種方式爲情境做創新：透過包裝和透過產品。在某些情況下，就像冰箱包裝這個例子一樣，企業透過包裝充分利用情境，產生更大的價值成效。而且可口可樂新包裝的經驗也顯示，在使用情境的包裝上做創新，可能比較不具風險。至少，企業應該兩種方法都列入考量。

星巴克就把類似技術，應用到另一項日常用品「口香糖」，還賦予口香糖特殊地位，讓該公司能以前所未有的高價，銷售這項商品。在這個過程中，星巴克開創出喝完咖啡後專用口香糖這個新類別。

星巴克怎麼做呢？首先，該公司發現市面上薄荷製品市場有爆炸性的成長，以糖果產業的說法，就是指**口氣清新用品**（breath freshener）有驚人成長。其中主要原因是，人們對香濃咖啡（這剛好是星巴克的產品）的消費增加。英國知名薄荷糖品牌 Altoids 發言人艾琳・布瑞南（Erin Brennan）表示：「Altoids 進入美國時，在美國西北部的業績最好，咖啡一定是功臣。」二〇〇〇年時，Altoids 的銷售額爲一億一千八百萬美元，大幅超越美國糖果廠商 LifeSavers 六千六百萬美元的銷售額㉚。

Altoids 薄荷糖大賣，促使星巴克推出自家薄荷糖，現在又再推出口香糖。雖然星巴克不會公布實際銷售數字，但該公司發言人確實表示，原先推出的薄荷糖業績不錯，所以公司才推出新口味和新款式，而且公司很滿意這類產品的業績表現。事實上到目前爲止，星巴克已經賣出超過十七億盒薄荷糖（眞是驚人！）㉛。喝完咖啡後專用薄荷糖賣得不錯，讓星巴克繼續推出同款口香糖，結果口香糖這種曾經到處都是、而且只要五角美元就能買到一盒五包的箭牌（Wrigley's）口香糖，現在卻成爲風味更強勁，也能索取較高價格的東西。星巴克推出的口香糖單包售價就要一・九五美元，這是任何廠商都喜愛的新中間地帶價格改善。

把日常用品做些微調整，用於日常慣用情境，就能讓業者索取驚人高價。以高爾夫球衫爲例，雖然在大多數情況下，只是把傳統馬球衫（polo-style）做些修改，就稱爲高爾夫球衫，但是售價卻是馬球衫的二倍、三倍、甚至四倍。在擺滿馬球衫的衣櫥裡，要想讓人多買一件休閒服，那麼替日漸流行的運動，設計一種不同款式的休閒衫，這種方法不就再好不過了嗎？

培養員工使用者（反之亦然）

在大多數企業，大多數員工都會用到洗手乳這類日常用品。但是如果你正在設計、製造或推銷高性能登山夾克，那麼貴公司招募員工時，最好找穿過這類夾克並了解這類夾克用途的人。要服務更特殊場合，就必須有更專門的員工。想要從事某個產業並在業界獨占鰲頭，員工卻對本身的產品興趣缺缺，這種事很罕見。

美國頂級戶外用品廠商Patagonia的員工遍遊世界各地，測試本身產品，也藉此培養新構想。而且以耐吉公司具傳奇性的創辦史來看，創辦人菲爾・奈特（Phil Knight）當初就跟知名教練比爾・包爾曼（Bill Bowerman）合作，設計更適合慢跑者穿的鞋子。或許接下來的鞋類潮流，也是來自個人熱愛。爲K-Swiss、銳跑和愛迪達（Adidas）設計鞋款的知名設計師凱文・

比爾德（Kevin Beard）已經利用本身的經驗，以及對業餘賽車的熱愛，創辦新公司。比爾德以賽車手的義大利文Piloti，爲公司命名。Piloti公司生產貨眞價實的賽車鞋（大多數款式採用防火的Normex材質），深受F1方程式賽車和NASCAR房車大賽優勝者的喜愛。目前在諾德史東百貨（Nordstrom）這類主流零售商，都能買到賽車鞋，而且競爭鞋款也愈來愈多，包括愛迪達和Fila等知名品牌也推出類似鞋款。

當初美國水上用品廠商Body Glove的成立，也是因爲創辦人熱愛潛水所致，不過在這個例子裡，應該說是兩位創辦人都熱愛潛水。依據該公司網站所述，兩位創辦人包伯・梅斯泰（Bob Meistell）和比爾・梅斯泰（Bill Meistell）在衝浪和潛水等運動發展早期，就是熱中此道的衝浪者和潛水夫：「包伯和比爾必須想辦法對抗加州的低水溫。他們試過各式各樣的構想，包括將軍用飛行員裝配備電力加熱器，但是這樣做溫度會過高，而羊毛衣只在乾燥狀況下能保暖，但是衝浪和潛水時根本不可能不弄溼身體。到了一九五三年，兩人終於發現原本用於冰箱後面的一些絕緣材料。這種材質稱爲尼奧普林（neoprene、一種合成橡膠），就被用於製造第一件實用的潛水衣。」[32]

對於生產高品質、高度專業產品的企業來說，有愈多員工（從業務員到產品開發師和研發科學人員）熱中使用公司的產品，及所屬類別的其他產品，而且不是只爲了觀察產品，這一點相當重要。以自行車業爲例，員工熱愛自行車就爲業者帶來許多好處。經過二百年的使用和發展，本來我們可以合理認爲自行車不算是生意熱絡的產業。但是一九七〇年代中期，隨著登山自行車的上市，自行車業又展現活力。現在，在美國產值五十六億美元的自行車暨零件市場中，登山自行車這個區隔就占有將近四二%的比例。自行車的這項新用途，也導致百年品牌 Schwinn 逐漸式微，最後宣告破產，自行車市場則由特瑞克（Trek）和 Cannondale 這些以前衛自行車迷主導的創新企業接替㉝。

退休前在芝加哥生產高品質、高級自行車零組件的速聯公司（Sram）擔任設計與工程副總裁的麥克・拉森（Michael Larson），對員工熱中本身產品的重要性，做出下列評論：

> 當初我們找人時，至少要找自行車迷。他們不是臨時使用者，而是對某些類型的自行車相當狂熱的人。這樣做的好處是，這些人對產品有驚人見解，也有能力想出更好的策略，解決以往未解決的問題，幫公司賺錢。他們就跟最終使用者一樣，親自體驗產品。
>
> 我們在檢視一個相當健全的產品開發方法論時，會以了解顧客意見爲起點。如果你自己就是顧客，就能爲所屬組織提供驚人的親身見解，讓組織知道顧客如何使用產品，目前產品線有什麼限制等諸如此類的意見。我發現最有創意的工程師和技術人員，每次使用產品時……都在對產品進行一項高明的技術審查。他們會用力拉扯產品，之後會想辦法把產品修理好。㉞

拉森表示，另一個好處是，這些員工比較不會因爲挫折而氣餒。狂熱者運用本身的熱忱做爲激勵因素，處理事業上常見的高潮與低潮。如果你中意自己正大量生產的產品，尤其當你是使用者時，就可能忽略負面事項。

速聯公司爲登山自行車用途設計變速把桿（twist shifter），就是運用使用經驗奏效的一項實例。業者早就知道，這項裝置的尺寸應該再小一點，使用時的轉動也要少些，要比其他款式自行車用的變速器再靈敏些，好將改變傳送到把手。這三項需求被簡稱爲SRT（Small、Rotation、Transition），最後速聯公司也以SRT爲這項產品命名。

拉森解釋，由於產品開發者也喜歡該類別產品，因此速聯公司創新產品的開發迅速發生：「我們的員工都是自行車迷，以親自騎乘經驗，提供不同狀況的設計變數（例如：必須設計一種方式，讓使用者使用轉距更短的變速器時，避免轉錯段速）。由於意見夠多，讓速聯公司眞的設計出更棒的變速把手。如果產品是你常接觸的東西，你會以超音速不斷複述自己的建議，那麼回饋意見也會出奇的快。」[35]

不過，過度仰賴內部專家意見，造成外部市場測試不足，規模較小的公司要更留意這項風險。狂熱人士也可能過度保護自己的產品。在速聯公司一項原本應該大賣的產品，就因爲受到過度保護而蒙受損失，因爲依據可能的售價判斷，生產這項產品費用太昂貴。拉森表示：「內部專家可能妨礙制度。大家花太多時間在產品上，對產品有感情，讓事情運作變得很麻煩，大家太過講究完美，不再擔心實際顧客如何使用產品。」㊱就算大企業也可能因為員工這樣缺乏遠見，蒙受損失。大家都知道，一流電腦廠商和晶片廠商的產品開發人員和科學人員，太熱愛某項技術卻忽略市場，這些廠商的行銷主管就跟我們抱怨過此事。

雖然到目前為止，我們主要只討論到設計人員和企業家，但是企業也努力了解，在生意上出現的各式各樣顧客情境。舉例來說，家庭補給站（Home Depot）和諾德史東百貨，因為雇用體恤顧客，在生活上跟顧客有類似需求和體驗者，擔任業務員，讓公司在所屬產業獨占鰲頭。美國知名服飾零售商塔伯茲公司（Talbots）的一名主管告訴我們，該公司相當重視顧客有美好的購物體驗，結果旗下某家分店還雇用一位主顧客當店員，因為此人在附近一帶關係很好。這位主管表示，由於分店帶給當地的文化，所以這項雇用做法時常發生。

沒辦法擁有員工使用者，也可能產生反效果。某些全球知名企業主管嘆氣地跟我們表示，公司同仁似乎不再熱愛本身的核心產品，這件事讓公司無法以預期方式進行創新並服務市場。而且現在雖然許多企業要求主管，定期跟顧客互動，但是有些企業因為疏忽，反而讓員工無法成為自家產品的真正使用者。舉例來說，許多汽車廠商提供員工優惠採購和服務計畫，員工不必跟當地經銷商買車，也無法體驗到一般顧客如何採購及持有他們的產品——這樣做可能讓員工無法獲得實際經驗，不能為持續改善和事業成長提供見解。

真實性掛帥

在產品設計上，深入了解實際用途相當重要。但是深入了解實際用途，未必等於深入了解顧客。就算產品有使用場合，但是跟以產品特性做時尚用途相比，後者的市場一定大得多。比方說，平凡無奇的保齡球鞋，經過Prada與愛馬仕的名家設計後，就能引起一股時尚風潮。時尚款式保齡球鞋的營收比原創版保齡球鞋更好，令人訝異的是，時尚款式保齡球鞋單位銷售量也更高。滑板鞋也成功地從一項重要的運動設備，轉變成街頭時尚鞋款。

不過你可別誤會。即使起初實際使用者似乎為數不多，但是這些第二層及第三層潛在買家（渴望者和領導時尚者），其實強調出為情境用途設計的力量。

賣到大眾市場的許多高級產品，很少使用在原本用途上，反而受到買得起最棒產品、一直渴望真實性（authenticity）的買家所青睞。英國休旅車Land Rover每年賣出十五萬輛，有多少輛車像經銷商停車廠那樣，行駛在四十五度岩石斜坡上？經銷商必須營造這些測試環境，而不是在附近弄一個舒適環境讓顧客試車，這樣做卻只強調出，這些汽車未必會在經銷商弄出的那種情況中出現。儘管如此，真實性卻是必備之物，因為真實性能滿足核心市場和次級市場未被滿足的需求；核心市場要求實質能力，次級市場追求與專業人士用品類似的時尚產品。

許多企業已藉由提供富裕大眾專為情境設計的商品而獲利，其實消費者可能從未看過這類情境，卻認為有必要先作準備，比方說：攀登世界頂峰要用的外套（這種東西愈來愈平常，不是嗎？）、為烹調某種美食而設計的六爐口爐具（有些爐口火力強，有些爐口適合燉煮）。成功地利用這種渴望「先作準備」的類別和企業，包括烹調用具（All Clad）、防水服飾與裝備（Helly Hanson）、潛水錶（雅典錶〔Ulysses Nardin〕）和工具（Snap-on），在此僅舉一些實例供讀者參考。

其實有些企業就依據這項構想而設立：為買家知道本身絕不會看到、錯過也不介意的情境設計產品。服飾業者J. Peterman已經利用整個具真實性卻無實際情境的類別，推銷像牧場工人穿的夾克、加拿大曲棍球衣和二次大戰降落傘跳傘員所穿的外套，在市場上締造佳績。該公司在本身公開的經營哲學中聲明：「人們想要有浪漫色彩，而且是有事實浪漫的東西，讓他們能體驗自己憧憬的生活方式。」㊲

更多情境陸續出現

可以做為目標的情境不虞匱乏，而且可以確定的是，更多情境將陸續出現。事實上，在富裕大眾中就出現五項明確趨勢，這類創新型態的市場已經成熟。

擁有更多

這項商機源自於富裕大眾每樣東西，都要有第二件、第三件、第四件、第五件這股趨勢，從衣服到汽車、再到房子都是這樣。目前的住家設計，各個房間有獨立衛浴設備（有的房間還另設半套衛浴設備），這股趨勢就可佐證。有超過二套半衛浴設備的家庭已經逐漸增加，從一九七〇年占總家庭數的十六%，至一九九九年已增加到占總家庭數的五五%㊳。以加州富裕城鎮亞瑟頓（Atherton）爲例，在這裡每戶住家約有八間房間，但是住戶平均人數只有二・八人（所以**每位住戶**使用將近三間房間！）㊴。

業者日後要以情境用途在市場上制勝，認淸富裕消費者採購第二件（或第三件、第四件……）產品時，會尋求或需要什麼新屬性，就是關鍵所在。企業已經開始改變冰箱的設計，讓大家擁有更多台冰箱。業者把這些附屬家電用品做得更小，並設計特殊功能讓人們隨時隨地可取用冷飲，包括在視聽室、地下室和車內用的冰箱。這些用途（包括爲冷藏紅酒特別設計的紅酒冰箱）改變以往家庭只擺一台冰箱在廚房的慣例，也增加冰箱的銷售量。另外，業者也已經設計不同房間和場所使用的電視，市面上甚至有置於櫥櫃下方的電視。不論消費者擁有第一件、第二件或第三件商品，持有各項產品的預定用途各有不同。對於市場的絕對飽和度來說，預定用途的重要性再次顯現。

自我照護與自我感受

消費者對於自我照護和自我感受的日益重視，就是另一項重要商機。羅柏特．普特南（Robert Putnam）在其暢銷著作《獨自發球：美國社會的傾圮與振興》（*Bowling Alone*）中敍述，美國人已從傳統社交及公民互動，轉變到更爲個人的娛樂與活動。富裕大眾在意「繭居」（cocooning），以往要跟別人共用的設備，現在都主動買下自行擁有。從家中只供相當少住戶享用的豪華水療浴室和視聽室，就能證明這股潮流。業者也依據個人爲前提，改變產品的使用方式，每樣東西都有單包裝，這股持續發燒的趨勢就可證明。許多商品都包含在內，從單杯咖啡機到可微波的一人份熱軟糖，還有家庭用個別包裝的果醬（以「就像在餐廳裡」當廣告詞）。

以兒童遊樂設備的業績爲例，ChildLife 和 Rainbow Play Systems 賣的一些鞦韆和遊戲屋，售價就從三千美元起跳，而且迅速攀升到五位數字。以往只出現在公共遊樂場所的這些設施，現在已經成爲有錢人家後院的常見設施，其普及程度從整個社區每戶人家的後院都有類似設施就能得知（各設施間相距不到一百呎，只不過中間都隔著五呎高的圍牆）。

這股潮流能在哪裡引領風騷？企業必須調查一下共用娛樂的排名，考慮有哪些娛樂可以被搬到家中使用。以往在健身中心使用的設備，包括三溫暖、蒸氣浴和多段式蓮蓬頭，現在已經是新成屋的固定配備。而且在住家附近的設施，這部分的商機也日漸增加。居家果嶺設施（合成草皮及各式各樣的眞草皮）也蔚爲風潮，後院有私人溜冰場的住家也愈來愈多（包括底部灌入混凝土、鹵素照明設備、用於重整冰面的電動鏟冰機）。二〇〇四年冬天，雪場公司（Snow-Station, LCC）推出的後院暴風雪（Backyard Blizzard）家用造雪設備，讓愈來愈多消費者可以在家滑雪和滑雪橇，這項設備售價二千美元，當時已經供不應求。

人口老化但商機無限

仔細調查人口統計學的趨勢，就能看出哪些情境會出現的跡象。人口老化就是種種改變的前兆，從用餐次數和所消費食物的改變（餐飲業必須注意這一點很重要），到休閒旅遊的增加。

服飾暨餐飲業者 Tommy Bahama，察覺到美國更有錢的銀髮族增加休閒旅遊，因此巧妙地運用這項商機。該公司成立於一九九二年，從採用的時裝模特兒就可看出，這家公司具有明確的目標顧客群。這裡沒有穿比基尼的少女，也沒有玩衝浪的花花公子。不斷映入眼簾的是，一對看不出年紀的年長夫婦——男的有白髮，但一表人才而且活力充沛，女的魅力十足，但顯然有些年紀。Tommy Bahama 公司認定，許多銀髮族負擔得起到有異國風味的熱帶小島度假村度假，這些人也正這麼做，但是能把這種旅遊變成生活型態者並不多，因此該公司開始專注於在國內建造這類度假村，營造出類似的旅遊情境。

乍看之下，Tommy Bahama 似乎只是生活型態供應商，但事實上卻不只這樣。眞正的渴望行銷（aspiration marketing）提供機會，讓人體驗一下難以達成或如夢似幻的美好生活。Tommy Bahama 並非這類公司，該公司主要提供一種補充物，讓許多人已經參與（即使參與程度不同）的某項生活型態更爲完美。美國休閒名品勞夫羅倫（Ralph Lauren）提供很有吸引力、但主要是一般人難以達到的生活型態形象。Tommy Bahama 的服飾就把渴望與現實生活相結合。該公司爲想到熱帶島嶼度假、不確定該怎麼打扮的人，推出一系列服飾與用品；同時也能滿足從熱帶島嶼度完假，想透過服裝營造這種心情與體驗者的需求。

Tommy Bahama 公司打從創立以來，「以參與者爲焦點」就是核心事項：該公司創辦主管中，有兩名主管就是在佛州那普勒斯買度假屋，因爲比鄰而居才認識。而且該公司推出結合餐廳與零售空間的品牌，也率先在以退休人士及銀髮族度假人士爲大宗的城市受到好評。如同我們所說，強調情境、尤其是你自己喜歡的情境，這樣做是很有吸引力的。

開發這個新興市場，已經帶來超過三億美元的業績，預計到二〇〇八年時能達成十億美元的業績目標，許多分析師認爲這是合理估計。而且銀髮族的情境商機還不止於此。《華爾街日報》於二〇〇三年報導死後消費（postmortem consumption）這項「老年潮」（tomb boom）商機，包括從數位相片及錄音，到當地藝術家咖啡屋和展示空間在內的高級陵寢[40]。

內化情境

現在，高爾夫球和健身俱樂部變得愈來愈豪華，提供從按摩到美食餐廳等各項服務。這種安排讓消費者可以結合體驗並把體驗內化，變成一種爲當前渴望特製的更複雜體驗。這股潮流改變經驗與相關物品／服務被消費的時間與地點。由於時間與地點出現這種改變，能夠界定其中重要差異，並能重新設計讓商品更符合這項差異的企業，就能找到新方法，在其他人認爲本質上跟以往一樣的商品中，獲得新價值。

對於畢生難忘情境的渴望

當消費者年紀漸長也更有錢時，他們追求更不尋常、對個人更重要的情境，因此這類情境通常更昂貴，不可能時常體驗。於是新情境中最重要的商機之一就應運而生：推銷畢生難忘的經驗。從事這一行的業者雖然在「重複消費」上有所損失，但是由於渴望這麼做，最後也能享受到本身異想天開活動的有錢顧客愈來愈多，因此生意源源不絕。想到太空旅遊嗎？美國富商丹尼斯・提托（Dennis Tito）已經這麼做，他跟隨俄羅斯探險隊遨遊太空。費用是：二千萬美元。

二千萬美元對一般人來說眞的是天價，不過其他也能提供類似驚奇效果的體驗，價格卻比較平民化，尤其是畢生難忘的擺闊經驗，就不必花太多錢。駕駛米格二十五戰機（MiG-25）也能讓你遨遊外太空，但是費用便宜多了——二萬七千美元（包括莫斯科五星級的大都會飯店〔Metropol Hotel〕住宿、飛行訓練、簽證和探險公司〔Incredible Adventures〕提供的遊覽）。比較喜歡體驗海底世界是嗎？潛到兩哩深的海底，瞧瞧鐵達尼號，費用是三萬六千美元（海洋之星項鍊可不包括在內）。深海探險公司（Deep Ocean Expeditions）提供另外五項選擇，包括費用一萬美元的北極潛艇之旅。比較喜歡去南極是嗎？探險旅行社（Adventure Quest）提供十六天的南極探險之旅，費用爲二萬五千美元。

重點是，地球上似乎沒有什麼禁區。雖然攀登聖母峰依舊費用不貲，大約要六萬五千美元，但是叢林、平原、沙漠和海底都是旅遊業可以開發的商機。而且地點不是重點，活動本身才重要。搭乘 Mach 2 跑車，以時速一百五十哩奔馳、狗拉雪橇、甚至模擬海軍陸戰隊出任務，現在只要願意花錢就體驗得到。這些探險不但增加旅遊業的業績，也需要相關產品搭配，從特殊服裝到登山設備，連最新設計的潛水艇都包括在內。

探險之旅也不是只以有中年危機的男士爲主要對象，把刺激性降低一些，精緻的自然、生態和文化之旅一樣具有吸引力，價格一樣昂貴，例如：到南美洲加拉巴圭群島觀賞鳥類，以及由歷史學家隨團指導到敘利亞這些地方。據估計，這個市場至少有五百億美元的產值（有些人甚至認爲會增加到一千二百五十億美元），充滿無窮商機。雖然在二十世紀邁入二十一世紀之際，男性一輩子的時間中，退休生活約占三%，但現在這項比例卻可能增加到三〇%，那麼就更有時間進行這類探險。而且據估計，在探險旅遊者中，女性占六五%，她們大都年紀較長，而且已婚。包括祖父母和孫子輩在內的跨世代旅遊，業績也有相當大的成長。

創造畢生難忘體驗的商機，也遍及餐飲、汽車、甚至家具。高級用品供應商可以預期（並從中尋求商機），有愈來愈多單次炫耀性消費的買家出現，他們要的是眞正全面或絕對的嬌寵。行銷人士的挑戰是，設計讓消費者渴望這輩子一定要體驗一次的商品。當你該說的都說了、該做的都做了，要怎樣才能讓人記得你提供的商品呢？

結論

雖然有些人認爲韋伯倫在一八九九年發表的著作《有閒階級論》，是諷刺社會上暴發戶現象之作，不過他在書中指出，在物品用途及物品傳達給持有者的身分地位，兩者之間有一項重要關係存在：「即使乍看之下純屬誇耀之文，總可能發現一些雖誇耀卻實用的意圖。相反地，即使在爲某些特殊工業流程設計的機器和工具中，如同人類在產業中使用的最原始用具，通常只要進行周嚴調查，就會找到明顯的浪費或誇耀習性。」[41]

雖然韋伯倫的措辭沉悶（文學評論家亨利．孟肯〔Henry L. Mencken〕這樣評述韋伯倫的作品：「在任何人都看得懂的文法範圍內，實在想像不出有比這本書更糟的作品。」），韋伯倫後來提醒讀者，就商業方面來說，這本書是有教育性的㊷。「不管有多麼明顯的事項指出，本身首要意圖和主要要素根本鋪張浪費，但是主張在任何文章或任何服務的效用中，找不到實用意圖，這樣是很冒險的。而聲稱任何主要實用產品中的浪費要素，跟本身價值絕無立即相關或根本無關，這樣說只不過比較不冒險罷了。」㊸因此，韋伯倫在商業方面提出的教訓是：設計商品時，別避開不必要的裝飾，而是要先找出讓人滿足虛榮心的用途。

5

重新創造持有模式

擁有財產而不被財產擁有

由於「人們覺得被自己的東西給淹沒了」，

導致愈來愈多人有「富裕恐懼症」。

富裕人士持有物品的負擔日漸沉重，

若未加以遏止，就會妨礙到他們日後的消費。

大眾認清自己沒有足夠時間或精力維護物品時，

可能選擇不要購買特定物品。

除非行銷人士找到方法，減輕這項負擔。

舊法則：生產平價名品賣給消費大眾。

新法則：推出新的持有模式，讓消費大眾都能負擔得起一種富裕的生活型態，甚至享受貨眞價實的奢華品。

科羅拉多州政府大廈不遠處的一棟富麗堂皇宅邸裡，有一間幾乎不爲人知的學校，但是畢業校友個個年薪高達十五萬美元①。這間學校提供行政、財務、人力資源管理和團隊建立等相關課程，跟商學院提供的課程類似。但是這所學校的畢業生並不是想要進入投資銀行或顧問業的企管碩士。他們是資產經理人，決定爲某些美國最有錢的富豪管理資產事宜。這所學校就是史塔基家庭管理學院（Starkey Institute for Household Management），學生接受訓練，管理這些鉅富家族的活動和財產。

現在的資產經理人，不再像美國小說家裴爾漢‧葛倫維爾‧伍德霍斯（Sir Pelham Grenville Wodehouse）所描述的冷靜管家吉福斯（Jeeves），是打著領結的男僕，他們反而表現得更像小公司的營運長②。他們的主要職責是，管理整個家庭裡物品和服務的採購、使用和處置。因此他們要處理的日常業務包括：盤點存貨、協調維修保養和儲存事宜、雇用及開除員工、薪資發放、監督施工項目。雖然有些資產經理人還必須處理把日報燙平這類傳統工作（這樣雇主的手上才不會沾上油墨），但是他們更常處理細心保養藝品與古董的協調事宜。

史塔基家庭管理學院和其他類似課程的畢業生，在市場上炙手可熱，這方面的需求很大，因爲鉅富擁有太多東西，需要有專人管理：想要什麼就有什麼，並不是什麼好事；通常反而是一大負擔。每一間沿海地帶的住宅、每一輛古董車或每一件寶貴的藝術品，都必須有專人負責照料。許多富裕人士告訴我們，情況通常是這樣：不是你擁有財產，是財產擁有你。優秀的資產經理人讓雇主能享受持有權的好處，不必爲煩人的義務費心。換句話說，這些人爲雇主的所有物增加龐大的價值。

行銷人士必須審慎考量這項價值，因爲對於鉅富來說，保養所有物已經不是問題。我們的富裕社會所累積的物品，已達到空前未有的數量，但是大多數人卻沒錢請得起全職的資產經理人。而且就算只跟二十年前相比，大家變得更沒有時間去照顧自己擁有的每樣東西。以全年度工作時數來說，美國人在二〇〇〇年時比一九八〇年多工作一百個小時③。在這麼辛苦工作後，回到家還想把寶貴的休閒時間，花在清理、維修或整理所有物的消費者少之又少。而且，楊克羅維奇市調公司（Yankelovich Partners）的調查證實，由於「人們覺得被自己的東西給淹沒了」，導致愈來愈多人有「富裕恐懼症」（claustrophobia of abundance）④。富裕人士持有物品的負擔日漸沉重，若未加以遏止，**就會妨礙到他們日後的消費**。富裕大眾認清自己沒有足夠時間或精力維護物品時，可能選擇**不要**購買特定物品。或者，他們可能購買物品，但是因爲自己不能妥善管理持有權，所以很快就對產品、品牌及廠商感到不滿，這一樣是廠商所不樂見的事。

除非行銷人士找到方法，減輕這項負擔。

持有權的負擔及存在其中的商機

擁有許多「東西」的人，要面對的首要且最顯著的挑戰是：把所有東西放在哪裡。依據搬運業的統計數字，一般美國家庭的東西堆起來超過五千立方呎（將近四噸重）。但是建商的機會就在其中：美國人一直在建造比以往更寬敞的住家。從一九八五年住家平均面積在一千六百零五平方呎，二〇〇一年時增加到二千一百平方呎以上⑤。

住家內部的儲藏區域也愈來愈大，設備愈來愈好。自一九七八年起開始推銷訂製家用儲藏系統的加州櫥櫃公司（California Closets），從一九九六年到二〇〇二年的業績成長六倍⑥。現在該公司每年賣給有錢主顧客群的儲藏系統，價值就超過一億五千五百萬美元⑦。同時，美國國家住商協會（National Association of Home Builders）報導，傳統的食品儲藏室（不是特大號櫥櫃，而是堆放廚房物品、大到人都能走進去的空間），已經成爲廣受大多數高級住宅歡迎的設備⑧。

在擁有愈來愈多東西之際，儲藏當然只是富裕大眾要面臨的挑戰之一，另一項挑戰是：通常愈昂貴的東西愈難擁有，也愈要費心思照顧。舉例來說，更換帥奇錶（Swatch）的電池只需要幾秒鐘，而且可由持錶人自行更換，但是要更換亞米茄（Omega）潛水錶的電池，卻必須掛號保險寄到瑞士，才能由廠商重新加壓並密封好。喀什米爾毛衣必須乾洗。維護鏟雪的鏟子很簡單，但是維護十三匹馬力電動鏟雪機可不容易。要把鏟雪機搬到卡車或車子裡，運到經銷商那裡修理，這可行不得；光是要把鏟雪機抬起來，就必須有三或四個人幫忙。精明的行銷人士在消費者面臨的這些問題中，就能找出商機，爲企業增加新的營收來源。

爲了協助行銷人士評估這些新機會，某些研究人員正採用一種更全面的家庭管理觀點。其中最值得注意的是，邁阿密大學理查法默商學院（Richard T. Farmer School of Business）的湯瑪斯・波伊德（Thomas Boyd）和黛安・麥克寇洛嘉（Diane McConocha）。兩人相信消費行銷應仿效產業行銷，把組織當成買家的做法；因此，家庭成員不只是個別買家，**整個家庭**也是買家。兩位研究人員也設計出稱爲「存貨持有週期」（Inventory Ownership Cycle）的持有模式，將家庭運作比喻爲物料管理⑨。

所有行銷人士對這個七步驟模式的前三項步驟都很熟悉——取得前（如：評估）、取得和使用——但是後面四項步驟就很少充分詳細的審視：

- 儲存
- 維護

- 修復
- 處置

雖然這四項步驟常被消費行銷人士視而不見，但是對消費者卻很重要，對時間寶貴的富裕大眾而言更重要。這些持有要素都需要投入相當多的時間和精力，可依此判斷物品是否容易持有或會造成負擔。所以，企業就能專注在這些重要差異化領域，提供更符合時下消費者的持有需求。

重新創造持有模式

解決後四項持有步驟的物品和服務，就具有相當大的魅力，可吸引消費者。波伊德和麥克寇洛嘉以自動洗碗機為例。現在，美國家庭有洗碗機的比例高達五四％⑩。對持有者和廠商來說，所有洗碗機提供很清楚的維護利益——不必花時間用手洗，就能讓碗盤保持乾淨。不過，有些廠商發現，忙碌的消費者也仰賴洗碗機儲藏碗盤——不管是乾淨或骯髒的碗盤。有些人甚至比較喜歡直接從洗碗機裡取用碗盤，不想花時間把碗盤放回廚房碗盤架上。

這種產品持有週期內的額外儲藏利益，已成為紐西蘭費雪派克（Fisher and Paykel）洗碗機最重要的功能之一。該公司設計的洗碗機，就以清洗碗盤，並且能儲存碗盤方便使用著稱，在市場上不但能抬高售價，還受到消費者的青睞。這款「抽屜式洗碗機」(Dishdrawer) 的特色在於，有二個不同抽屜，讓消費者可以清洗用過的碗盤，儲放乾淨的碗盤。雖然售價二千美元，是某些入門級洗碗機售價的十倍，但是許多富裕家庭願意額外花錢，從此不必再把碗盤放到櫃子裡⑪。費雪派克公司並未透露此款洗碗機的單位營收，但是光是二〇〇二年，在北美地區的業績就成長十六％，整體獲利增加到三倍⑫。

但是要在整個持有週期，提供顧客更多價值，改變產品本身，只是掌握這項商機的一種方式。讓產品更容易使用，則是另一種方式。許多行銷人士藉由改變包裝和改變產品，讓產品更容易使用，比方說：設計不滴漏噴水口。第三種方式是藉由改善售後服務。行銷人士利用將退貨流程合理化和提供免費定期維護，已經在這方面有所斬獲。現在，許多高級名車廠商就這麼做。

行銷人士還可以採取第四種方式，那就是以改善持有經驗為基礎，但是這種做法屬於更徹底的改變。這樣做必定會挑戰買家和行銷人士原本對持有權的理解，對於持有物品的價值主張該是什麼提出質疑。某些知名企業正這麼做。而且根據他們的經驗，我們找出企業可加以利用的三項策略，消除顧客購買某項商品時的疑慮。

• **把持有權（和責任）分給幾位消費者**。分散持有 (fractional ownership) 不再只是電話行銷人士推銷佛州分戶出售公寓的手法，現在這種持有方式已經在市場上受到歡迎，利用獲得少數較富裕持有者的加入，分配持有權，提高持有權的彈性，讓消費者更買得起、也更能妥善管理許多需要密集照料的昂貴商品，例如：豪華汽艇和高級名車。

- **提供創新的付款選擇**。通常，富裕大眾擁有很多資產，但能流通的現金卻不多，所以他們不希望花太多現金購物（因爲錢要花在能產生更好報酬的地方），他們也比較喜歡享受產品的利益，但並不希望眞正完全擁有產品。因此，行銷人士應推出能增加付款時機彈性的新付款選擇，比方説：租賃、依使用付費（pay-as-you-go）及全套費用。
- **徹底縮短持有期間**。包括有錢人在內，許多消費者在買得起替代品的情況下，還是堅持長期持有許多物品，即使物品不再實用或符合時尚潮流也一樣。在家具業、消費電子用品業和服飾業，精明的行銷人士正設計誘因，讓消費者更快購買新品替代本身持有物品，去除這項讓生意效率不彰的想法（我們會在第六章，探討替代品的重要性和延長期間）。

行銷人士必須依據富裕大眾未被滿足的需求，評估這三項策略。目標是要想辦法增加顧客的消費能力，同時也讓顧客保有對持有權的重視感，這樣顧客才會想擁有物品（同時也要避免富裕大眾可能產生任何負面聯想，如：租車）。現在，我們就仔細探討這三項策略。

共同持有

在印度，大象曾是王室貴族偏愛的一種交通工具，當時很少人能膽敢夢想，自己能擁有這種動物。因爲買大象要花大錢，而且照料和飼養大象更是費用驚人⑬。泰國國王喜歡擁有大象，這是眾所皆知的事，發現白象就要送給國王（白象是神聖之物，只有國王可以擁有），國王不喜歡某位臣子，就會「賜」他一頭白象，臣子不久後就會因爲飼養白象而散盡家財。所以現在，我們用「白象」一詞，表示持有這類昂貴而累贅無用之物。

幸好行銷人士漸漸領悟到，藉由推銷部分持有某項物品，並保留物品保管責任，減輕持有物品的負擔，同時也顯著增廣需求。這種**分散持有方案**愈來愈受富裕大眾的歡迎。雖然從噴射機到珠寶（這個點子不錯）等任何相當昂貴的物品，都能採用這種分散持有模式，但有四個產品類別——汽車、汽艇、娛樂商品和度假屋——各自展現出如何利用這項做法，讓不是鉅富的有錢人也能持有頂級奢華品。

飛機、遊艇和高級名車

一九六〇年代初期，就有人開始共同持有噴射機，到了一九九〇年代中期，這件事已經相當普遍，投資鉅子華倫・巴菲特（Warren Buffet）旗下的波克夏哈薩威公司（Berkshire

Hathaway），就在一九九八年以將近十億美元的價格，買下 NetJet 這家小型商務客機租賃公司（現改名爲主管〔Executive Jet〕）⑭。位於芝加哥的名車共用公司（Exotic Car Share），最近開始把相同概念應用到稀有車、古董車和豪華名車。透過一項新的持有權益方案，個人可以付費享有名車五分之一的持有權益，要選法拉利 360 Modena Spider、藍寶堅尼 Murcielago 或賓利 Arnage T 都可以。

如同名車共用公司創辦人暨執行長喬治・齊巴拉（George Kiebala）告訴我們，把分散持有的模式延伸到汽車，這樣做很合邏輯：「直到最近，人們才能開著自己的飛機、在海邊擁有分時共享的度假屋、駕著自己共同持有的遊艇出海。那麼這當中缺少什麼呢？是汽車吧。」⑮

其實，名車就屬於渴望擁有、但擁有時又相當麻煩的這個類別。對住在芝加哥的車主來說，法拉利跑車在路上行駛的時間，沒有比停在車庫的時間多，卻還要買車險，要有地方停車，還要花錢維修保養。不過車子雖然停在車庫，卻不能放下心。停在車庫裡的名車法拉利，需要定期發動運轉和照料，才能維持最佳狀況。而且爲了保持光鮮亮麗的外觀（誰會夢想駕駛一部髒兮兮的法拉利？），就必須定期清洗打蠟，這是比一般洗車還更細心的保養。所以，大家很容易發現，如果不是鉅富，根本沒有這種時間、金錢或耐性，擁有這種名車。

這就是名車共用公司進入市場的原因。該公司的會員每年可獲得七週的用車時間，依據所選車款的不同，初期投資爲七千五百美元到六萬美元不等，年度保養費則在七千五百美元到一萬五千美元之間⑯。雖然這個數字也很驚人，但是對於許多有錢人士每年花在本身嗜好的費用相比，其實並不算什麼。齊巴拉指出，該公司的顧客其實來自各行各業，各種所得等級都有。不過，這些人的共同點是：熱愛汽車。

長遠來看，名車的剩餘價值，讓消費者能以更少的花費，共同持有名車。車主持有名車三年後，可以選擇保有同一部車，或選擇升級到新車款，或是變現並收回賣車款項。能夠把車子賣掉，表示顧客可以取得補償，而且這項補償甚至還可能超過當初支付的初期投資。齊巴拉指出，藍寶堅尼新車要價三十萬美元，三年後再賣出時可能賣到二十五萬美元，這表示每位共同持有車主損失一萬美元的折舊費用，所以每年約損失三千三百美元，這種情況並沒有比擁有家庭房車的損失多。而且，萬一汽車價值上漲（名車的情況常是這樣），車主不但擁有特權駕駛名車，還能因此賺錢。

齊巴拉身爲提供分散持有交易行銷人士的經驗，並非都那麼順利。舉例來說，齊巴拉描述到，雖然名車共用公司能充分利用其他類別已經先採用的方式，制定共同持有合約的強制條款和規定，但是要找到認同這項概念的保險業者卻不容易：「我們花了一年半的時間跟保險公司協商，最後他們才同意加入。因爲我們想要做的事（名車共用），他們以前從未承保這種項目，所以花了一些時間決定。」⑰

齊巴拉也指出，起初要跟車商和經銷商說明，透過名車共用方案能擴大顧客群，這項利益比增加取得性可能引發品牌稀釋一事更重要（任何嘗試這項做法，推銷非自行製造產品或服務的行銷人士，都該考慮到品牌稀釋）。舉例來說，經銷商通常是這類方案的初期供應商，行銷人士必須說服經銷商，這樣做的立即銷售商機（外加擁有更多消費者，重視能直接實際體驗經銷商產品的利益），比擔心這樣做影響到顧客直接購買整部車的業績來得重要。

名車共用公司所推出的方案，才剛起步不久，所以我們還不能宣布，這樣做很成功。不過，齊巴拉很樂觀：「十五年前，如果有人搭乘小型商務客機，你會以為那飛機一定是他們私人擁有。現在，你會認為那是分散持有。我們有機會在高級名車這個產業，達到同樣的典範轉移。我認為十年後，人們在路上看到一部藍寶堅尼跑車時，會認為駕駛是共同車主之一。」⑱

儘管這項做法顯然面臨許多挑戰，一般來說，分散持有方案繼續引起注意。現在，許多領域都推出分散持有方案，甚至包括長久以來被視為名流奢華的象徵物：遊艇。遊艇以售價高昂出名，就連熱切想要擁有遊艇者，都把遊艇比喻成「花錢如流水」。但是像聖地牙哥世界遊艇協會（World Yacht Federation）這類企業，正在幫渴望擁有遊艇者圓夢，大家集資共同買下要價百萬美元的遊艇。十五位買家每人出資七萬美元到八萬五千美元不等（外加每年六千美元的維修費和保險費），每位買家每年可使用遊艇三週，或者說可以沒有負擔，享受二十一天無拘無束的航行⑲。

類似共同基金的做法

要提供分散持有交易，可採用的方式很多，比方說：重新思考持有權所包含的權益，就像某些職業運動組織改變季票的價值主張。以往只有死忠運動迷和相當有錢的人才購買季票。舉例來說，聖地牙哥教士隊（San Diego Padres）就開始提供新的部分季票選擇（包括觀賞四十場、二十場或四場的門票，還有全季八十一場的季票），這樣做可以幫忙買家省去在無法使用門票時，還要把門票轉售出去的麻煩。教士隊也設計名為「創辦人俱樂部」（Founders Club）的新層級，提供會員新的優惠方案。會員只要在入會時繳交會費，就能把季票轉給自己挑選的人，其他季節方案若未更新，會員也可以將票交回給俱樂部處理。藉由讓會員擁有這種轉讓門票的能力，創辦人俱樂部有計畫地、巧妙地助長這項認知——球迷實際擁有球隊體育場的權益⑳。

另一項做法是，推銷共同持有一組所有物、而非一件所有物。以房地產業爲例，業者推銷的不是共同持有單一住宅，像麗池卡登飯店和四季飯店這些豪華飯店，就設計房客俱樂部，提供共同持有度假村的方案。家庭只要支付二萬八千美元及每年一千美元的維修費用，當年度就能在亞歷桑那州斯科特戴爾的四季飯店度假屋度假，隔年可在墨西哥四季飯店度假屋度假㉑。

私人度假別墅公司（Private Retreats）就讓一百九十名會員，使用從夏威夷到南卡羅萊納州希爾頓海德島的二十六座度假村。一名顧客在該公司網站上開心地說明，加入會員「真的就像另外擁有二十個家」[22]。另外一位業者專屬度假村（Exclusive Resorts）堅稱：「你花在單一度假屋上的房屋稅……就能拿來讓你擁有第八間、第九間、第十間度假屋……」該公司用「一項生活型態的投資」這樣極具挑逗性的廣告詞，把公司說成是「均衡生活型態與投資要務的聰明法子」[23]。

由於這些計畫牽涉到在知名地區擁有高品質資產，因此比傳統分時共享做法，更可能成功。這類計畫提供更高比例的持有權，顧客群僅限於更少數的名流人士，而且有可信賴的知名品牌支持。此外，顧客也獲得更多彈性，能選擇各式各樣的退款方式轉讓持有部分。對於把參與這類計畫當成相當重要投資的富裕大眾來說，這一點特別重要。萬豪酒店和迪士尼公司已經設計新的紅利專案，讓消費者能將紅利「兌現」成其他產品和服務。家庭可以選擇放棄使用分時共享，交換紅利用於方案範圍內提供的飯店、郵輪和航空費用套裝行程。知名分時共享交易組織國際度假村聯盟（Resort Condominiums International）的彼德·嘉瑪瓦（Peter Giamalva）解釋：「這很像購買貨幣，而不像購買分時共享方案。」[24]而且這種做法也不必侷限於同樣的所有物。有創意的行銷人士可以輕易地將汽車的共同持有權，跟大樓分售公寓和許多所有物的共同持有權相結合。

這種彈性減少購買承諾的壓力（當購買表示一項財物所及範圍），也讓持有權隨著顧客需求和渴望（和付款能力）的演變而改變。不過，參加分時共享的消費者，他們的平均收入反映出這項做法成功地吸引到所得較高的顧客群。在二〇〇二年時，參加分時共享方案者，家庭所得超過七萬五千美元者占四六%（這種所得水準的家庭占全美家庭總數的二五%）；家庭所得超過十萬美元者占二三・五%（這種所得水準的家庭占全美家庭總數的一四%）㉕。呼應這種持有者都是有錢人的現象，透過分散持有方案售出的高級住宅數目已經急遽成長。市調機構 Ragatz Associates 發現，私人住宅俱樂部在二〇〇〇年增加一一五%，即使在旅遊業受重創的二〇〇一年，甚至增加二四%㉖。顯然，曾經相當樸實的分時共享，已經成功地提升，受到更有眼光的富裕消費者的青睞。

提供創新的付款選擇

在殖民時期，賒帳購買東西很丟臉，會被認爲是打腫臉充胖子㉗。但是在二十世紀初期，工業革命讓消費者突然間能買到昂貴用品，於是信用成爲讓更多消費者支付這類商品的一種重要方式。在這項過程中，使用信用促使流通性和財務槓桿等商業概念，進入大眾市場消費。一九二五年時，也就是汽車廠商推出分期付款的幾年後，所有售出汽車有四分之三是以貸款方式付款㉘。而且在一九五〇年時，大來俱樂部（Diner's Club）推出首張信用卡，有助於鞏固信用成員消費情境中的地位。大來卡推出十年內，就吸引一百二十五萬人成爲卡友㉙。

我們的研究發現，設計新的付款計畫，並將既有付款方式延伸到新產品和新服務類別，讓富裕大眾像持有者一樣共享某項商品的利益，而不必承擔實際持有的責任和財務後果。因此，企業應評估新付款方式——例如：每次使用付費、租賃和全套費用——結合既有或預期商品，能增加營收的可能性。雖然在許多產業，這些做法不是什麼新鮮事，但在其他產業卻相當欠缺或才開始引用這些做法。

使用付費

想想都市富裕居民和自家汽車之間的愛恨關係。汽車讓人可以跟世界聯結，不必受到城市的限制，但是在都市環境裡，擁有汽車卻是既昂貴又不方便的事。運輸研究機構阮澤摩國際公司（Runzheimer International）估計，持有汽車的紐約人，每個月平均要花近七百美元的額外費用，包括世上最貴的保險費用和停車費用㉚。不過，這些消費者從他們所花的錢中獲得多少使用機會？產業觀察家指出，美國家庭每天使用汽車的時間，平均不超過一小時㉛。而且一般來說，有錢的紐約人可能只是每個週末開幾小時車，到宜家家居購物或到東漢普頓玩玩。

要解決這種失衡狀況，一家名爲 Zipcar 的新創企業，推出使用付費服務，該公司提供波士頓、紐約市和華盛頓首府各所得水準的都市居民，可以輕鬆租車，做短期來回旅行。只要繳交七十五美元年費和使用費用，Zipcar 的顧客就能線上訂車，在各個鄰近地區設的服務據點取車，最低計費單位爲一小時。Zipcar 的獨特付款模式，讓該公司不同於傳統租車公司。Zipcar 的顧客依據所定車輛使用時數付費。汽車、維修和保險等費用已包括在內，顧客還可以把車停在 Zipcar 在這幾個都市服務據點的預留車位[32]。

Zipcar 租車公司行銷副總裁南茜・羅森茲威（Nancy Rosenzweig）向我們說明，這項服務如何去除持有汽車的負擔：「你一旦成爲會員，只要花幾秒鐘在線上訂車，就能在需要時用車，必且有使用才付費。所付款項也會出現在你的信用卡月結單上。」[33]

這項容易使用的價值主張，已經引起富裕城市居民的共鳴。雖然 Zipcar 的顧客形形色色，從學生到退休人士都包含在內，羅森茲威透露，家庭收入超過十萬美元者「率先採用我們的服務，也是最忠誠、使用最頻繁的顧客」。在華盛頓首府這類顧客占 Zipcar 顧客群的十九%、在紐約市則占四十%（約占紐約市人口的十四%）。這些數字值得注意，因爲雖然這些顧客買得起車，如同羅森茲威所說：「他只是偶爾需要用車，而且他們不想費力氣地擁有一部車。他們認爲 Zipcar 是都市基礎設施的一部分，就像在需要時使用自動提款機一樣，那麼簡單好用。」事實證明，使用付費模式相當吸引人，其實 Zipcar 有許多會員在使用這項服務後，乾脆把本來擁有的車子賣掉。Zipcar 會員從開始使用服務後，就把自己的車子賣掉的約占十五％，而原本想買車，在使用服務後，打消買車念頭者占二五％。

使用付費觀念特別吸引不喜歡標準持有行為的顧客。羅森茲威指出，有教養的年輕人士通常就是這類型消費者。「這些消費者很有自己的看法，也願意嘗試新東西——他們重視能提升本身生活型態的新服務。」Zipcar 的顧客幾乎都是高知識分子，其中高達九八％的顧客為大學畢業，四十％的顧客擁有研究所學位。顯然，對高知識分子這類消費者（通常這些人也比較富有，或正往富裕階級邁進）來說，使用付費是一項聰明的選擇。

新租賃風潮

對許多富裕消費者來說，另一項吸引人的主張是租賃，因為這樣讓消費者在繼續使用某項物品時，只需要分期支付款項。行銷人士在推銷相當昂貴、但具有某項時尚要素，讓持有者比較不想長期持有的物品時，透過這種方式提供某種持有權則特別有效。對於所推出產品具有複雜服務和零售流程，或剩餘價值高度不確定的企業而言，這種做法也特別奏效。

高級名車這個領域，就結合這一切因素，讓租賃成為市場常勝軍。認清某些人總想開新車、卻不想處理賣掉舊車這種麻煩事，名車廠商已經設計各式各樣的租車方案。這些方案不僅讓消費者更負擔得起開一陣子BMW、積架或賓士的新車，也讓消費者省去不少麻煩，不必花錢維修汽車，日後再以低價出售汽車。

這類方案已經在市場上達到業績目標：市面上的汽車，出租車占二六％，但是以高級汽車類別來說，出租車卻高達五六％（意指售價三萬美元以上的汽車）㉞。同時，某些名車品牌也開始展現全新的租車方案，幾年前絕不可能有人想到這種方案。舉例來說，消費者現在只要每月支付九百九十九美元（簽約時約繳一萬美元的使用費），就能開著瑪莎拉蒂（Maserati）Coupe GT上路㉟。這類提案費用不算便宜，卻能讓富裕大眾滿足渴望，享受一下。

我們相信藝術品，就是另一個可以透過租賃方式有爆炸性成長的類別（仔細想想，其實藝術品跟名車擁有許多類似特質）。以維吉尼亞創意藝術中心（Virginia Center for the Creative Arts）爲例，該中心是目前提供個人顧客及企業顧客租賃藝術品選擇的眾多畫廊之一。該公司提供瑪琳·巴隆·桑默斯（Marlene Baron Summers）的油畫作品《暗夜購物者》（*Night Shopper*），售價爲三千五百美元，顧客也能選擇以每月支付三十五美元的方式，租下這幅畫作。而且根據該中心網站所述：「購買一件藝術作品可能是一個讓人害怕的流程，因爲這主要是一項藝術和財務決定。租賃藝術品就能消除購買的負擔，還能讓你在改變心意時，更換作品。租賃期間到期時，你可以選擇歸還、續租或買下藝術品。」㊱而且這只是剛開始的情況。行銷人士察覺到這類方案能刺激富裕大眾增加消費，所以他們開始對其他轉售市場流動性不佳的高價物品，試用這種租賃方式。舉例來說，密西根大學經濟學教授梭爾·海曼斯（Saul Hymans），最近在一場家具業會議中提議，廠商開始提供高收入消費者，三年、五年及十年租約條件㊲。雖然有些分析師質疑中古家具的吸引力（而且有些現有家具租賃事業的形象，確實不符合富裕消費者的標準），美林集團（Merrill Lynch）某位副總裁就指出一個先前成功的例子：古董市場。

雖然率先採用這類做法的產業，所做的討論還未產生新方案，但是我們日後看到的情況可能是，比方說：因爲職務時常搬家的主管，這種人就不可能眞正購買家具。他們反而會在華盛頓首府任職幾年時，向復古家具商 Thomasville Hemingway 租一些海明威系列家具；調到洛杉磯工作時，則租了一屋子法國家俱名品 Roche-Bobois 的現代家具。

全套均一價

在某些類別，企業可以利用均一價格，提供全套式服務，去除富裕家庭購買及使用全系列產品的需求。現在，有些經濟學家開始主張，這種方式不但更便利，也更有效率（其實這種方式結合新的付款方式和新的索費銷售主張）。原因是：根據對於所謂「家庭生產」的分析，富裕者的時間價值通常太寶貴，所以不該用於購買個人必備用品與服務，用於處理照料草坪和洗衣等例行工作上㊳。這些經濟學家認爲，即使不特別有錢的家庭，也該把許多家庭活動委外處理。

看看私人主廚爲數漸增，就能了解這種全套模式目前的運作狀況。從一九九七年到二〇

○二年，這個團體的人數已經從幾百人增加到七千人以上，服務對象超過十萬戶家庭[39]。美國私人主廚協會（American Personal Chef Association）估計，到二○○六年時，這些數字將增加到由二萬五千名主廚，服務三十萬戶家庭[40]。

私人主廚跟只替一個有錢客戶工作的私人廚師不一樣，他們通常一次提供餐點給幾個家庭。每週只要支付幾百美元，就能由私人主廚幫忙購買家庭雜貨，依約定準備餐點，比方說：準備週一到週五的晚餐。客戶可以選擇到府外燴或外送餐點到府（比較不麻煩），而且現在客戶在週年慶或連續幾週休假時，也雇用主廚準備特殊餐點，或像請保母一樣，請主廚每天提供服務。主廚服務讓家庭把大多數食物的採購及處理等責任，轉交由專人服務。家庭還能藉此獲得可立即食用、既健康又美味的餐點。

當愈來愈多採購決定者，是代表富裕家庭準備食材的私人主廚時，高級食物零售商應留意這項趨勢。舉例來說，我們可以想像得到，在美國最大有機連鎖超市 Whole Foods，建立並行銷本身的私人主廚群，利用本身的連鎖超市，找出有錢的顧客群，向他們推銷這些主廚；交換條件是，主廚們要在 Whole Foods 超市購買所有食材。

廚房配件廠商也可能在向新階級買家（家庭專業人士）推銷中，看出商機。這跟廠商把事務機器變成家用版的構想是一樣的，只是把這項構想引用到烹調用品和其他用品上。

而且，食物只是其中一個類別。其他領域的行銷人士也該預期到，不管企業要跟業界新秀賭運氣，或是本身提供新特性，服務類別可以利用這種做法，現在就決定改變產品線，領先同業。在最好的情況下，這麼做的企業可能創造一個新獲利商機。就算情況再壞，這些企業至少可以避免新服務媒介影響顧客的購買決定。

均一價服務也在另一個領域，加速市場發展與成長，這個領域就是：飯店式公寓，原先在一九二〇年代紐約市相當流行的生活概念。現在，由高級連鎖飯店推出的飯店式公寓大樓，利用承諾住戶可直接使用飯店所提供從家務管理到溜狗和代客停車的全套服務，而獲得不少住戶。根據從事房地產業的 Delta Associates 表示，目前在八個城市有將近二千戶這種公寓，另外還有一千四百戶公寓正在施工中[41]。這類公寓的價格範圍甚至高達百萬美元，但是從幾十萬美元起跳，跟郊區住宅的價格差不多。這種飯店式公寓具有舒適設備，讓住戶願意額外支付高價。二〇〇二年進行的一項調查發現，雖然麗池卡登集團在喬治城推出的飯店式公寓 The Residences，比華盛頓首府其他地區的房價貴六四%，飯店式公寓卻比未提供飯店服務的類似公寓更迅速成長，享有二二%的成長率[42]。

買單

哈佛大學商學院教授約翰・高爾維（John Gourville）和香港科技大學教授狄利普・索曼（Dilip Soman）仔細調查過，付款方式的時間如何激勵消費者續購商品。兩位教授認為關鍵在於：配合適當時機，提出付款要求，以確保定期消費的物品和服務能收到款項。兩位教授發現，在這方面運作成功的企業，不但業績蒸蒸日上，建立轉換成本（switching cost），也讓顧客更滿意。

雖然有些人認爲，消費者不喜歡被提醒自己該繳錢了，但是高爾維和索曼堅稱，把付款方式分散到合約或租約的有效週期內，其實是企業可以運用的一項利器：「在消費或接近消費時所發生的付款，讓消費者更注意到產品的成本，讓消費可能性大增。相較之下，在實際購買前或隔一段時間後再要求付款，會減少消費者對產品成本的注意，也減少使用產品的可能性。」㊸兩位教授發現，舉例來說，以月費而非年費方式繳交健身中心會費的消費者，最可能繼續使用這項服務，所以到期時會重新續約。

提供均一價服務的企業也可以更進一步利用這種方式。當費用包含一系列產品服務費用（跟租車的情況一樣），行銷人士應考慮到將逐項列出各項成本。高爾維和索曼發現，這樣做可以增加商品的認知價值。舉例來說，私人主廚向有錢顧客索取均一價費用，不過把個別食物和調製成本逐項列出，提醒顧客這他（她）都**不**必做、**不**必買或**不**必擁有，顧客就更可能重視這項支出的價值，等到合約到期時，也會續聘同一位主廚。

縮短持有期間

被問到人在一生中做出最持久的承諾爲何時，我們自然而然就想到婚姻和配偶。雖然這樣想很浪漫，但某些家具業主管表示，事實常不是這樣。對我們大多數人來說，餐桌可能是跟著我們最久的東西，我們在買第一棟房子時買的那張餐桌，現在有特殊聚會時可能還拿出來用。這項藝術品居然比許多婚姻更耐久。國際家具零售商宜家家居的外部行銷經理克莉絲汀・馬蒂厄（Christian Mathieu）告訴我們：「我們發現，人們擁有配偶的數量，跟擁有餐桌的數量一樣——這樣說一點也不誇張。人們在一生當中，平均約有一・五個配偶和一・五張餐桌。」[44]

統計數字進一步支持馬蒂厄的論點，說明消費者不在乎持有負擔，對家庭用品有這種依戀不捨的傾向。根據一項調查估計，一般來說，消費者沙發用了八年才丟，臥室家具用了二十年才換，餐廳家具則二十幾年才更新[45]。國際家庭用品協會（International Housewares Association）發現，這種監管傾向也適用於許多小型家庭用品。消費者每十年買新茶壺，每三十年換新的麵包盒子。相較之下，婚姻關係平均只維持七年[46]。

乍看之下，持有某項物品幾年——甚至幾十年——似乎是一項實用又有效率的決定。但是這樣做通常對企業和消費者都不利。對企業不利，很容易了解，因爲購買次數少，讓營收受限，也減少顧客終生價值（customer lifetime value）。不過，持有物品太久也對消費者不利。宜家家居行銷經理馬蒂厄認爲：「我們透過內部訪問發現，大多數人就算不喜歡家具，也不會把家具淘汰換新。這些物品不但無法表達持有者的個人風格，通常也不再具有實用功能。」㊼

這種行爲反映出持有週期出現故障。儘管富裕者買得起新品，但他們卻繼續保有並再使用某項產品，就算不符合投資效益也沒關係。馬蒂厄對這種消費行爲做出部分解釋：「這是一項不理性的行爲。有時候，人們只覺得物品舊了，有古典風味，具有一些祖傳家財或情感價值。但是，這也跟恐懼改變有關。消費者可能心想，『我如果把沙發換掉，那麼家裡還必須做什麼改變？』」㊽

利用提供誘因讓消費者更頻繁購買這種方式，重新界定產品／服務，就能創造新的營收機會。不過，這些新產品／服務必須先破除消費者覺得保留原有物的義務。目前在某些類別，這種長期持有的觀念已經開始改變。裝潢業中「定期更新裝潢者」這股趨勢就能佐證，據估計在所有買家中這種人占四十%，他們定期以最新款式的必備物品，汰換原有物品㊾。在消費者定期拆建房屋的情況下，連住家都變成愈來愈容易處置的東西，以往屋齡超過三十年且面積不到二千平方呎，價值超過百萬美元的住宅，才會重新拆建，但現在情況卻不是這樣㊿。沒錯，這些拆建案很多都是位於黃金地段，急忙蓋好跟周遭環境一點也不搭調的新豪宅。這種現象只強化人們對於住宅的看法，已經從考慮耐用性，轉變成消費考量，而且可能還有更多這類轉變會陸續出現。

我們認為下列五項有效做法，能縮短持有時間，把各項做法組合運用效果更佳。行銷人士可以：

- 教導消費者，要求從購買中獲得持續價值，
- 加速類別的創新步調，
- 較不常使用的物品，就提供訂製服務，
- 縮短商品上市時間和存貨週期，以及
- 讓處置產品變得更容易，也更迅速。

改變心意和想法

改變購買行為的首要步驟是，直接挑戰消費者對於長期持有的相關思維。行銷人士必須教導消費者，對持有物有更多要求，堅持讓這些物品繼續在家庭中占有一席之地。國際家具零售商宜家家居為了傳遞這項訊息，已經付出極大的努力。該公司花了將近五千萬美元做電視廣告，諷刺消費者對於既舊又醜的居家用品有這種情緒依戀[51]。在這支電視廣告裡，主角

把家具換掉時，旁白者嚴厲斥責爲老舊物品被丟棄而感傷的觀眾。「你瘋了，」旁白者跟觀眾這樣說。

這項廣告活動負責人馬蒂厄表示：「這項廣告活動是鼓勵消費者把耐用品思維拋到腦後，把家具當成非耐用品的一種方式。我們激發他們，期待有吸引力、具功能性、也能反應他們個人品味與風格的物品。」[52]雖然宜家家居跟所有顧客分享這項訊息，但是也直接以富裕階層爲目標，因爲這些人負擔得起更常更換家具。宜家家居還在《居家》（*Dwell*）、《時尚》（*Vogue*）和《*Wallpaper*》這些高級雜誌，刊登厚達二十四頁的小冊子[53]，搭配這次電視廣告。

從什麼時候起，改革整個所屬類別，取代改變消費者行爲，建立一個「可有可無」的投資，竟然變成企業的要務？對宜家家居來說，公司必須支持本身在北美地區的積極擴展，這就是一項重要的商業動機。馬蒂厄說明其中的邏輯：「不久後，我們在多倫多和紐約這些都市，會設立更多分店。爲了支援這種密度，我們不能只靠既有顧客群。我們必須刺激整個類別，設法改變整個類別的消費行爲，同時也教育消費者，讓他們更了解宜家家居。」[54]

不過，企業若是沒有清楚思考風險，就不該放手這麼做。爲行爲改變做投資要承擔的最大風險，或許是要等候多年才能產生任何可見的成效。宜家家居知道，該公司無法接受這種耽誤。「零售商不能等上幾年，改變一個類別，」馬蒂厄確認此事。爲了確保近期成效，宜家家居開始設計一個公司希望達到的明確願景。在這方面，手錶業的做法值得參考。根據馬蒂厄的說法：「比方說，我們考慮帥奇錶如何改變所屬類別。該公司將手錶從珍奇購買品，改變成消費者更買得起、拿來展現時尚感的商品。」

後來，宜家家居透過市場研究，依據本身的目標，定期檢查進度。馬蒂厄補充說道：「舉例來說，我們以消費者對這項問題的回答，來追蹤改變——『你比較喜歡能超越時代並具有古典風格的家具，或者比較喜歡能表達個人風格品味的家具？』二〇〇二年十二月，我們第一次看到，有更多消費者表示他們喜歡後者。雖然行銷不是促成這項改變的唯一功臣，但是可以確定的是，我們正往正確的方向前進。」

企業面臨的第二項挑戰是，「鼓勵縮短持有週期」這項認知，會讓人以爲企業提倡浪費，危害環境。善待生態的宜家家居就特別嚴肅看待這個問題，馬蒂厄表示：「首先，我們必須澄清，我們並不提倡用後即丟。我們反對浪費。我們的出發點並不一樣，我們認爲如果你的桌子不再實用或不再有吸引力，爲了營造自己想要且需要的居家環境，就該買一張新桌子。」宜家家居透過對善待生態處置的承諾，支持這項主張。比方說，我們不在家具中使用溴化物阻燃劑，讓家具能更易回收利用。宜家家居也跟世界野生動物協會（World Wildlife Foundation）和全球森林監測（Global Forest Watch）這些組織，進行許多關心森林永續發展、立場明確的合作與提案。

儘管有這些挑戰，致力於改變顧客對持有權思維的企業，就能享有相當可觀的報酬。馬蒂厄跟我們說：「在這項廣告活動期間和後續期間，我們看到公司在許多主要營運標準上出現成長。不但提升品牌意識、顧客認知和關切顧客，也增加各店來客量和業績。整體來看，這是一項非常成功的策略，我們認爲承擔這麼大的挑戰，已經獲得應有的報酬。」

想辦法讓消費者將持有物汰舊換新

雖然宜家家居這種努力，正藉由鼓勵消費者汰換不再重視的產品，逐漸在業界產生成效；但是其他企業即使有最精心策劃的行銷活動，也無法成功，除非他們也定期提供令人讚賞的產品創新給消費者。畢竟，企業不能期望消費者在沒發現合意的新替代品時，更常拋棄原本持有的物品。消費電子業就是成功運用這項策略的一項區隔。我們現在很難想像，但是以往消費者不願意將電子用品汰舊換新。收音機和電視曾被視爲是一生只買一次的貴重商品，而且在一九六〇年代和一九七〇年代期間，除非收音機和電視修不好了，不然消費者根本不願意購買新品。直到一九八〇年代，人們認爲音響用品的使用期限約在十五年左右。這些物品**看起來**就像永遠不會壞似的，很多物品外面有木製框架和櫃子。家用電器不只跟家具很像，它們根本就是家具。

後來，購買行爲已經徹底改變，消費者現在更常購買及汰換電子用品，充分利用創新產品所帶來的好處。在所有電子用品中，數位影音光碟（DVD）放映機的普及速度最快：在二〇〇一年時，也就是數位影音光碟放映機推出四年內，有四分之一美國家庭擁有這項產品。我們的研究發現，消費者把家用電器視爲是最創新的產品區隔。

電子業在增加購買步調方面，做了什麼事，值得其他較穩健產業學習？一般而言，我們把這項改變歸功給電子業廠商發動的幾項全面性提案。

首先，電子業已經加速新產品／服務的發展與行銷。電子業從一開始到現在，平均每十年就有突破性產品上市，例如：一九五〇年代的電視機（雖然首部電視機是在一九三九年公開上市）、一九六〇年代後期的錄音機，以及一九七〇年代的錄影機[55]。現在，廠商積極開發並行銷新產品，電腦中央處理器大廠英特爾（Intel）就將本身的成功，歸因於願意殘殺自家產品線，而且新品通常只不過稍作改善罷了。雖然業界並未計算每年推出多少產品，但是現在消費用品展（Consumer Electronics Show）的成長，規模已是一九六七年首度開展的十倍，反映出這方面的活動日漸增加[56]。

其次，消費電子業最會利用事先宣告近期推出的新品，創造需求動機，而且所採用的方式不會危及到市場原有產品。雖然消費者都很習慣，從消費電子用品展和車展中，獲知未來幾年內可以買到什麼新產品。但是其他產業還沒有設計出這種一致的方式，向顧客傳遞本身對於持續創新的承諾。舉例來說，消費者知道**能期待**運動用品業日後有什麼創新產品，他們確信未來幾年內，運動用品將透過創新繼續改善嗎？

最後，廠商已經更積極努力降低價格點，來刺激市場成長並增廣新商品的需求。比方說，高畫質電視就因爲降低價格而銷售量大增。消費電子用品協會（Consumer Electronics Association）發言人布萊德·瓊斯（Brad Jones）指出：「高畫質電視的銷售量已經比預期超出七十%，有部分是因爲價格暴跌，原本售價四千美元，現在不到二千美元就買得到。」㊼錄影機在一九七〇年代剛推出時，一樣也面臨這種困境，因爲剛上市時售價一千美元，對市場來說價位太高，一直到一九八〇年代初期，才受到廣大消費者的接受㊽。現在，廠商在這方面已經更爲嫻熟，可找出既能維持利潤、又能讓想購買商品的消費者負擔得起的價格點。

用過即丟的構想

行銷人士可藉由常讓顧客更滿意的單次使用產品及有限使用產品，縮短持有週期。比方說，我們當中有幾百萬人在度假和家庭聚會時，都買過用過即丟的相機。但是很少人知道，現在這些用品的年產值將近十億美元㊾。

在消費者只把相機當成要長期持有、愼重考慮才購買的產品時，相機廠商如何設計出受到消費者歡迎的單次使用相機？首先，廠商發現這項未被滿足的需求：消費者基於不同原因，在某些場合下想拍照，但是卻不能或沒有使用傳統相機。廠商找出有兩種消費者最需要單次使用相機：一種是忘記帶相機、但不想買新相機的觀光客，另一種是喜歡戶外活動並擔心弄壞昂貴的 Minolta 或 Nikon 相機的人[60]。了解了這些之後，廠商設計出在上述特定情況下，提供顧客服務的單次使用相機。

大多數行銷人士可能認爲，廠商接下來就會投入鉅資，發展新技術和產品設計。不過令人訝異的是，對相機業者來說，生產單次使用產品並不是一項顯著的挑戰。最早期的拋棄式相機，只不過是用厚紙板和塑膠殼，把一捲底片包起來[61]。雖然找出最佳產品包裝必須花費心思，但是廠商早已備妥所使用的核心技術。

設計符合單次使用的產品，這股趨勢正吹往一些令人驚訝的類別。最近，南加州某些地區的華格林連鎖藥局（Walgreens），開始銷售首支可拋式手機。這支手機由名爲 Hop-On 的新創企業設計，售價爲四十美元，手機內含預付卡，可通話一小時[62]。對廠商來說，最理想的結果是，可拋式手機的普及，改變消費者對整個產品類別的看法。單次使用款式的激增，可以鼓勵消費者把手機當成消耗品，這樣就能增加消費者時常將手機升級或汰換的可能性。

物品從耐用品發展爲可拋式物品，乍看之下似乎是一項徹底轉變。但是持有利益卻很清楚。不過從計畫報廢（planned obsolescence）的觀念來看，卻是截然不同的要求。這種做法藉由增加產品故障及需要汰換的可能性，讓產品更可拋棄——凡斯．帕克（Vance Packard）在一九五九年出版的著作《製造廢物者》（*The Waste Makers*）中，就公然指責過此事。在此，我們建議企業，設計一系列產品，符合不同使用頻率，從購買頻繁的產品中獲得營收和利潤。

縮短上市時間

產品開發不該只專注於創新。有些企業，尤其是本身商品不以技術爲主的企業，還必須強調、甚至更強調加速創新產品的上市時間。舉例來說，受到時尚影響的產品，可利用空前未有的速度，推出新款商品給消費者，來增加購買頻率。服飾業已經利用這種做法，改變消費者行爲。以往，由少數具有影響力的設計師引領新潮流。大多數消費者必須等主流廠商找出最流行款式，加以改款並生產製造，再運到商店展示，一等下來就是幾年。屆時，可能有新款式出現。所以，只有最有錢者買得起當季最新款式，而且有辦法穿到每季新品。

情況不再是這樣。現在，少數知名連鎖服飾店在時尚服裝秀後，幾週內就能推出最新款式、最新顏色和剪裁的當季新品，而且價格公道。在馬德里起家的服飾業者 Zara 聲稱，只需要兩週，就能讓伸展台上看到的新款，出現在門市展示。相較之下，大多數競爭同業卻需要六週的時間⑥③。因此，Zara 能推出龐大數量的產品，光是一年內就爲男性、女性及兒童，推出一萬一千種不同款式的服飾⑥④。全國零售協會（National Retail Federation）執行長崔西・穆林（Tracy Mullin）說明縮短上市時間的優勢。「你會覺得每兩週便走進一家新商店似的。」⑥⑤ Zara 公司證實，店裡所賣的單品上市一個月後就買不到了⑥⑥。

前衛物品的迅速出現和消失，將消費者吸引到刻意設在紐約蘇活區和邁阿密艾文特拉購物中心（Aventura Mall）這類富裕地區的商店。雖然 Zara 花很少錢做廣告，但是業績卻暴增[67]。二〇〇二年第三季，母公司 Inditex 集團（以 Zara 爲主要營收）的淨所得，就有超過三十％的成長，業績增加二五％[68]。在二〇〇二年時，Zara 一年內就在全球開設將近五十家的分店[69]。

企業如何學習 Zara，加速產品上市而獲得成功？企業要做的是，不但要降低供應鏈（supply chain）的成本，也要讓供應鏈更具機動性。根據 Zara 公司首席財務長波查·西爾瓦（Borja de la Cierva）表示：「對我們來說，最重要的因素是生產時間及配送產品。」[70]爲了處理這項重要因素，Zara 公司已經開發技術和流程，讓公司能依據門市（point-of-sale）資料直接補貨。該公司再仰賴一些鄰近歐洲地區分店的當地供應商，生產並配銷產品。

雖然使用歐洲供應商成本較高，但是 Zara 公司聲稱，這樣做能增加回應能力，同時也讓公司幾乎能去除過剩存貨和倉儲成本。該公司整體利潤爲十％，與服飾業最佳業績廠商不相上下[71]。這種亮麗表現說明了，依據時機及實際評量顧客在特定時間內想要什麼，迅速推出產品，就能說服消費者購買更多物品，也更常購買物品。

轉售的力量

有時候，買家不願意購買新品，是因爲心理因素，也因爲實質考量。雖然消費者把 Zara 上一季毛衣捐到慈善機構舊衣回收箱，這樣做可能沒問題；但是要把其他物品丟掉，尤其是像家具和家用電器這類高價物品，就相當困難。以運作良好、只是款式過時或落伍的爐子爲例，要把爐子交給店家轉賣根本不可能，把爐子丟到路邊垃圾筒裡又很麻煩。而且，即使有業者願意免費載走，但是把一個不管多破舊、卻還能用的爐子丟到垃圾處理場，讓人覺得既浪費又危害地球。

在這些類別中，業者無法增加消費者的購買次數，主要是因爲轉售市場流通性欠佳。轉售網路提供消費者以既簡單又制度化的方式，找到有興趣的買家，從轉售商品獲得部分投資補償。要證明有效的轉售市場對於購買行爲的影響，網際網路就是最好的實例。eBay 藉由替透過傳統方式很難賣到合理價格的商品，提供一個市集，已經吸引超過五千五百萬名用戶註冊。根據一次初步估計，這些商品包括：九百二十七艘船和一千三百台鋼琴㉜。但是 eBay 絕非窮人的倉庫。從最近賣家刊登的精品，就能證明有錢的消費者也出現在賣家行列，這些等著拍賣的精品，從 Burberry 防水短大衣五百美元，到佛州那普勒斯提孚隆（Tiburon）高爾夫球場喝下午茶三百二十九美元，各式各樣的精品都包含在內。

亞馬遜網站的例子，提供另一項同樣有趣的調查，讓我們知道在**單一**產品類別，有明確的轉售市場，如何協助增加交易量。亞馬遜網站銷售舊書和舊ＣＤ，這項決定讓消費者更容易買到這類商品，也能將原本放在書架上不用、堆成像垃圾堆，或放到舊書店布滿灰塵箱子裡的舊書和舊ＣＤ，更輕鬆地賣掉。雖然亞馬遜網站在二〇〇〇年十一月推出轉售功能，但令人驚訝的是，現在該公司書籍總銷售量中，舊書就占超過十五％的比例⑦③。

雖然並不是每個產品類別，都能仰賴亞馬遜網站或 eBay 的做法，進入舊貨市場，不過企業可以採用一些措施，助長所屬類別的轉售市場。支持既有轉售市場，就是首要步驟。紐約的 Strand 書店是全球最大書店、也是曼哈頓有錢人常去之處。Strand 書店新增網路賣點，讓亞馬遜網站和 Abebooks 及其他知名網路書店的瀏覽者，可以購買 Strand 的藏書。在短短一年內，Strand 書店網站的銷售量，就占總銷售量的十五％，更占珍奇書籍銷售量的三四％⑦④。

在某些情況下，企業可以在捐贈和處置服務上，學習營利或非營利機構目前的做法，採取更主動的角色。比方說，從美國腎臟基金會（National Kidney Foundation）到當地流浪動物之家，這些組織定期呼籲大家捐贈舊車抵稅，這些受捐贈單位可能保留舊車或轉賣變現。不過，行銷人士要面臨的問題是，這樣做只是有利於處置物品，卻無法讓消費者提早汰換物品。消費者可能會等到持有週期快結束時，才把物品捐贈出去。根據模範商業局（Better Business Bureau）營運長表示，這些「禮物」通常不再具有實用性，只是「爲了方便而捐贈」⑦⑤。

利用更主動地介入，行銷人士可以將處置服務，轉變成對消費者和慈善機構有利的轉售機會。戴爾電腦已經開始利用這種機會，該公司在網站推出一系列提案，讓消費者把不需要的硬體捐贈出來[76]。戴爾電腦提供具吸引力的誘因，讓消費者將舊電腦折價出售或捐贈，消費者可以獲得折價券，在日後購買或交換產品時可以使用。戴爾電腦視情況將舊電腦回收，或是捐給非營利機構。此外，戴爾電腦也加入一個製造商小團體，跟美國環保署合作，鼓勵大家以某些 Best Buy 分店，做爲電子產品回收據點。

透過這種方式，廠商可以增加處置產品的效率，讓顧客、企業純益和環境都受益。舉例來說，由於戴爾電腦的努力，顧客現在可以更快擺脫老舊電腦，以更心動的價格購買新款電腦，我們把這個流程稱爲**加速市場**（accelerating market）[77]。戴爾電腦也獲得商機，在消費者想汰換產品時，直接向他們推銷。而且最棒的是，這樣做對環境有益，有更多使用過的硬體可以回收利用，不會被丟進垃圾場。

將所有做法融會貫通

企業要贏得富裕消費者的忠誠，不但要開發他們想買的產品和服務，還要開發他們想要**持有**的商品（以顧客所需的形式和包裝）。現在，富裕家庭因爲擁有太多東西而苦惱，而且東西愈來愈多，資源卻有限，無法妥善管理，所以企業必須設計容易與家庭原有物品搭配的產品。史塔基學院創辦人瑪莉・露易絲・史塔基（Mary Louise Starkey）以熱切的措辭，說明從史塔基學院畢業的資產經理人，能爲富有客戶提供的價值。資產經理人不但幫忙照料家庭，或確保家庭受到適當款待，也管理他們的生活品質⑱。想滿足富裕大眾的企業，一定也要這麼做。

6

增加消費報酬

保值，或甚至增值

透過像房地產、證券和現代藝術品這類有形資產，
以及像知識、健康和家庭這類無形資產，
富裕大眾正逐漸體驗並享受累積更多財富的好處。
能增加消費者財富的物品和服務，
就能受到這些家庭的歡迎；
不能增加消費者財富的物品和服務，
隨著本身短期報酬日漸明顯，
將開始面臨更大的質疑。

舊法則：提供大眾新消費品及新投資機會。
新法則：提供大眾像投資機會的新消費品。

《財神有難》（*Brewster's Millions*）這本小說，在好萊塢已經被翻拍成六部以上的電影①。在最近的版本中，男主角爲了獲得更多財產的繼承權，必須在三十天內花掉三千萬美元。問題是在血拼購物時，他不能買任何有形資產②，必須把錢花在購買非耐久品，例如：用餐、娛樂、請私人教練等服務或機票費。

雖然這部電影純屬虛構，但這當中的根本假設包含一項事實重點——要把個人可觀財富消費掉很難。有一位經濟學家觀察到，比爾・蓋茲（Bill Gates）絕對可以每天「消費」一千萬美元，也不會損害到財產淨值③。但重點是，行銷人士必須了解這一點並以此爲準則：蓋茲先生甚至不可能爲了一時享樂而花大錢（當然是以相對觀點來看）。有錢人大手筆消費時，通常是購買本身具有價值的耐用品，如：藝術品、房地產和收藏品。這些採購品有保值、甚至有增值的傾向。

有增值的可能

大多數人跟蓋茲的所得階層是不一樣的，甚至連接近都談不上。但是從幾方面來看，就算不是鉅富也會有這樣的行爲。舉例來說，研究證實，以實際貨幣價值及占所得百分比的觀點來看，消費者所得愈高，就存愈多錢。據估計，所得後二五%的消費者，存款率不到五%，然而所得前五%的消費者，存款率卻超過四十%④。

而且以家庭累積財產來看，在額外非耐久消費的支出，這方面的吸引力也逐漸衰退。由約翰霍普金斯大學（Johns Hopkins University）經濟學教授克里斯多弗·卡洛爾（Christopher D. Carroll）進行的研究發現，消費者愈富裕，就愈以財富觀點享受所累積的財富（例如：不是因爲未雨綢繆存錢，或爲了建立豪門日後由子女接棒）。因此，這些消費者可能會仔細考慮自己的採購對資產淨值的影響。把卡洛爾的話改述一下：人們渴望購買有價值之物，即使只有些微價值也好，這種渴望終將超過非耐久消費日漸衰退的魅力⑤。

不過，即使看似浪費的非耐久消費，只要能展現出持有者的能力，因此能被消費者視爲是一項投資，也能提供價值魅力：《奢華狂潮》作者羅伯特·法蘭克說明，這種狀況是如何發生的。「情況已經發展到這種程度：人們要戴對錶、開對車、穿對西裝或住對地區，這樣才能幫人們找對工作或簽下重要合約。這些開銷比較像在投資，而不像實際消費。」⑥

換句話說，現在日漸富裕的消費者要購買的是，本身展現出能日漸提高財富、類似投資結構的產品和服務。我們推測就是因爲人們對投資的關注，所以在我們進行的消費者研究調查中，有超過七成受試者表示，做出重大採購前會先做許多研究。

有利的消費

把消費變成像投資，這種無限渴望力勸行銷人士，以所提供的產品／服務的持久價值做宣傳。行銷人士必須清楚說明產品／服務的消費報酬——也就是預期用途以外延伸的利益。我們的研究顯示，一流企業現正利用三項本身就具有投資特性的策略，從這項日漸強勢的消費者偏好中獲得好處：

- **提供紅利給顧客**。承諾提供紅利報酬給購買及繼續持有貴公司商品的顧客，這種做法行之有年，日後勢必也如此。這些紅利可以採取定期現金回饋的方式，也可以包括眾所皆知的紅利積點及不定期贈送免費的貴重物品和服務。
- **幫顧客提高生產力**。生意人都知道在工具和機器上做的資本投資，能獲得什麼好處，所以還必須在像勞力等其他輸入上，增加生產力才行。現在是把資本投資觀念應用到產品和服務系列上的時機了，企業必須承諾，所提供的產品和服務，能提高富裕消費者及其子女的所得潛力和整體生產力。
- **擴大產品的實際用途和認知用途來創造價值**。縮短持有期間（第五章提到的策略之一），不輕易受流行和創新影響及限制的物品類別，跟這種做法特別有關。在這類情況下，企業可讓物品據有傳承特質，成爲代代相傳或能增值轉售的收藏品，延長價值遞送。另一種方式是，推出保固和整修方案，確保購買品內含價值持久不滅。

提供紅利給顧客

一九九〇年代後期股市狂飆，讓美國消費者想到，幾代金融規劃師早已知道的事：股利是傳遞一致投資報酬相當有效的工具。事實上根據吉普林個人理財公司（Kiplinger's Personal Finance）最近的調查發現，目前四八％的消費者認爲，選購股票時，會把紅利當成一項重要考量因素⑦。

有愈來愈多上市公司開始發放股利。微軟（Microsoft）公司在一九八五年公開上市發行股票，卻到二〇〇三年才宣布第一個股利方案，其間幾乎有二十年之久。現在，行銷人士該追隨這股潮流。雖然在企業裡，由執行委員會判斷每股是否發放股利，但是行銷人士可分配與產品／服務有關的紅利。要打好這方面的根基，行銷人士應該先注意字典中對**紅利**（dividend）一詞的解釋。紅利其實代表二個不同意義：預期利益（「獲利分紅，獎金」）和非預期利益（「非預期利得，利益或優勢」）⑧。在**消費紅利**做得很好的企業，則是兩者兼顧。

財富共享

從零售店結帳處到客服中心的對話，在交易結束時感謝顧客的惠顧，已經成爲標準商業實務。不過現在，有些企業用更清楚也更有效益的做法，表達對顧客的感謝：利用支票。這些企業的策略是，提供「紅利」給公司的主顧客，以顧客總消費的部分比例做回饋。這種做法正協助企業把本身的顧客關係，從一系列的單次購買和促銷，轉變成獎勵顧客繼續購買及持有產品的財務約定。雖然信用卡界從一九八五年大來卡推出後，就一直使用現金回饋方案，但是製造商和零售商現在才採用這項做法，培養所屬類別主顧客的忠誠度。這些方案有的刻意使用**紅利**一詞，希望讓消費者聯想到投資報酬而受吸引。

舉例來說，服飾零售商塔伯茲就相當成功地運用紅利，增加本身顧客群的消費和忠誠度。該公司在一九九七年在美國東北部六個州，針對塔伯茲簽帳卡卡友，推出稱爲「經典獎勵」(Classic Awards) 的試行方案。這項方案造成轟動，讓塔伯茲公司在二〇〇一年將這項方案推行至全美各分店。顧客當年度消費額滿五百美元，就能取得二十五美元的回饋紅利。經典獎勵方案還包括其他優惠：顧客生日當月購買任何單品，可享九折優惠。

企業可以用許多種方式獎勵顧客，爲什麼要選擇財務紅利方式？以塔伯茲公司的例子來看，該公司主管認爲，紅利特別能吸引該公司的目標顧客。塔伯茲公司最忠誠的顧客中，有許多人本身是了解投資價值、受過高等教育的職業婦女。該公司企業溝通副總裁馬杰里·梅爾斯（Margery Myers）告訴我們：「塔伯茲公司一直把『投資』，視為企業重視的主題。這一點從這兩件事就可看出：我們付給股東更多紅利和我們定位公司出品服飾的方式——以持久的品質與款式這種方式，讓持有者獲得價值。所以當我們想要對顧客表示感激時，自然會想到使用紅利表示感謝，而不是累積點數罷了。」⑨

雖然紅利讓消費者從消費中獲得部分回饋，卻也提供零售商兩項重要利益。首先，紅利提供顧客強有力的誘因，讓他們比較偏好跟提供這類方案的零售商惠顧。梅爾斯表示，塔伯茲公司發放紅利給顧客後，增加公司在顧客的荷包占有率。「經典獎勵方案已經幫助我們，把較不常惠顧的顧客變成核心顧客。這些人把大部分購物時間，花在我們的分店購物或郵購，而且大都是購買我們的服飾。」⑩

其次，紅利引發的交易，通常是透過讓零售商獲利最多的付款通路——零售商本身發行的簽帳卡。塔伯茲公司推出紅利方案後，讓簽帳卡刷卡金額激增，該公司就是依據簽帳卡消費資料，追蹤該發放多少紅利給顧客。梅爾斯告訴我們：「光是二〇〇一年和二〇〇二年，經典獎勵方案就幫助我們，讓消費者以本公司簽帳卡消費金額占總銷售額的比例，從三六％增加到四一％。而且透過這項方案讓我們擴大核心顧客群，也省下顧客使用其他銀行信用卡收取的手續費，為公司創造更多的財務利益。」⑪

以增加銷售量彌補發放紅利的損失

行銷人士應注意紅利方案還有一項額外利益：提高價格控制。紅利方案經過適當設計後，紅利就扮演買多優惠的角色，顧客唯有在持續購物且購物達到目標額度時，才能獲得折扣。藉由改變條件和發放紅利，企業可以更妥善地控制主顧客支付的平均價格。利用這種方式，企業就能爲較高消費顧客，製作出看似區隔化的定價方案，同時也能提供誘因給所有顧客，增加顧客的消費潛力。

不過，行銷人士千萬別把這種機會跟更複雜的動態定價問題混爲一談。如同第三章所述，動態定價是依據顧客需求和要求所做的實際評估，以不同價格提供相同產品給顧客。雖然這種做法在網路初期廣受歡迎，但是企業必須小心確保，這樣做不會與顧客的原則或法令產生衝突。減價幅度及用於決定紅利的個人資訊種類，絕對不能涉及不公平的價格歧視⑫。然而紅利確實提供一項實際機會，去除這種不公平，因爲紅利並未影響個別產品價格，企業也不是以顧客個人條件，決定發放多少紅利。

給顧客驚喜

紅利方案未必要跟金錢扯上關係，才能成功。最近，汽車經銷商已經證實，不定期贈品也是感謝顧客的有效方式。以愈來愈受歡迎的吉普車主感恩日（Jeep Owner Appreciation Days）爲例。從一九九九年開始，這項方案提供顧客在預定日期，可免費到新英格蘭州幾家精選度假村滑雪，而且幾乎是整個冬季裡，每週可到一家度假村免費滑雪。而且不論車齡或款式，車主及同行一名乘客都能拿到優惠券。結果，即使在十年前購買吉普車的車主，也能獲得這項優惠方案。吉普車經銷商跟新英格蘭滑雪委員會（New England Ski Areas Council）合作，推動這項方案，獎勵顧客忠誠，並且把產品和生活型態相結合。將紅利結合冬季運動，吉普車經銷商也巧妙地提醒顧客，擁有吉普車的一項獨特價值——在雪地裡也能輕鬆地旅遊。

吉普車車主眞的充分利用這項紅利嗎？是的，而且很多車主都這麼做。最近兩家參與這項方案度假村指出，這幾天他們的停車場裡至少停了六百輛吉普車。有些顧客還在雪地裡開車五小時，才抵達度假村⑬。吉普車經銷商成功地說明，紅利未必要郵寄給顧客或存放在顧客的帳戶裡。以適當的誘惑物呈現出來，消費者就會爲了領取獎品，歷經幾百哩車程。

幫顧客增加生產力

有時候，投資不會讓人獲得直接的財務報酬——購買股票就是這樣——而是增加投資者其他持有物的生產力或報酬。教科書上舉的商界實例就包括：工具、工廠和設備。雖然這些東西本身沒有產生新營收，卻能讓企業達到更高、更有效率的生產水準。

在消費者範疇中，模仿這些資本投資類型的商品，讓個人及家庭覺得更具社會及經濟效益。購買這些物品和服務的報酬是，能提高生活品質，或具新發現的能力，幫助消費者累積更多財富。依據這項標準，我們發現三項以消費者生產力來源爲主的消費者資本投資機會，而且這三項策略確實能吸引富裕大眾：個人教育、兒童技能養成，以及個人保健。

偷不走的財富

美國教育家暨科學家班傑明・富蘭克林（Benjamin Franklin）說過：「投資知識獲利最佳。」這句話似乎到今天還適用。像教育這樣，提供如此誘人報酬的資本投資少之又少。以二〇〇〇年爲例，雖然教育水準在高中程度的美國家庭平均年所得爲六萬零三百美元，但是大學程度的家庭所得卻增加到八萬四千美元，而擁有研究所學位的家庭所得爲十萬四千二百美元⑭。另外，教育也提供其他誘人事項，比方說：讓人有辦法出人頭地。舉例來說，校友網絡就能提供求職線索並加速事業生涯的發展。學術學會能主動影響會員和同事。而且學位的影響力也能激勵子女，獲得同樣或更高的教育程度和所得水準。

雖然大多數人會重視教育的報酬，但是行銷人士應敏銳地察覺到，更富裕的消費者，更可能打算投資教育。在一九八四年到二〇〇〇年間，以所得前四分之一者來看，教育是成長最迅速的消費類別⑮。這並沒有什麼好意外的，跟中間所得或較低所得的家長相比，有錢的家長本來就比較可能送小孩念大學。他們也更可能參與這股日漸增加的趨勢——捐贈鉅資給學院或大學（或者在某些情況下，甚至是捐錢給「適當的」幼稚園），希望爲子女獲得入學許可。委婉地說，這樣做，孩子就成爲眾所周知的「特權入學」⑯。

但是有錢人也可能是各式各樣個人成長課程的主顧客。比起其他所得團體（所得和參與課程之間呈線性關係），他們更可能參與成人教育課程，包括：學分進修班、建立事業生涯技能和個人發展。一九九一年時，年所得超過七萬五千美元的家庭所得中，有四九％的成人在之前十二個月內，已經參加某種成人教育課程，而年所得二萬美元到二萬五千美元家庭的成人，同期參與這類課程的比例卻只有二七％。到一九九九年時，這項比例在高所得者中已經增加到將近五七％，然而在較低所得者的比例只增加到三六％⑰。

因此，想充分利用資本投資吸引富裕者的行銷人士，應該把教育要素跟商品做結合。這類商品最令人讚賞的特性是，在「高級」環境中，由專家提供高水準的技能發展。

以訓練職業賽車選手爲設立宗旨的 Skip Barber 賽車學校，就是一個好例子。這間學校跟道奇汽車公司（Dodge）合作，爲廣大消費者設立一個駕駛學校，並承諾「培養學員技能，做好準備，因應開車上路時，遇到的任何障礙或挑戰」⑱。

在爲期二天、學費爲一千一百九十五美元的課程中，學員可以學會其他駕駛不可能了解的駕駛安全技巧，從跟趾（heel-and-toe）換檔到緊急煞車，一切課程都是在充滿刺激、馬力大的道奇 Viper 敞篷車中進行。這項以高級體驗包裝的專屬駕駛知識，提供方法讓富裕消費者在駕駛時更妥善地保護自身及家人的安全，滿足富裕消費者對資本投資的渴望。

名流烹飪課程受到熱烈歡迎，說明提供教育改善日常生活特殊技能的另一種方式。這類課程中，有些最叫座的課程還提供學員直接跟專家學習，而且這些專家是大多數人只能夢寐以求的名師。想想看，主廚樂荷萊美食餐廳（L'Ecole des Chefs Relais Gourmand）提供實習機會給熱愛烹飪的業餘人士。只要支付一千一百美元和二千六百美元的費用，就能參加二天和五天的課程，還能在全世界最知名的某些廚房裡工作——在法國和世界各地跟米其林星級主廚學習烹飪技巧[19]。這類課程和其他課程在市場上受到歡迎，已經讓烹飪假期的需求激增。根據提供年度烹飪假期指南及遊學資訊的 ShawGuides 公司指出，這類假期的數目從一九九二年的二百七十一項，到二〇〇二年時增加到六百三十二項[20]。

行銷人士不必爲了讓產品／商品與教育扯上關係，就創辦新學校或新課程；只要有創意就夠了。舉例來說：現在許多商業度假中心也都開辦這類烹飪課程。在亞歷桑那州斯科特戴爾市的餐飲學院（Culinary Institute），就允許當地商界資深主管觀看學生準備美食，並可針對各個步驟提出問題[21]。費用很低，在七十五美元到九十五美元不等——執行長當然負擔得起更高的費用——但是亞歷桑那州旅遊局指出，這項方案讓企業主管感謝州政府，最後就對當地經濟有益㉒。雖然這些執行長不可能利用這次經驗，就開始在家裡掌廚，但是這次的學習卻讓他們引以爲傲，況且他們本來就沒有時間或動機，參加要求嚴格的烹飪課程。

零售業者也充分利用這種「教育商務」(edu-commerce)的做法。邦諾書店(Barnes & Noble)設立線上「大學」，提供超過五十種以上的免費線上課程，從彈吉他到莎士比亞等主題都包括在內。美國東山運動用品連鎖店（Eastern Mountain Sports）跟附屬攀岩和划船學校合作，開辦戶外活動課程，廚具名品 Williams-Sonoma 早從幾年前起，就在店內開辦烹飪課程和示範。這些課程的首要目標，當然是讓學員向贊助廠商（或相關網站）購買所需配備，但是也要藉由訓練一批受過教育又熱中此道的新消費者，讓主要需求日漸成長。

最後，傳統教育業者當然不會錯過這股趨勢。在將近三十年內，提供二年及四年學位的學院數目，已經增加三分之一，從一九七一年的三千家，到二〇〇〇年增加爲四千一百八十二家㉓。這項成長有部分原因出在新加入者。美國最大職訓機構 Kaplan 公司，以往曾以入學諮詢服務聞名，自從涉足高等教育這個日趨興隆的事業，成爲成長最迅速的業者之一後，營收從不到一億美元，增加到六億美元以上㉔。現在，Kaplan 公司在先前五年內開設或收購的兩年期職業學校，已訓練超過四萬名學生。

爲孩童而做

許多家長想讓子女得到最好的東西，許多家長甚至還要親自體驗子女的感受（到任何青年足球賽的場邊看看就知道）。但是跟比較不富裕的祖先們相比，富裕消費者通常用不同的方式，滿足子女的需求：他們通常依據資本投資，做出消費決定。

現在有愈來愈多富裕家長，希望找到提升子女運動及認知能力的市場商品，因爲這些能力可以增加子女這輩子的成功機會。我們可以從孩童閒暇時間日漸減少的現象中，看出這項對孩童生產力的新專注。一九八一年至一九九七年間，三歲到十二歲的兒童「無所事事」的時間——花在遊戲、看電視或參與其他休閒活動的時間——因爲兒童參加安排好的制式課程而大幅減少。密西根大學的研究發現，兒童觀看電視節目的時間減少二三%，在室內遊戲的時間減少十六%㉕。相較之下，學習時間增加二十%，在計畫性運動所花的時間也增加二七%㉖。兒童活動的這項轉變說明了，兒童每週減少十二個小時的閒暇時間，依據應用於所有工作者的經濟標準來看，這項改變代表生產力將大幅增加㉗。

爲了配合這些目標，家長們開始讓子女參加私人課程，才能在閱讀、寫作、語言和數學技能上，趕上同儕或超越同儕。以美國來看，家教業已經成爲三十億美元產值的產業㉘。這個產業的主要業者之一教育公司（Educate, Inc.），在北美地區以希爾文學習中心（Sylvan

Learning Centers）爲名，設立超過九百五十家家教機構。由於希爾文學習中心大都設在富裕城鎮或其鄰近地區，所以學費不低。個人教學每小時收費從三十五美元到四十美元不等——美國靠時薪過活的家庭中，有八十％的家庭時薪沒有這麼高[29]。不過，希爾文學習中心的成長，證明許多家長爲了增加子女的學業表現，每年花費幾千美元。

即使只專注於兒童休閒的商品，也正改造課程，以充分利用家長對資本投資的渴望。舉例來說，提供學業課程的夏令營愈來愈多，在二〇〇一年到二〇〇三年間，這類夏令營的數目就增加十五％[30]。孩子們在夏令營中，參加大學委員會學業能力鑑定考試（ＳＡＴ）的準備課程或語言課程，外加傳統夏令營提供的騎馬課程，已經不再是什麼稀奇事了。在賓州格利禮市的松林夏令營（Pine Forest），家長支付七千三百美元，讓子女參加維期七週半、包含教授ＳＡＴ的課程[31]。家長可以確定這樣做很值得，因爲夏令營會提供學員的ＳＡＴ測驗成果。

在所有想像得到的運動領域，也因爲富裕大眾渴望給子女最好的，而讓市場出現爆炸性的成長。美國有三分之二的兒童參與有計畫的運動、訓練營和相關活動。爲了增加更多消費，私人運動營迅速成長，讓天賦異稟的兒童（或備受保護的小孩）能把技能訓練得特別好[32]。這些課程包括跟曾任職業選手及業餘專家學習，學費當然很高。舉例來說，四分衛大師史蒂夫．克拉克森（Steve Clarkson）的足球學校，夏令營收費一千五百美元[33]。另一家在喬治亞州的速度運動訓練機構（Velocity Sports Performance），已經開始將營運授權加盟，二〇〇四年至少在七個州設立零售店，營收達到五千萬美元。在該機構零售店提供的一項優質方案，包括為期十二週共二十四次訓練課程，家長就必須付費七百五十美元㉞。

家長期望獲得什麼報酬？雖然這股需求不可能減少，有時候家長願意花錢讓子女參加這類夏令營，其實不是單純地想增加子女的某項技能，而是別有用心。某位子女參加棒球及籃球訓練營的家長，向《羅德岱堡太陽哨兵報》（*Fort Lauderdale Sun-Sentinel*）表示：「我不是在尋找投資報酬……我要的報酬是，讓你成為更好的公民，也讓你享受到團體運動提供的所有美好事物。」㉟對大多數家長來說，「所有美好事物」包括能增進人際效益的社交技能和教養，而且課程若對大學入學有幫助，那就再好不過了。雖然這不是跟運動加盟商簽下幾百萬美元的合約，但是投資報酬卻是一樣的。

在這股教育投資風潮中，協助家長妥善處理教養子女的壓力，這件事本身就呈現出一個行銷商機（而且事實上也代表另一個持續學習的現象）。雖然以往家長教練及訓練家長教練的學校，市場規模不大，但現在卻迅速成長中。由於這類教練並不需要正式訓練，因此確切人數不得而知。不過家長教練學會（Parent Coaching Institute, L.L.C.）這家公司，現正透過十二個月至十八個月的遠距教學課程，提供家長教練證書。結業學員通常可以拿到高達七十五美元的時薪，在電話上輔導焦急的家長，如何解決子女彼此敵對到應付學校人員等各項問題。

然而事實證明，最後這些支出還是值得的，因爲不管家長承認與否，他們這麼做，正是準備好從對子女的投資，享受消費的實質回饋。諾貝爾獎得主蓋瑞・貝克爾（Gary S. Becker）在其著作《解讀偏好》（*Accounting for Tastes*）中主張，其實最吸引人的利益是在老年時獲得關照和協助：「家長可能設法先灌輸子女一種出手援助的意願，讓自己在年老時健康不佳、失業及出現其他障礙時受到保護……家長花錢在子女身上，有部分是希望子女孩提時的經驗，能影響成年後的態度與行爲。」㊱

貝克爾認爲以長遠來看，家長在子女教育與技能上的支出，比儲蓄的投資報酬更高。因此，家長付錢讓子女參加運動營、學業訓練課程和其他技能建立活動，代表的是爲年長做間接儲蓄。現在投資到子女身上的每一分錢，能讓家長在年老時減少遺產贈與，增加自身的消費㊲。

或許某些讀者不認同這種分析，但是這項分析是以一項事實爲根據：我們大都認同——子女成功了，也能確保我們日後過得更安穩、更舒適。這項關係未必創造出直接商機（雖然貝克爾指出，設計一個可實行的合約，保證子女會照顧年邁雙親，這樣做是一大恩賜）；但是這項關係卻強化這項重點：要改善商品，讓家長認爲商品是對子女的投資，那麼行銷人士應該強調這樣對子女長大後的好處。我們只能假設，適應力較佳、更成功的成年人，比較可能報答父母，在父母需要時提供更好的照顧。

我們的首要財富

健康常被說成是一項恩賜，但是富裕消費者的想法卻跟詩人愛默生（Emerson）的看法雷同：「健康是首要財富」㊳。身體健康讓人可以充分享受人生，但重要的是，想要維持成功的事業生涯並維持家人生計，也要身體健康才行。

而且健康跟其他形式的財富一樣，需要持續的留意與投資。富裕消費者認清這一點，從一九八四年起，家庭所得前五分之一者在健康類別的實際支出，已經增加十八％（除了教育以外，只有健康方面的支出是增加的）㊴。而且這項支出的增加，主要是因為威廉・鮑默（Willaim Baumol）提出的成本弊病（cost disease）（鮑默是紐約大學經濟學家，他在一九六〇年代發現，仰賴人才資本的特定產業，生產力成長相對較低，比較容易抬高工資，因此在這些產業（如：教育、保險、健保和娛樂）的價格和消費，也會相對增加）。但是至少在健保方面增加的某些消費，跟承諾能提供傳統醫療機構以外的檢測、預防或解決健康問題等創新醫療商品有關。

以往身體顯影（body imaging）是醫師基於立即醫療用途，而指定進行的檢測。現在卻是營利診所提供的新商品之一，而且在想及早檢測疾病的富裕消費者之間大受歡迎。全身掃瞄公司（Full Body Scanning, Inc.）這類新創企業，提供一套顯影服務，提醒消費者健康出現哪些令人不安的異常狀況，費用通常將近一千美元。其他公司也把產前超音波檢查變成一項商品。這些企業家知道，家長非常重視超音波掃瞄的醫學價值，也相當珍愛首次與子女見面的機會。現在加州尤巴琳達市創新顯影（Innovative Imaging）這類超音波營利中心，家長只要支付二百美元左右的費用，就能看看未出生的嬰兒，同時還能把影像錄成錄影帶和光碟帶回家㊵。

現在，就連某些開刀房程序也已進駐到全美各地的購物中心。一輩子都不必戴眼鏡，這項承諾讓視力矯正手術的需求大增。據估計，已經有二百六十萬人接受過準分子雷射近視眼手術（LASIK），這項手術只需十五分鐘即可完成，使用雷射重塑角膜，矯正近視㊶。最近幾年由於技術改良，已經可以在比替換汽車機油更短的時間內，完成視力矯正手術。雖然這項手術每隻眼睛的費用高達二千美元，但是有些購物中心內部設立的診所，現在提供單眼手術可優惠五百美元，以這個價格點吸引大眾市場消費㊷。

運動和飲食業更是商機無限，業者可將想要替未來的健康狀況做投資的消費者，當成目標顧客群。回顧一九八〇年代時，**私人教練**（personal trainer）一詞意指，個人雇用私人教練建立、實施並陪同進行一項健身制度。當時這個用詞並非日常用語。但是到了二〇〇〇年，據估計有超過五百萬的美國人，由私人教練陪同健身㊸。在某些健身中心，私人教練每小時的費用從五十美元起跳，訓練有素或特別專精某項技能的專業教練，每小時費用更高達一百美元。現在最流行的趨勢之一，是雇用軍方退役訓練班長，爲那些需要更多額外哄騙的顧客，設計並強力執行這些有益健康的健身制度。

人們渴望保持身材並讓活力充沛，這一點也引發另一個行業出現驚人成長：爲操勞過度而身材變形的嬰兒潮年長人士整形。由於人們平日都不運動，週末又要拚命運動，因此整形手術和內視鏡重建手術的費用高漲。現在，人們比以前更有錢，更負擔得起重造往日風采與活力，也更容易受到行銷人士的吸引，因爲這些費用都由保險公司支付。保險公司認爲這類手術只是小花費，能讓年長顧客活力充沛，藉此減少顧客日後出現更嚴重且花費更高的疾病㊹。

這些改善健康的行業都已經體驗到驚人的成長。眼科中心四處林立，已經讓準分子雷射近視眼產業，在一九九五年到一九九九年間，每年成長二倍，並完成將近一百萬次手術。同樣地，至少一家產業刊物認爲，目前不到一百家的身體顯影中心，到二〇〇八年時將增加到四千家以上，遍及各個迷你購物中心和水療中心㊺。雖然迅速成長可以創造新產業，但是行銷人士必須小心確定進入時機。以顯影業爲例，迅速擴張已經導致供過於求（況且這幾年經濟不景氣），引發價格戰，造成整個產業大規模裁員。雖然這樣有利於大眾市場消費者日漸增加的需求，卻對投資者相當不利㊻。不過，其他對產業復甦有信心的企業，現正運用市場這次重整，做爲低價購買資產的大好機會，把自己定位成前景看好的業界領導者。

對於推銷早餐穀物、相機、服飾或出租影片的行銷人士來說，這一切代表什麼呢？行銷人士可以在產品／服務的任何方面，增加健康這項因素。包裝食品就已經利用這項趨勢，在柳橙汁中添加鈣，設計「女性健康專用」燕麥。但是健康和安全是任何購買物都能強調的部分，從經過衝撞測試證明安全性更高的汽車，到有濾水功能的冰箱，以及無毒無過敏原的地毯。我們都想要讓身體更健康，但是這部分的需求卻還沒被滿足，而且富裕大眾有本錢也了解應該在這方面多多投資。

提供持久價值

買過新車的人都知道，買車根本不是一項投資。有些汽車在車主開出經銷商停車場時，馬上貶值十％或更多，而且此後汽車價值繼續貶值。《商業週刊》報導指出，車齡三年的福特汽車雷鳥車款（Thunderbird），價值只剩下二九％㊼。

但是某些物品具有保值特性。像ＢＭＷ３系列這類高級名車，三年後還有高達六十％的價值。有些名車甚至還能隨時間流逝而增值。行銷人士的商機在於，將類似保值屬性納入本身的產品中。消費者必須能使用並享受某項商品，而不是實際消耗產品／服務，像鑽石絕不會被磨損或咖啡無限續杯，都是可以拿來做宣傳的重點。

我們觀察到有兩項具體策略，能減少或去除商品的貶值：

- **設計傳家寶物**。設計珍貴持有物，或者至少模仿稀有性和客製化和材質，讓日常使用的物品維持轉售價值。
- **建立創新的服務契約或保固方案**。個別產品因爲無可避免的耗損而無法沿用數代時，業者要向消費者保證，產品在長時間內，還是具有一致的功能。

設計傳家寶物

長久以來，具有傳家寶物特質的商品，一直讓富裕人士心動，願意掏腰包付錢。雖然從英國都鐸王朝以來，每項物品必須傳承後代這種構想並未成爲主流，但是超越時代寶物的完美典型，依舊吸引當代富裕的消費者。某項調查詢問消費者購買最昂貴物品時的動機爲何，家庭所得超過十萬美元的消費者表示，他們最重視的是：「購買終身可用或可傳給後代的物品，至於要花多少錢，我倒不在意。」㊽

充分利用傳家寶物這項原則，在這方面做得最好的業者就是錶商百達翡麗（Patek-Philippe）。該公司主動將本身推出的鐘錶，推銷成可以傳給後代的寶物，並在廣告詞中充分表現這一點：「你無法眞正擁有一只百達翡麗，你只是替下一代暫時保管它。」想要模仿這個定位的企業，必須跟百達翡麗一樣，把具有非凡及持久價値的產品列入產品組合中，以支持企業本身的主張。百達翡麗生產相當稀有、而且相當珍奇也相當特殊的產品。舉例來說，該公司在一九八九年推出 Caliber 89 錶款，慶祝該公司成立一百五十週年，並將這款手錶稱爲世上最複雜的攜帶式時計。這款手錶提供三十三項不同的功能，手錶內部有一千七百二十八個零件㊾。

現在，其他企業開始在產品組合中，設計少數頂級極品，向顧客傳遞一種超越時代的感受。比方說，凱迪拉克（Cadillac）汽車公司推出前衛概念車 Sixteen，酒商起瓦士兄弟公司（Chivas Brothers）最近推出限量二百五十五瓶，五十年極品皇家禮炮（Royal Salute 50 Year Old）。

傳家寶物的另一項重要標準是經得起時間的考驗——事實證明，這類物品能隨時間流逝而增加價值。因此，物品持有者並不會因爲時間流逝，而損失價值。持有百達翡麗鐘錶者就能以這幾十年爲證，他們持有的百達翡麗鐘錶，也成爲寶貴的資產。在拍賣場上，這類持有物不斷增值的實例到處可見。由艾林頓公爵（Duke Ellington）擁有的追針計時手錶（Split Seconds Chronograph）是百達翡麗的稀有錶款，在二〇〇二年拍賣時，儘管賣場上還有各式珍奇錶款，卻還能以一百六十萬美元賣出——比四年前的拍賣價還高出一百萬美元。雖然大多數消費者買不起百達翡麗的極品錶款，但是他們花在百達翡麗鐘錶的錢，只要一直持有手錶，就可能獲得增值，而且在許多情況下，還能增值好幾倍。

雖然鐘錶市場似乎本來就很適合利用傳家寶物這項原則，不過其他產業的企業也正採用這項戰術，在商品中加入「投資」這項魅力。高級名錶市場的發展，也提供一個指引，供想要將自家的日常功能用品，變成具持久價值物品的廠商做參考。據說，在一九二〇年時，派克筆公司（Parker Pen Company）的一名經理人，帶著公司創辦人喬治·派克（George S. Parker）到某棟高樓大廈頂樓，指著地面上的高級名車給創辦人看並表示，消費者若想購買像交通工具這類實用品，表達身分地位，那麼公司也能把筆設計成這種表彰身分地位的物品，此後筆在大眾市場上成爲身分地位的表徵[50]。

對推銷筆的行銷人士來說，讓筆具有身分地位的首要步驟，就是顯著提升筆的材質。起初，這表示得利用耐久的高科技材質硬橡膠——現在這種材質相當普遍，主要是用來製作保齡球。派克筆公司成功地使用這種材質，推出售價七美元的 Lucky Curve Duofold 鋼筆。當時，這款鋼筆的價格比市面上其他筆款貴二倍多（這是企業成功邁向新中間地帶價格定位的早期實例），也協助派克筆公司在短短三年內，將銷售額從一百萬美元，增加到二千四百萬美元[51]。關鍵在於，製作出更耐用的筆，也就是能經得起時間考驗，使用價值歷久不衰。利用提供這種價值歷久不衰和經得起長期使用的可能性，現在像 Waterman、萬寶龍（Montblanc）和萬得派（Montegrappa）等高品質名筆，被消費者視爲耐久品，而不是用完就丟的物品。

讓物品持續發揮功能

許多企業的產品根本不適合終生持有。技術改變讓消費者不可能幾十年都不換電視機，這也說明了電視外殼爲什麼從木櫃外殼改爲不值錢的塑膠外殼。而且流行的改變意味著，就算沒把衣服穿破，消費者也不可能在未來十年或十五年，穿著同樣的服飾（別指望這段期間會吹起復古風）。推銷這類物品的行銷人士，如果想從消費者對持久價值的渴望中獲利，必須採取不同方式，提供歷久不衰的用途。

長期全面的保固和其他創新服務方案，就是一種替代方式。《消費者研究期刊》（*Journal of Consumer Research*）刊出一篇經典文章，撰文者爲南卡蘿萊納大學教授泰倫斯・辛普（Terence A. Shimp）及威廉・貝爾登（William O. Bearden），兩人進行研究，了解商品保固與消費者擔心財務損失之間的關係[52]，結果發現業者若慷慨提供較長期間且較完善的保固，就是減少消費者購買創新產品的風險。

依據我們的分析，這個傾向表示保固也能提倡一種意識——採購可以視爲一項投資——業者對於產品持續發揮功能提供一些保障，因此讓產品繼續具有價值，如果產品在生命週期中出現故障，也能讓消費者相信自己能彌補一些損失（跟轉售價值類似）。以提供訂製牛仔褲聞名的網站 Lands' End 和戶外運動品專賣郵購公司 L.L. Bean，就以這類保固的力量，建立本身的名聲，這兩家公司分別以「就是有保證」，和「除了天氣，我們什麼都能保證」，做爲廣告用語。不過，這種政策是要付出代價的。因爲提供這項保證，L.L. Bean 公司創辦人賓恩（L. L. Bean）剛開始賣出的一百雙防水靴，就有九十雙防水靴被消費者退貨，害得賓恩只好向銀行貸款履行承諾。不過，這樣做打響商譽，造就該公司今日的成就。

將保固概念做一延伸，整修方案就是特別有吸引力，也相當有利可圖的做法。而且能像男鞋名品 Allen-Edmonds 一樣，利用這項做法獲利可觀的企業寥寥無幾。長久以來，富裕人士一直是 Allen-Edmonds 的主顧客群，該公司出品的鞋每雙售價三百美元，買鞋的人大都是：年薪超過十萬美元的企業人士。雖然這些顧客買得起 Allen-Edmons 最好的鞋，而且買再多雙也沒關係，但是該公司最成功的事業系列之一，卻是讓顧客把穿壞的鞋退回「重製」（recrafting）的方案。只要花九十五美元，該公司就會將舊鞋換掉鞋跟、車縫線、軟木鞋墊及繫帶，補上直接從工廠拿來的全新材質[53]。該公司業務暨行銷主管李波，在二〇〇三年接受我們訪問時表示：「結果，我們不只修理鞋子，基本上，我們根本是重新製作鞋子。顧客就像拿到一雙新鞋似的。」[54]

Allen-Edmonds 從一九八〇年代初期推出這項方案，就受到富裕顧客的熱烈回響。根據李波表示，顧客很高興，該公司能透過重製，大幅延長鞋子的使用壽命：「我們還聽說過，顧客同一雙鞋重製五次或六次。」結果，現在重製服務在該公司的製鞋量中占有相當的比例：

目前 Allen-Edmonds 每週重製一千兩百雙鞋，相較之下，每週生產約七千雙新鞋。李波指出，重製服務讓公司獲利可觀：「利潤高達五十％，這項服務已經成爲公司重要的利潤中心。」

重製服務廣受顧客的歡迎，成爲該公司的一項個別服務。李波認爲，這項服務的存在，對公司將產品以品質和長期使用爲定位很有幫助：「這項服務已經成爲一項重要的推銷工具。很多顧客告訴我們，他們買本公司的鞋子，重製服務是原因之一。這項服務強化本公司顧客重視的這項認知——這些產品能提供他們長期價值。」

Allen-Edmonds 的經驗說明，其他企業考慮整修方案時，必須做好準備迎接兩項挑戰。首先，企業必須確定，提供維修能力不會減損製造運作的效率。在 Allen-Edmonds，製造主管起初很擔心，重製服務需要不同的流程，可能會對工廠現場生產力有不利的影響。李波告訴我們：「我們的解決辦法是，選擇一個適當的價格水準，即使製造流程可能出現任何混亂狀況，公司還是能從這項服務中獲利。所以，我們詢問製造主管，爲了讓這項服務對公司有利，我們該向顧客索取多少費用，後來我們知道，市場甚至能支持更高的價格。」

李波承認，該公司的製造設施還留在美國國內，由於人才和原物料都能就近取得，所以對重製服務相當有幫助。製造運作分散海外各地的企業，可能必須另外處理安排送貨的運籌挑戰，要將顧客送修的產品送達維修處。

透過第三方銷售的企業還必須處理另一項問題：與第三方之間的潛在通路衝突（如：配

銷商或零售商）。企業必須減輕這種擔心——透過整修延長產品壽命，會妨礙到新商品的銷售量。李波表示，Allen-Edmonds 起初也面臨這項問題，零售商很擔心此事：「他們跟我們說，只對銷售新鞋有興趣，不想幫顧客送修舊鞋，我們可以理解零售商這麼想。」

爲了確定重製服務不影響到顧客至合作零售商購買新鞋，Allen-Edmonds 讓這些店家參與這項方案。「我們把重製包裹（Recraftpaks）分送到合作店家，」李波解釋，「這樣顧客就能塡妥資料卡，將舊鞋交給店家，然後以郵資已付方式寄回給我們。」零售店家也很開心，「他們發現顧客會上門詢問要把舊鞋寄回，也會在店裡逛逛購買一雙新鞋。」利用這項創新做法，Allen-Edmonds 協助零售夥伴，共享銷售量增加的利益。

Allen-Edmonds 利用讓公司獲利的重製服務，支持以耐用取勝的獨特價值主張。這項主張已經協助該公司在一九九〇年代間，年銷售額逐年成長十％，同時獲利能力也逐年增加[55]。事實證明，提供富裕消費者取得歷久不衰的用途，可以幫公司創造新的營收來源和獲利來源。而且以 Allen-Edmonds 的例子來說，儘管在有些知名同業紛紛倒閉、具高度挑戰的製鞋產業中，還是能獲得成功。

最重要的事

透過像房地產、證券和現代藝術品這類有形資產，以及像知識、健康和家庭這類無形資產，富裕大眾正逐漸體驗並享受累積更多財富的好處。能增加消費者財富的物品和服務，就能受到這些家庭的歡迎；不能增加消費者財富的物品和服務，隨著本身短期報酬日漸明顯，將開始面臨更大的質疑。

爲了獲得消費報酬，許多耐久品必須專注於創新，增加本身具有的價值和持有期間，在整體品質上做更進一步的改善。我們希望有一天能看到，消費者把某項家電用品、甚至某雙鞋，當成一項投資或套利機會。如果這樣說聽起來很誇張，想想保時捷（Porsche）跑車的例子。雖然保時捷新車顯然是一項奢侈品，不管保時捷跑車是新是舊，車主卻相當重視自己的持有權。令人訝異的是，保時捷汽車公司出品的車，至今仍有六十%的車子在路上跑㊻。對於有技術作廢及老舊生鏽傾向的產品來說，這可是一項令人羨慕的記錄。

同時，服務和耐久品必須爲日後報酬提供更重要的證據，以吸引富裕大眾。舉例來說，大學或許需要做些改變，不再以畢業生起薪做爲宣傳重點，而是以畢業生的事業生涯及十年後或二十年後的平均薪資，來吸引學生入學，因爲這樣做更能說明本身課程的終生價值。簡單地說，行銷人士除了擔任投資者和宣傳者，還必須成爲顧客的投資經理人。

III

接近顧客的新法則

7

放眼全球、在地零售

爲了快樂而購物

幾乎沒有消費者希望他們偏愛的零售業者，
增加較低品質、較便宜的商品。
因此，零售業者非做不可的事很清楚。
他們必須保留在大眾市場制勝的優勢——
像可取得性、選擇和服務等顧客會接觸到的特性，
以及像供應鏈效率這類運作特性——
同時也要滿足更多樣化且更高規格的需求。
這表示零售業者必須利用從決定及遞送更好的店內商品，
到在當地環境內營造更講究的零售賣場，
直接吸引更富裕的消費者。

舊法則：利用種類最多、貨色最齊全且折扣最低這些方式，做爲零售店的賣點，向大眾推銷。

新法則：在有利地點，以你知道大眾想要的便利、陳設和產品類別及其願意支付的價格，服務當地大眾。

一八五二年，法國商人亞里斯泰德•布西科（Aristide Boucicaut）在巴黎市中心開了一家店，希望在這個迅速富裕的城市中賺到一些錢。這家店剛開始時跟其他店一樣，只專注在單一購物類別，只不過專注的類別是布料。但是後來，布西科想到把其他商品擺到店裡，例如：女性服飾及飾品，而且讓每種物品有自己專屬的擺設區域，於是世上第一家百貨公司就出現了。

讓附近其他業主感到恐怖的是，這家名爲 The Bon Marché（意指「價格公道」或「特價品」）的新商店，竟然在巴黎引起騷動，促使全球各地的商人跟進，推出自家的百貨公司。於是，二十世紀都會購物區裡，百貨公司到處林立，這股風潮持續延燒到目前大多數郊區的購物中心。布西科的百貨公司重新創造商品廣告推銷，而且在此過程中，也宣告大眾零售時代的到來。

當時駭人聽聞的不是布西科所開商店的規模和產品種類幅員廣大，而是這家店堅持提供同樣的產品選擇，給各種背景的消費者，這簡直是前所未有的事。The Bon Marché 和其他百貨公司跟以往的商家不同，敞開大門，迎接所有社會階級的男士與女士（在當時是相當驚人的事）①。而且不論顧客的身家背景爲何，售貨員也必須禮遇每位顧客。在 The Bon Marché，即使稍微失禮的暗示，都可能讓售貨員被解雇②。

以清楚標示、不二價的價格展示產品，是這類百貨公司創下的另一項先例。這種做法免除顧客必須不好意思地詢問：「這個多少錢？」也採用先前從未聽過的比價購物（百貨公司鼓勵這項行爲，因爲他們能透過大量進貨，提供顧客更低的價格）③。而且單純逛街不購物也沒關係，這種情況向大眾推廣「爲了快樂而購物」的構想，也助長渴望式消費這股熊熊火焰④。在魁北克大學專門研究零售管理的羅伯特・塔密利亞（Robert Tamilia）教授指出：「百貨公司利用本身的民主化，讓人們知道，原來有那麼多消費物品的存在，以往只有貴族和有錢人才看得到這些東西。百貨公司把這些物品陳列出來，讓世人看到，也讓世人渴望得到。」⑤

最近這幾十年，布西科的消費華廈（以往稱呼這種規模龐大且裝潢奢華、內設百貨公司的建築物爲華廈）已把大眾消費市場的寶座，讓給簡樸的大賣場。像沃爾瑪商場和好市多這類折價商店，已經取代百貨公司，成爲主要零售模式，把零售民主化和價格競爭，帶入一個嶄新的境界⑥。現在，消費者在大眾市場商店中，比以前更能看到、想要也甚至買得起大多數物品。

不過這種最新式的可取得性，還伴隨著重要的商業交換條件。要維持低價格點又能讓業者獲利，就需要規模經濟和標準化物品的大量銷售。結果，許多零售業者現在不管顧客是誰、不管顧客需要什麼、也不管顧客願意付多少錢，乾脆提供相當一致的商品給所有顧客。

雖然這種標準化的新水準，不會妨礙到對價格敏感及較低所得的消費者，但是我們的研究發現，零售業者這樣做已經讓許多消費者失去興趣與信心，尤其是更富裕的消費者⑦。布西科有辦法利用去除購買義務，藉此鼓勵消費者多看看、多逛逛來刺激業績。但是這種做法不再是刺激買氣的利器。在年所得超過十萬美元的家庭中，約有七十％的消費者表示，當他們沒有特別想買什麼東西時，他們根本不喜歡購物。而且對於家庭所得較低的消費者來說，這項比例也高達六一％。

這項趨勢可能跟我們的一項發現有關：有半數以上的消費者希望，他們最常惠顧的店提供更多的產品。而且將近五五％的消費者把零售經驗當成是相當交易化的場合，並認同這項說法：「大多數零售商在我離開商店後，就不關心我是否滿意。」以所得較高的消費者來看，這麼想的比例更高達七十％，但是這群人應該是目前獲得最多售後服務的顧客，沒想到他們卻對零售業者感到如此失望。

爲富裕大眾開闢通路

不過，還是有好消息要告訴大家。如果零售業者提供更符合消費者需求、更高品質的商品，新大眾市場消費者是願意花錢買更多物品，也更常購買物品。七十％的消費者支持這項看法，而且所得愈高者愈認同此看法。所得超過十萬美元者中，有四分之一的人希望他們經常惠顧的商店裡，提供更昂貴（也更好）的產品；以各所得水準來看，幾乎沒有消費者希望他們偏愛的零售業者，增加較低品質、較便宜的商品。

因此，零售業者非做不可的事很清楚。他們必須保留在大眾市場制勝的優勢——像可取得性、選擇和服務等顧客會接觸到的特性，以及像供應鏈效率這類運作特性——同時也要滿足更多樣化且更高規格的需求。這表示零售業者必須利用從決定及遞送更好的店內商品，到在當地環境內營造更講究的零售賣場，直接吸引更富裕的消費者。

爲了解行銷人士如何更新做法，在新大眾市場內進行零售並從中獲利，我們先考慮新地點和形式，如何服務讓企業更有利可圖的顧客區隔，同時讓企業能繼續服務大眾市場。然後，我們探討在既有地點與形式內，改變產品類別，了解這種比較不激烈的做法，如何大幅提升企業純益。最後，我們會檢視新零售技術如何成爲零售業者的制勝關鍵，讓零售業者在最適當的地點、形式及產品類別上，從富裕大眾獲得最大利益。

雖然我們主要是以傳統零售店的形式，探討這些做法，但是這些技術也能應用到其他通路形式，例如：郵購、直銷和線上零售。雖然多通路銷售的構想（如：將這些通路整合的機會）並非本書討論的主題，但是我們在其他刊物上討論過此事⑧。不過，接下來討論的做法，都能應用到多通路行銷。

採用新地點與新形式

在零售業，要接觸到適當的顧客，仍舊是從房地產成功的三原則開始：地點、地點、地點。但是地點和形式本身就吸引富裕大眾的商店實在少之又少，這種狀況一直到最近才有所改善。大賣場和地區購物中心以往都坐落在富裕都市的「邊緣」，如：麻州佛拉明翰市和新澤西州橋水鎮，以確保低房租成本且方便顧客開車抵達。同時，高級特製品零售商則繼續選擇在曼哈頓第五大道和比佛利山莊羅迪歐大道這種高級地段（而且不太容易到達之處）開店。

不過，現在零售業者和房地產開發商合力以富裕大眾的日常需求做設計，率先開拓獨具新意的購物中心概念和商店形式。他們採用三方攻擊的策略：在「生活型態中心」開店、利用小賣場形式、推出不同品牌及更多精品連鎖店。

夠富裕地區的生活型態中心

雖然購物中心幾乎等同於平等主義購物，但是美國首批有規劃的購物中心，其實是設在大都市外開發中的富裕規劃社區，而且當時只有相當稀有奢華的「汽車」，能到達這些地方。美國第一家購物中心於一九三一年開張，地點位於達拉斯市郊高地公園（Highland Park）的高級地段，打算發揮城鎮廣場作用的四方形購物中心，內部設有一些商店。不過此後，開發業者相互較勁要打造規模更大、更包羅萬象的購物中心，容納來自都市和郊區的人潮（到一九九〇年代時，賽門產業公司〔Simon Properties〕以占地四百二十萬平方呎大的美國購物中心〔Mall of America〕，打敗所有對手。美國購物中心位於明尼蘇達州布魯明頓市，包含七英畝大的遊樂場，每年吸引超過四千萬名遊客）⑨。

雖然購物中心的概念發展成熟，兩位創業家明白富裕消費者偏愛截然不同的購物體驗，這類消費者喜歡的形式與地點都與購物中心不同。話說在一九八〇年代中期，曼菲斯市開發業者丹恩・波格（G. Dan Poag）了解到，自己跟友人都發現購物一點也不令人愉快。波格的事業夥伴、也是精明老練的租賃業主管泰瑞・麥克艾文（Terry McEwen）描述，當時爲數激增的超大型購物中心「太大了，卻只有一些吸引人的商店，有時候還讓人覺得不安全。人們不喜歡爲了完成購物，要忍受擁擠人潮，還要閃避成群結隊的青少年」⑩。從另一方面來看，專屬零售店對臨時購物者相當有用，但是商品種類不夠齊全，無法滿足日常購物需求。

因此，波格和麥克艾文合作，設計出生活型態中心這項概念，並在一九八七年開設他們的第一家店 The Shops of Saddle Creek，地點在田納西州曼菲斯市市郊的富裕地帶——德國鎮。就人口統計學的特性來看，德國鎮就跟目前生活型態中心最成功的社區一樣。如同麥克艾文所言：「德國鎮有許多家庭所得超過十萬美元，而且這類家庭正迅速增加中。從所得觀點來看，這些家庭不但是業者渴望爭取的顧客，他們也符合一項特性。這些家庭都是由忙碌的專業人士所組成，他們願意、也有能力花更多錢買高級品。」⑪

生活型態中心的零售做法有什麼特色呢？麥克艾文解釋，雖然不同的生活型態中心可能有些微差異，卻都有一些共同特徵，包括「戶外購物，結合全國精品連鎖店和專賣店，為滿足忙碌生活型態的需求而特別設計，例如：從停車場就能直接進入每家店。」⑫就美學觀點來看，生活型態中心跟郊區中心常見、水泥牆堡壘似的零售賣場完全不同。生活型態中心有主要街道的外觀，建築獨具特色，景觀也有延伸性。為了提供更易於管理的規模，生活型態中心的面積比地區購物中心一半面積還不到，大小通常在二十萬平方呎到五十萬平方呎間⑬。業者明智地選擇這種大小，剛好有助於在富裕社區設店，因為這類社區通常拒絕較大規模的開發案。

麥克艾文指出，打從一開始就是為了「富裕」消費者的需求，改造購物中心體驗而設計這種形式。但是當生活型態中心在德國鎮和其他地方開始抓住人心，波格和麥克艾文也對富裕消費者的購物行爲，有更深入的了解，並藉此改善生活型態中心的選址與設計。麥克艾文表示：「我們從研究發現，顧客在購物時最重視兩件事：首先是便利，其次是安全。」⑭

大家都預期到消費者渴望便利，但是安全呢？行銷人士根本很少把安全當成重要問題。不過根據麥克艾文的說法：「對富裕零售地點來說，安全是關鍵成功因素。小組座談會和顧客抽樣調查顯示，生活型態中心的購物者有七一％是女性，他們認爲停車地點跟商店的距離，在可見的直線範圍內，會覺得安全些。女性消費者認爲，購物中心有些很不安全，就算一群人走在一起也會擔心，而且空曠的停車場也讓人感到不安。」⑮後來陸續出現的生活型態中心，就幫消費者解決這些問題。

目前生活型態中心只占少數，但這類中心正迅速增加。事實上，國際購物中心協會（International Council of Shopping Centers, ICSC）認爲，生活型態中心的家數到二〇〇五年已成長爲二倍，達到六十家左右⑯。

雖然有些行銷人士或許會擔心，在生活型態中心內開設規模較小的據點，可能會影響營收或利潤，但是根據在這類購物中心開店的許多業者表示，這樣做能獲得相當驚人的財務報酬。麥克艾文指出：「雖然消費者在生活型態中心的購物時間，跟他們在地區購物中心的購物時間一樣——大約一個小時——而且每次購物平均只逛三家店，但是對業者來說，整體財務報酬卻差很多。跟地區購物中心相比，生活型態中心購物者每次購物的消費高出五十%，每月到店購物五次，而地區購物中心購物者每月只到店購物兩次。」⑰對零售業者來說，這也表示每平方呎的銷售額更高。根據國際購物中心協會表示，生活型態中心每平方呎的平均銷售額為三百九十七美元，而且可能提高到五百美元——幾乎是一般地區購物中心每平方呎平均銷售額的兩倍⑱。

對於某些精品零售業者來說，生活型態中心跟他們似乎是天生搭檔。勞夫羅倫、塔伯茲服飾和香蕉共和國就是打從生活型態中心出現，便成功利用這種形式的少數連鎖業者。以專售青少年用品為主的零售業者則採取更謹慎的態度，因為生活型態中心以成人顧客為主，但是麥克艾文對此提出說明：「較早進駐的青少年用品業者發現，他們在生活型態中心的業績跟在傳統購物中心的業績一樣好。即使青少年不會在生活型態中心裡面閒晃，但是他們通常跟著爸媽一起來購物。」⑲

但是像百貨公司這種大眾零售業者和特定專賣店，正傾向於坐觀情勢發展。他們這樣做可是錯失良機。生活型態中心雖然不是其他房地產形式的替代品，卻能補其不足，填補傳統零售涵蓋地區範圍內的空隙。因此，百貨公司可以也應該扮演要角。雖然百貨業者不可能獲得以往在其他地方的那種優勢特權（生活型態中心並不以哪家店為主要商店），但是他們可負擔不起錯失這麼好的地點，因為重要的顧客區隔在這裡購物。比方說，薩克斯第五大道百貨

（Saks Fifth Avenue）就表示，有興趣爲能填補本身涵蓋範圍空隙的生活型態中心，設計新分店⑳。可想而知的是，諾德史東百貨將會以縮小規模的新分店（或許大幅縮小其知名的鞋品部門）跟進，以新英格蘭地區這類服務不足的富裕社區爲目標。

行銷人士該怎麼做，才能確定企業是否充分利用生活型態中心的商機？首先，行銷人士必須跟所屬企業專精房地產和財務的主管，建立更穩健的關係。現在，這類專業人士就是推動許多生活型態中心據點的幕後功臣。行銷人士的目標應該是：確保這些主管共同努力，讓公司爲生活型態中心的據點，做出更適當的品牌定位。這樣做期望獲得的成效是，零售業者跟生活型態中心簽下租約時，行銷方面的作業已經決定好也準備妥當，可以在商品廣告推銷、行銷和定位上進行改變，讓業者在生活型態中心的據點可以一炮而紅。想在生活型態中心開店的零售業者必須有心理準備，在品牌和財務方面跟傳統事業運作不同，必須採取這類步驟，而且必須由行銷人士主導這項改變。

那麼堪稱目前購物中心消費廣場的凡爾賽宮——美國購物中心——情況又是怎麼樣？先前構思這個購物中心的開發業者，正在互打官司，爭取合夥關係的控制權。他們還打算在同一條街上，再建造一個占地四十二英畝、有五百七十萬平方呎零售空間的新賣場，那是什麼呢？當然是生活型態中心㉑。

小賣場的優勢

爲了在坐落於富裕消費者地帶的生活型態中心開店，許多企業紛紛重新設計形式，以符合規模更小的賣場。雖然大賣場在郊區和鄉下地區奏效，但是在富裕大眾居住及聚集的大都市，這種方式窒礙難行，更遑論要藉此從富裕大眾獲利。在大都市裡寸土寸金，外加嚴格的都市計畫法規，社區團體要求很多，這三項障礙就夠業者頭痛了。事實上，是頭痛到讓許多全國連鎖店乾脆避免在這種地方開店。

不過現在，一些市場領導者證明，營造特別爲都市環境設計的**小賣場商店**（small-box store），可克服這些挑戰，還能直接接觸到大批富裕的消費者。小賣場商店已經紛紛進駐都市住宅區。舉例來說，電子業巨頭 Best Buy 最近在曼哈頓高級地區雀兒喜（Chelsea）一帶，開了一家三萬五千平方呎的二層樓賣場（相較之下，Best Buy 一般大賣場的面積多達十萬平方呎到二十萬平方呎之間）㉒。該公司認爲，這類商店相當重要，可以彌補公司大賣場策略的不足。該公司某位消息人士甚至推測，雀兒喜區應該會是 Best Buy 分店中，年度銷售額率先突破一億美元的分店㉓。

現在，就連沃爾瑪百貨也在尋找適當地點，開設新都市版的分店。該公司預計在達拉斯市中心開設的分店，是包含地下停車場的二層樓商店，停車場大小約爲賣場面積的一半㉔。

這類都會地點可以確保富裕的都市居民，不再是偶爾才跟大眾零售業者惠顧，而是變成日常購物。但是沃爾瑪百貨在此的經驗，倒是值得大家參考。儘管這家店設計新穎，卻會對鄰近一帶造成影響，包括：交通流量大增、停車位不足，就引發某些居民的反彈。根據開發業者表示，群眾這股「不要蓋在我家後院」（Not In My Back Yard）的反彈聲浪相當激烈，讓達拉斯規劃委員會最後拒絕改變所需的都市用地。因此，沃爾瑪百貨被迫訴請決議，考慮在新店形式上做額外變更。顯然，業者爲了帶給富裕大眾更多便利而開設購物商店時，也要考慮到避免對他們造成不便。

將品牌與形式做結合

對某些零售業者來說，爲直接吸引更富裕的消費者，必須在廣告推銷模式上做的改變，實在太過繁重，於是發展個別品牌和另外推出精品連鎖店，就成爲更有吸引力的選擇。當目標顧客不只更富裕，而且以所想看到的產品類別、購物體驗和服務水準等觀點來看，也跟企業核心顧客不同時，這樣做確實最合理。

家庭補給站爲富裕家居修繕顧客，推出博覽設計中心（Expo Design Center）商店時，就證明了這項商機。該公司追求的市場商機相當明確：美國人每年花在居家修繕的費用高達四億八千萬美元㉕。不過以家庭補給站的例子來看，走精品路線迫使公司在顧客人口統計學和購物模式上，面臨一些基本差異。對於剛開始這麼做的家庭補給站而言，公司有三十%的營收是來自男性承包商，走精品路線後，必須把焦點移到女性顧客身上，現在博覽設計中心有八五%的顧客是女性㉖。其次，博覽設計中心的目標顧客，並不想親自進行居家修繕，而是想雇用別人幫忙做。最後，這些顧客想要不同的購物體驗，他們想在有設計感的環境中，看到四百美元陽台用暖爐、二百五十美元的廚房用攪拌器這類高級品，而不想看到倉庫架位上成堆的箱子。

結果，博覽設計中心的商店以全新的形式爲號召，由從照明到衛浴用品八個特製品展示區組成。雖然這類商店銷售個別商品，但也招攬訂製設計和安裝服務。想要將廚房重新整修的顧客，只要跟業務助理走到展示區，指定要用哪些產品，其他的事就交給設計師和承包商處理。到目前爲止，家庭補給站以年所得超過十萬美元家庭爲主的社區，開設五十二家博覽設計中心。雖然由於經濟不景氣，讓博覽設計中心的展店計畫規模縮小些，不過整個連鎖店目前還是獲利中。家庭補給站董事長暨執行主管羅伯特・納德利（Robert Nardelli），把二〇〇四年沒有開設新店，當成是「歇一口氣」，讓管理階層可以專心做好更富裕顧客群期望的商品廣告推銷組合和服務績效水準㉗。而且，「家庭補給站也打算將目標顧客群的年所得從七萬五千美元，降低到五萬美元，藉此擴大顧客群，」把博覽設計中心更直接定位在服務富裕大眾㉘。藉由開發出一種不同品牌形式，家庭補給站已經創造一項價值主張，吸引富裕消費者，即使從沒去過家庭補給站購物的富裕消費者，也會到博覽設計中心逛逛。

改善產品類別以增加交易規模

「不論有錢、沒錢，大家都想買到特價品。」㉙保德信證券（Prudential Securities）分析師約翰・麥克密林（John R. McMillin）在說明為何富裕家庭有向沃爾瑪百貨這類大眾零售業者，購買家庭基本用品的傾向，就做此評論。雖然以基本用品採購來說，這些零售業者吸引所有消費者的惠顧，但是他們主要是以低價做號召，無法為富裕消費者提供價值主張，所以富裕消費者只是在週末時，偶爾到店裡購買一些家庭清潔劑或早餐穀物。

其實，折價商店必須在店內從服飾、玩具到消費用品等所有部門，提供高所得消費者更多品質更好、更有價值的產品。在適當執行下，改善商品選擇就能吸引更富裕的消費者，說服他們以更高的價格點購買更多產品，讓他們對購物感到更滿意，激勵他們更常回店購物。「適當執行」當然是一個別有用意的術語。提供更多品質更好的產品，跟淪為立場不明確的零售商，兩者之間有微妙界限，後者因為試圖為每個人提供每樣東西，最後就失去主體性。某些知名零售業者的經驗足以為例，讓其他業者了解，如何實現這項策略的潛力，同時也避開這些陷阱。

改善產品組合

標靶百貨（Target Stores）或許是最擅長吸引富裕大眾消費者的大眾零售業者，率先專注於該公司所謂的「精品折價」（upscale discount）。標靶百貨的活動提供藍圖，讓其他業者可以依循，藉此增加本身對高所得消費者的吸引力。標靶百貨委託廚具名品客福隆（Calphalon）和瓦維利家飾（Waverly）這類尊貴品牌，爲標靶百貨推出平價廚房用品和家庭用品；標靶百貨也聘請設計界知名人士——尤其是建築大師麥克・葛雷夫（Michael Graves）和法國設計大師菲利浦・史塔克（Phillipe Starck）——爲居家陳設類別設計具有歐洲風味的專屬商品。之後，標靶百貨更進一步在較高級地段的分店，調整產品組合，展示這些專屬精品。雖然在大多數商店，最昂貴的兒童座椅售價高達九十九美元，但是標靶百貨在芝加哥北區（North Side）高級地段的分店內，展示的艾迪・鮑爾（Eddie Bauer）皮椅售價，就高達一百七十九美元㉚。

該公司的多樣化產品選擇，結合精品推銷，讓標靶百貨成爲富裕都市居民和成功專業人士日常購物之處，這個現象實在令人稱奇。而且所得愈高的消費者，愈可能去標靶百貨購物，而不去沃爾瑪百貨和凱瑪特百貨（Kmart）。根據美國有線新聞網（CNN）和《今日美國》（USA Today）及蓋洛普公司（Gallup），在二〇〇二年共同進行的一項民調顯示，所得在一萬六千美元以下的消費者，只有十六%選擇在標靶百貨購物，但是所得超過七萬五千美元的消費者，卻有四七％選擇在標靶百貨購物㉛。顧客忠誠度這麼高，當然讓標靶百貨獲利不少，「在過去五年、十年和十五年內，標靶百貨的年成長一直在十六％和十九％之間」，即使在一九九八年和二〇〇二年，對一般零售業者是經濟不景氣的困頓期，但是標靶百貨的獲利和每股盈餘也有類似的成長㉜。標靶百貨的成功說明了，直接跟知名廠商和設計師合作，提升店內產品類別的零售業者，可藉此獲得的潛在利益。

這些提案會讓標靶百貨的品牌變得不明確，或危及到本身較低所得顧客的忠誠度嗎？一點也不會。標靶百貨獲選爲《財星雜誌》二〇〇二年全美最受尊崇的零售業者，把規模較大的沃爾瑪百貨排擠在外。標靶百貨不僅在創新方面排名第一，也在產品與服務品質上獲得第一，這並不讓人大感意外，而且標靶百貨還大幅領先薩克斯第五大道百貨、聯邦百貨（Federated Department Stores）和五月百貨公司（May Department Stores Company）等高級品零售業者㉝。

同樣地，倉庫式折價業者好市多也成功地將較高檔產品系列，跟讓好市多連鎖店聞名的成堆紙巾和大包裝早餐穀物做整合。以底特律富裕郊區布隆費德的好市多分店爲例，附近三個城鎮的居民主要是名門貴族，每人平均所得爲九萬一千六百六十一美元（西布隆費德）、十萬三千八百九十七美元（布隆費德）和十七萬零七百九十美元（布隆費德希爾）㉞。好市多在當地的分店提供其他分店看不到的專屬特製品，例如：售價三千美元的電漿電視、昂貴的枝型吊燈和小型平台鋼琴。不過，好市多也提供本身核心產品線的升級品，例如：銷售海尼根（Heineken）和Tecate等高檔啤酒㉟。好市多執行長喬治·西納格（George Sinegal）向《芝加哥論壇報》（*Chicago Tribune*）表示，好市多搶攻高級品市場一直相當成功，而且會繼續這樣做：「因爲我們在高級品方面的銷售極佳，所以會繼續拉高產品層級，繼續測試我們的極限。」㊱到目前爲止，好市多已經拉高消費層次，成爲香檳王（Dom Perignon）的主要配銷商之一㊲。

沃爾瑪百貨察覺到同業在高級品銷售的佳績，當面臨本身在傳統市場過度飽和而導致成長趨緩的情況時，也開始試賣高級品。沃爾瑪百貨在德州普蘭諾和喬治亞州阿法瑞塔等富裕郊區的新據點，已經在食物類別增加鮮蔬香料和美味點心，在電子消費類別增加數位相機，在珠寶類別增加更昂貴的十四K金（而不是十K金）首飾㊳。不過對於這項舉動的重要性，沃爾瑪百貨對外還是保持低調。如同該公司總裁湯瑪斯·柯夫林（Thomas M. Coughlin）最近向《華盛頓郵報》（*Washington Post*）所言：「我們很重視幫助我們起家的主顧客。」㊴

柯夫林渴望漸進發展，這樣做相當謹慎。大眾零售業者尋求夥伴，開發吸引較高所得顧客群的產品類別時，必須更小心地運作，確保企業與雙方的品牌策略能充分配合。

施樂百在一九九〇年代後期，跟義大利知名服飾班尼頓（Benetton）合作的例子，就值得業者警惕。施樂百成功打響「施樂百的柔性面」宣傳活動後，宣布即將透過稱爲美國班尼頓

（Benetton USA）這個精品系列的青少年、兒童及男性服飾，擴展本身的服飾系列[40]。施樂百似乎只面臨一項令人稱羨的問題：解決缺貨問題。美國班尼頓第一年的銷售量預期將達到一億美元[41]。

不過，由於一次不利的品牌爭議，讓這項原本有利可圖的合作關係受到損害。在新服飾系列於施樂百上架後的幾個月，原本就以具爭議性廣告聞名的班尼頓，推出描述死囚更具爭議的廣告。結果引發反彈，造成媒體對施樂百和班尼頓的負面報導，還引起活動分子團體的抗議。施樂百在盛怒下，將班尼頓商品下架並終止合作關係。結果，如同施樂百前任執行長亞瑟·馬汀尼茲（Arthur Martinez）後來在自傳中所言，施樂百等於是花了「二千萬美元」蹚渾水[42]。施樂百下一次進軍精品服飾時，則完全掌控整個提案，乾脆把郵購零售業者Lands' End收購下來。雖然到目前爲止，施樂百才剛開始接掌Lands' End這個品牌，但是分析師預期，Lands' End將提高施樂百的來店客數，讓業績有所成長。

利用店中精品店的做法

我們已經說明，展示更高級的產品是引誘更有錢消費者，到傳統大眾市場零售環境購物的一項有效策略。但是富裕大眾消費者在走過各個商家店門口時，他們想發現怎樣的環境？現在，幾乎所有折價零售業者都採用同樣的倉儲形式和洞穴般的走道。這種購物經驗太沒有變化，某位研究人員發現，有七四%的消費者認爲，所有折價零售商店看起來都很像㊸。

對此不滿的富裕消費者來說，這種單調無變化意味的是，折價零售經驗其糟無比。有時候，店內陳列的高級品根本和低廉的形式不搭。目前折價零售形式，大都不適合陳列或保護某些較高單價的商品。消費者在許多大箱子和成堆物品中，可能很難發現高級物品，或者高級物品就放在淸倉物品旁邊，整個布置減損高級品被認定的價値，有時甚至讓高級品看起來像是在店裡擺了很久。舉例來說，有一位顧客在家居修繕店成堆售價一美元的烤肉串旁邊，發現一套五十美元的烤肉用具組。這時候，顧客需要對零售業者有高度信任，才會放心在這種環境下，花五十美元購買這套烤肉用具組。而且，顧客很可能因此延後採購，等到下次在Williams-Sonoma 廚具用品專賣店再買，這樣比較安心。

零售業者爲了促銷較高價格點的商品，應該試著把店中店（stores-in-stores）當成一種有效工具。怎麼做呢？業者可以把高級品擺在同一區，讓富裕消費者覺得光臨精品店，就可能購買商品。這樣做，零售業者可以達到向富裕大眾推銷的三項必備目標：㈠跟高級專賣店競爭，㈡讓低風險入門品加入頂級產品類別，㈢在爲了富裕消費者忙碌生活型態設計的便利形式中，聚集各式各樣的商品。

給好東西一點空間：在低價大眾商品零售業者和高級特製品賣場的競爭戰中，受困其間的連鎖超市業者已經明白，店中店可以幫助零售業者成功地掌握所得較高的家庭，並且以屬性而非價格為店家樹立特色。舉例來說，有些大眾市場連鎖雜貨店就充分利用店中店的形式，跨足美國食品產業成長最迅速的區隔：有機食品。

有機食品以往被視為大學城農夫市場的領域，現在已經進入主流市場，產值高達一百一十億美元，預期年成長率為二十%，使得自一九九〇年代超市整體銷售額僅五%的年成長率相形見絀。然而，有機食品類別確實具有高級市場魅力，有四六%的顧客為所得前百分之二十五的美國家庭㊹。難怪有機產業巨頭Whole Foods在加州帕拉奧圖、維吉尼亞州雷斯頓和麻州牛頓等富裕大眾聚集處都設有據點，目前分店將近一百五十家，營收高達二十六億美元。

為了避免這些相關新秀主導有機市場，並創造環境吸引更富裕顧客，某些大眾超市已推出店中店概念，在店內陳列有機食品。從新英格蘭州的Shaw's到紐約的Wegmans和亞歷桑那州的Bashas'，這類大型連鎖超市裡獨立設置的品牌區，可以看到愈來愈多有機食品，例如：豆漿、有機冷凍食品和全天然熱狗。有些雜貨商甚至以生活型態服務，搭配這類商品。在北卡羅萊納州，羅氏食品（Lowes Foods）為了推銷羅氏天然食品方案（Lowes Naturally），讓顧客寄電子郵件給該連鎖店的天然食品專家，詢問飲食問題㊺。

事實證明，隨著有機食品逐漸受到歡迎，這種做法已經協助大眾市場雜貨商主導有機食品類別。雖然在二〇〇一年時，半數以上的有機食品是由主流超市售出，但是有些觀察家認為到二〇〇四年，這項比例將高達七十%㊻。這些有機食品店中店的成功，說明業者可以調整傳統大眾市場環境，說服富裕大眾在店內購買高級商品。面臨類似威脅的行銷人士，可以採用這類做法保衛疆土。

荷蘭零售業巨頭皇家阿霍德公司（Royal Ahold），已經利用這項策略，努力在保健美容用品類別占有一席之地。該公司和寶鹼合作，在店內開發一家保健美容用品店，結果相當成功，於是在其他八十多家分店也紛紛設立這種店中店㊼。寶鹼當然也因此獲益。該公司充分利用這項關係，在精選店中店裡將產品做更好的展示，同時也對消費者的購物行爲和偏好，有更進一步的了解㊽。

與精品合作試賣：在某些實例中，零售業者跟製造商合作推行店中店概念，讓業者能以低風險、高潛在報酬，進入更昂貴的產品類別。比方說，施樂百是率先跟電腦廠商戴爾電腦合作的零售業者。施樂百積極開發店中店，讓消費者試用並設定個人電腦和周邊產品。然後，消費者可以馬上透過線上連結或等到回家後再訂購機器。施樂百在二〇〇三年一月宣布這項合作案，預計在十家分店設立這種店中店㊾。

以施樂百的例子來看，店中店概念讓合作雙方獲得某些重要營運利益，同時還能將風險降至最低。首先，線上訂購選項表示雙方都不必擔心維持充足存貨的問題——戴爾電腦在一九九〇年代初期，剛開始透過沃爾瑪百貨和辦公用品連鎖店 Staples 試賣電腦時，就遇到這個問題㊿。在這種情況下，消費者可以在店內檢查產品，然後回到家中打電話給戴爾電腦議價

[51]。結果零售商持有過多存貨，而且這些電腦機型很快就被淘汰。藉由店內零存貨只展示的方式，雙方都能避免損失，也能減少運送損失。

對於施樂百這類零售業者來說，跟戴爾電腦簽定這種協議，也提供一個低風險方式，試賣更新、更頂級的產品系列。如果商品賣得不好，只要移除展示品和展示區就好。如果銷售超過預期，施樂百就打算引進更多產品類別——或許持有一些存貨或容納其他廠商的產品。

不過，零售業者必須小心，不要過度延伸店中店的新產品線。如果合作雙方過度延伸，忽略主顧客的需求，可能很難說服消費者跟進購買。潘尼百貨（JC Penney）和雅芳（Avon）的合作關係即爲此例。潘尼百貨跟雅芳合作，在潘尼百貨九十多家分店推出店中店，展示雅芳公司的新系列產品 beComing。

beComing 系列商品比雅芳其他商品售價高六十%——保溼霜一瓶四十美元——卻要賣給更習慣購買潘尼百貨 Iman 和 Color Me Beautiful 等超值系列產品的顧客群。難怪，beComing 系列商品推出第一年，業績只達到三千萬美元，跟最初預期的一億美元相距甚遠[52]。雖然潘尼百貨和雅芳認爲，依據目前情況來看，日後可能達到修正後估計值。但是這個雙方的合作關係說明了，爲了增加顧客消費，太快提高產品層級的危險。

營造店內購物的便利性：零售業者不必讓自己侷限在展示單一品牌產品或服務的店中店概念。舉例來說，行銷人士可以想辦法將幾種互補品牌放在同一區，將合作廠商的產品組合類別，放在廠商專屬區，提供消費者這種便利性。美國東北部最大連鎖超市之一 Stop & Shop，正採用這項店中店做法，召募一些合作夥伴，增加超市對更富裕消費者的吸引力，因爲這類消費者通常沒什麼時間，所以很注重便利性。

Stop & Shop 目前依據新一代商店概念的口號，推行本身的策略。第一家這麼做的分店位於麻州華爾波爾，由玩具反斗城（Toys "R" Us）、辦公室補給站（Office Depot）和波士頓市場（Boston Market）共同營運店中店㊿。Stop & Shop 選擇玩具反斗城爲合作夥伴，就是希望吸引所得較高的顧客——近幾年來，玩具反斗城已經重新設計產品類別和店內環境，跟知名玩具連鎖店 FAO Schwartz 爭奪顧客群⑸。但是這些店中店把吸引較高所得顧客群的商品都集中在一起，就能讓願意額外花錢取得便利性的顧客，在同一區購買幾項高品質有品牌的產品與服務。傳統大賣場零售業者也能利用這種做法，在賣場中設計小賣場，並將小賣場定位在更接近目標顧客群。

透過技術把零售做到更好

富裕大眾可能是很難取悅的難纏顧客，他們期望零售業者不僅要銷售他們想要的物品，也要提供即時服務、不能出現缺貨、要有地利之便、還要價格公道。在零售業來說，要滿足顧客這些需求可是相當花錢的一項主張，這就是爲什麼有愈來愈多零售業者，仰賴技術協助降低成本，在有關商店選址、布置和產品組合上，做出更好的決定。

幾十年來，零售業者已經運用技術挑選店址。不過，有些零售業者可能不知道，這項技術已經變得多麼有效，而且價格合理多了。現在個人電腦上執行的應用軟體，就能提供從顧客到店時間模型到競爭商店分析，外加像 PRIZM 系統和 Microvision 系統，以人口統計學預先界定消費群。現在，全國版的價格不到三萬美元，個別地區版和單州版的價格更低。換句話說，業者只要利用這類應用軟體，就能搜尋到最適當的人口密度與消費力。

幸好，這只是一個開始。雖然行銷人士長久使用技術選擇店址，在做商店形式和店內布置一致性等相關決定時，卻常避免運用技術。其實，設計要素、布置和產品類別的一致性，雖然強調效率，卻可能相當沒有效率。藉由遞送同樣的產品類別、定價和宣傳促銷到所有分店，零售業者仰賴最基本的需求變動。零售業者都知道，阿拉斯加州貝羅鎮的零售店不必展示比基尼，業者也知道不要把點心食品擺在有臭味的草地肥料旁邊。但是業者要達到眞正最適當的店內布置和產品類別，必須做出更精明的決定才行。

不過，許多零售業者根本還未使用目前可用的技術，或者還未充分運用這些技術的潛能，主要原因出在業者擔心成本和改變所造成的衝擊。結果，業者因爲存貨管理蒙受損失，店裡常擺了太多不適當的產品，適當的產品卻常缺貨。舉例來說，某家全美連鎖零售業者無法將新購進的服飾商品，遞送到不同分店。這項疏忽最後可能造成業者在重要假期銷售旺季，業績因此受損。雖然新產品系列的銷售額通常都很不錯，但是某些店缺貨，加上其他店存貨過多，結果就讓整體銷售狀況不佳（不久後，該公司就開始致力於爲不同族群、地區和所得團體，調整適合的服飾類別）。雖然到店購買顧客發現有八％的物品缺貨中，但是一般來說，所有零售項目中有三分之一的項目，最後必須以降價出售㊺。如果這些缺貨商品剛好是最能吸引富裕大眾的高級品，那麼零售業者可能很快就蒙受損失。高級電子用品零售商 Tweeter 就曾因爲店內最暢銷產品——單價二千五百美元的電視機——缺貨將近四十五天，不得不調整盈餘，向分析師做說明㊻。即使在這個例子中，Tweeter 損失幾百件交易，但是損失的營收可能超過一百萬美元——況且這還不包括公司損失的利潤和對商譽的影響。

現在，知名零售業者在營運上更進一步利用技術，解決這項挑戰和類似挑戰。這麼做也協助業者，依據個別分店以事實爲基礎，在產品選擇、配置和存貨水準方面做出重要決定。我們期望其他零售業者不久後也能跟進。這種稱爲「科學化零售」（Scientific retailing）的做法，能讓業者獲利可觀。

我們再深入探討技術本身。科學化零售是由 Retek 和 ProfitLogic 這類企業開發的軟體所促成。這類軟體應用最新分析工具和其他流程，將產品類別、定價、促銷和店內布置最適化。爲了解這類軟體的實際運作，我們以華格林連鎖藥局的經驗爲例。華格林連鎖藥局一度曾規定，不論分店的地點或所服務的顧客群爲何，從都市內部地帶到高級郊區的分店，都必須固守標準布置和產品類別㊿。

結果後來，華格林連鎖藥局跟當時許多零售業者，必須努力設法獨樹一格，迎合當地顧客的需求，包括那些富裕地區顧客的需求。該公司明白，如果想大幅改善顧客忠誠和存貨管理，就必須開始依據個別分店推銷商品。爲了將適當產品提供給適當的顧客，華格林連鎖藥局開發新工具和新基礎設施，評量個別分店的市場需求。

這個名爲基本部門管理（Basic Department Management, BDM）的系統，讓華格林連鎖藥局能依據當地因素，例如：人口統計學、地理學、季節變動、分店規模和架位面積，分析物品需求。華格林連鎖藥局企業總部運用這套系統，爲每家分店做出詳細的商品計畫。舉例來說，這些計畫讓該公司把高利潤的一般商品和季節商品做到最適化搭配，也協助指引加入全新商品，例如：在都市地區超市不多之處的分店，增加便利食品供顧客選擇㊳。

基本部門管理系統已經讓華格林連鎖藥局，在業績、獲利能力和各分店產品差異化等方面有所改善。以二〇〇一年爲例，該公司在前六十項類別中，就有五十五項類別的市場占有率出現成長㊴。重要的是，華格林連鎖藥局有效率的存貨管理能力，讓總公司能獲得足夠現金，積極進行展店計畫，其中包括在加州橘郡等高級地段市場開設分店㊵。華格林連鎖藥局已經證明，利用可靠的技術和流程基礎結構，大眾零售業者可以成功地管理規模經濟，同時遞送更多樣化的物品，給更多日漸富裕的顧客群。

幸好企業使用科學化零售達到這種成效，並不需要換掉既有系統，改用昂貴的企業系統或最新式的技術。零售業者不必導入新的獨立式系統，只要找到適用的顧客見解及商品推銷軟體工具，直接安裝在ＳＡＰ和ＪＤＡ這類既有應用系統上，就能獲得重要資料。然後，業者就能直接將這些工具，應用複雜的運算法則，建立個別分店的需求模式和存貨水準。零售業者可以依據產品組合、顧客人口統計學、資源和內部流程，爲單一特定流程或整個商品推銷週期，導入科學化零售工具。

其他知名零售業者的經驗也說明，科學化零售工具改善存貨管理的能力。科學化零售軟體的初期使用者——像健寶園（Gymboree）和潘尼百貨這類企業——已經發現，毛利增加五％到十％不等[61]。現在，英國雜貨商聖伯利百貨（Sainsbury）運用實際顧客需求模式，將本身產品預測最適化，也替超過四百五十家分店多達六萬種物品進行補貨[62]。這些先鋒也指出，實施科學化零售方案後，可讓顧客滿意度增加。當零售業者依據對顧客需求的事實評估，選擇店址並配送商品，顧客就更可能找到所要的產品，也更可能在期望處找到商品，更棒的是還有存貨可買[63]。

科學化零售不僅協助零售業者透過提供更符合顧客需求的商品，讓業績逐漸成長，也引導企業進行一場改變。舉例來說，Best Buy就利用科學化零售業務，做爲企業徹底轉型的一部分。在一九九〇年代中期經歷迅速成長後（三年內營收就成長三倍到八十億美元），Best Buy

的營運業務開始過度擴張，危害到股東價值。投資人在一年內看到該公司的股價暴跌，從每股十美元跌到二美元，每股盈餘則跌到只剩一分錢。

產品類別和定價是 Best Buy 面臨的最關鍵挑戰。當時，Best Buy 分店持有過多商品，業務員根本無法做好服務。況且，該公司承諾提供市場最優惠價格，也讓獲利受損，迫使公司依循、而非主導競價策略。

爲了逆轉情勢，Best Buy 發動一項科學化零售方案。進行一項對顧客採購的事實分析及對消費者做直接訪問調查後，Best Buy 發現一些驚人結論。首先，該公司得知讓公司獲利最多的顧客，並不需要那麼多的產品選擇。這些消費者反而想要更少樣的選擇項目，但希望有更好的售後服務，更專注於解決方案，尤其是像家庭劇院這類複雜採購。

其次，針對價格敏感度的研究顯示，顧客不希望 Best Buy 爲了維持價值零售商的名聲，對每項商品都維持在最低價格點。因此，Best Buy 專注在某些關鍵項目上提供折扣，並能提高其他商品的售價。這項新定價的精準度，讓該公司在營運績效上有驚人的改善，包括在關鍵類別營收增加三六％，獲利增加五千萬美元。此外，影響最大的產品才提供價格優惠，這樣做也讓 Best Buy 改善顧客對 Best Buy 價格競爭力的認知，在這方面增加十八％。

定價管理有多麼重要？尤其是以目前富裕大眾的觀點來看，有多麼重要呢？某家顧問公司發現，企業將售價提高一％所增加的獲利，是將經常性開銷和固定成本減少一％所增加獲利的四倍(64)。

向富裕大眾推銷大眾零售

據說，布西科在零售史上的地位，隨著創辦世上第一家百貨公司而開始，也將隨之結束。但是布西科一生中，帶來許多零售創新，這一切都是爲了在創辦 The Bon Marché 百貨後的幾十年內，讓愈來愈富裕的巴黎人獲得更好的服務。這些創新包括：以馬匹和馬車送貨到府，目錄購買金額超過二十四法郎就免費送貨到府、以及清楚標示特價品（或稱「促銷」品）。在原先的設計加上這些改善，讓 The Bon Marché 在改革這幾年內繼續蓬勃發展。布西科於一八七七年辭世時，The Bon Marché 誇言擁有將近一千八百名員工，營收爲七千二百萬法郎，在當時是相當龐大的金額(65)。

當今的零售業者跟布西科一樣，面臨類似的挑戰，都要設法決定如何從富裕大眾中獲得最大利益。零售業者必須運用獎勵不同顧客、尤其是不同所得顧客的商品策略、產品類別和零售形式，提供吸引特定偏好、生活型態需求和購買行爲的高度目標商品。如果零售業者無法這樣做，就可能像一九〇〇年代初期的專賣店一樣，在市場上逐漸式微。

現今的零售業者該何去何從？我們預測從現在起，零售業者爲吸引更廣大所得水準消費者所做的努力，會讓整個產業風貌出現更多樣的變化，情況將不可同日而語。成功的零售業者將追隨富裕消費者進入他們的社區，並了解他們的日常作業，即使這樣做需要重新定位商店形式、重新思考產品類別、處理新品牌和競爭問題，都在所不惜。類別殺手會維持郊區賣場的營運，也會在市中心一帶設立生活型態中心，甚至可能與慎選過的百貨和雜貨業者合作開設店中店。

不過，產品類別與呈現方式的新多樣性，未必會造成品牌矛盾。以取悅更富裕消費者爲新焦點，這樣做將迫使零售業者比以往更謹慎地管理品牌價值，促使他們依據在服務、商品和顧客見解上的創新來界定自己，而不是只以價格及堆在架上的產品做號召。發揮布西科的精神，有效地服務新大眾市場，也能讓零售業者的每位顧客都受益。

8

變成跟大家都息息相關

從「卓越」轉變爲講究當下利益

爲新大眾市場開發出具吸引力商品的企業，

只征服了第一項挑戰。後續挑戰是：

找到富裕大眾、獲得他們的注意並說服他們購買。

某些先鋒企業的成功宣傳證明，

不必透過傳統大眾市場或直銷手法，

就能成功解決這些後續挑戰。

新大眾市場比以往要求更多，

消費者期望獲得精確且有意義的訊息，

讓他們知道商品如何改善其日常生活。

舊法則：花錢做促銷，直到說服大眾購買你的產品與服務。

新法則：跟大眾息息相關，向他們透露選擇你的產品與服務是明智之舉，並藉此限制花錢促銷的必要。

「泥煤味！」一位男士大叫。其他人大叫說：「煙燻味！」和「焦糖味！」房間後面有位女士高聲說：「肉桂味！」大家都笑了。他們正在品嘗純麥蘇格蘭威士忌。如果要充分品味約翰走路黑牌這種調和過的一流蘇格蘭威士忌，了解四大主要產區各自散發的不同氣味便相當重要。所以坐在桌子前方講起話來蘇格蘭腔調很重的男士，透過麥克風發問這個問題後，大家就開始大聲回答。

這位對著麥克風講話的男士，是品酒會的主持人，但他並不是威士忌公司的業務代表，而是該品牌的親善大使之一。品酒會當晚約有六十名「學生」，大家坐在桌子旁邊，桌上擺有盛好酒的品酒杯和幾壺水。學生大都是中年男士，但是也有幾位較年輕的女性和老先生，讓這群學生不會太具一致性。這些人都是專業人士，至少看起來是，而且他們都是受朋友邀請，或回應某項以目標顧客群爲主的郵件，前來參加品酒會。他們受邀享用點心和雞尾酒，或參觀一棟知名建築物（這次特別活動就在花花公子大廈舉辦），同時還能學習跟蘇格蘭飲酒有關的事。

約翰走路在全球贊助這些聚會，從加州到澳洲都能看到這類品酒會。二〇〇一年時，該公司甚至在奈及利亞首都拉哥斯舉辦一次盛大活動。這項名為品酒之旅（The Journey of Taste）的活動，結合社交與品酒，以消除大家對調和威士忌的迷思，讓新的熱愛者加入聚會。這次宣傳活動，讓約翰走路黑牌威士忌成為全球銷售最佳的調和威士忌。這種做法也是該公司向富裕消費大眾推銷的新方式之一。而且結果值得注意：該公司在二〇〇一年開始舉辦品酒之旅系列活動，同期內約翰走路黑牌威士忌的銷售量增加六・一％，但是其他前十名蘇格蘭威士忌品牌的整體銷售量卻下滑二・七％，而且單一純麥威士忌的銷售量只有個位數成長①。

事件行銷（event marketing）當然不是什麼新鮮事，至少在企業界是這樣。業務團隊總會舉辦豪華宴會，宴請重要買家，這些宴會通常跟運動事件和文化事件有關。但是現在這些新型態事件截然不同，這些活動不再是為做成特定交易而設計的單次事件；而是為吸引同類消費者而規劃出一系列「銷售派對」。雖然與會者在活動後若能絡繹不絕地購買產品，行銷人士必定會欣喜若狂，但這並不是活動的唯一目標。業者也打算藉由這些活動，關注陸續出現的顧客和潛在顧客，為日後的銷售種下所需的信念和體驗。換句話說，行銷人士利用散播構想，突破購買障礙，去除大家對特定產品的不利迷思，設法影響最終消費者在意的影響人士。以約翰走路為例，該公司希望與會者幫忙傳話，讓大家知道調和威士忌不比單一純麥威士忌差，反而是單一純麥威士忌的改良品，而且加水品嘗威士忌是可以接受的，因爲蘇格蘭人本來就用這種方式喝威士忌②。

掌握一項變動目標

當行銷人士考慮到，約翰走路在富裕大眾及影響人士的心中所占有的地位，就知道該公司做得多麼成功。跟我們談過的許多主管都惋惜地說，他們沒辦法取得正確的人口統計和心理統計資料，協助他們正確指出富裕大眾消費者的聚集地。舉例來說，雖然政府提供相當多資訊，這些資訊卻常不夠完備，甚至會造成誤導——遺漏掉非勞務所得（passive income）的資料，只以郵遞區號和城鎮報導平均所得，根本無法了解較富裕消費者的財力狀況。

而且就算他們發現這些目標顧客，也必須成功地懇求顧客購買才行。在廣告過度氾濫之際，行銷人士還必須成功地吸引目標顧客的注意。更糟的是，學術調查顯示，教育程度較高的消費者（無疑地也是較富裕的大眾）比其他團體更不能忍受廣告，對雜亂的行銷活動更敏感③。而且這類消費者愈來愈質疑廣告，通常讓他們主動抗拒被說服，也故意避開廣告④。我們自己做的調查顯示，與較低所得的同儕相比，富裕者更不可能把電視和收音機當成購物資訊的來源。因此，對這些顧客來說，這種傳統大眾市場媒體的效益大減。況且這群人既忙碌又不喜歡被打擾。美國聯邦政府最近通過的全美謝絕電話推銷登記（National Do Not Call

Registry）就能爲此作證。公然或無區別的宣傳促銷，不但無法說服這些消費者，也會不經意地引起他們的反感。

推銷新大眾市場

這所有改變都能導致企業，放棄以大眾行銷方式做宣傳，因爲行銷人士認爲依據目前的標準，這類做法沒有效，或者對他們想訴求的富裕消費者來說，這樣做無法造成具成本效益的影響。所以行銷人士反而專注在個別直銷新做法，仰賴昂貴技術跟顧客進行一對一溝通。

但是我們的研究發現一些新事實，即使最傳統形式的大眾行銷宣傳、廣告和公共關係，在情況允許下，也發展爲有效爭奪時下富裕大眾「心理占有率」（mindshare）的形式。這些接觸預期市場的新方法，跟直銷的做法截然不同，雖然這類做法時常是以目標顧客爲主，卻是爲影響大批同質性高的潛在顧客而設計。由於這些方法跟許多消費者高度相關，或是由採用這類做法的企業巧妙運用，讓消費者覺得息息相關，因而能獲致成功。強調關聯性就是獲得新大眾宣傳，而且是低成本、甚至零成本宣傳的關鍵，讓企業可以省下個別確認及設定目標顧客的費用。

我們並不是要討論，技術如何協助市場研究，也不是要討論網路是一件多麼美好的事。雖然有些書已經探討過，目前業者可運用許多以技術爲主的行銷手法，但是那些確實能在大眾市場奏效，**也持續調整與目前較富裕大眾相搭配的做法**，才是我們的討論主題。而且，我們的討論特別專注在，已成功克服下列這幾項挑戰的行銷技術：㈠找出有效方式接近富裕市場，㈡與其他行銷人士爭奪這些消費者的有效可用時間，㈢解決富裕市場本身對公然行銷做法的不信任。

我們的研究指出，行銷人士已經從三方面，將傳統大眾行銷做法做一些調整並發揮成效：

- **在密閉空間刊登廣告**：有時候再怎麼忙碌的富裕消費者，還是能被行銷人士給找到，那就是在這類消費者生活步調不得不放慢之際，包括：通勤、上洗手間或購物及日常享受高級娛樂、社交或其他休閒活動。這種做法的必備條件是，進入未充分利用時間的週期時刻，產生被動和主動地吸收資訊。
- **以非金錢誘因誘惑他們**。同前所述，富裕消費者通常讚賞知識和教育。目前成功行銷人士正在改善宣傳方式，利用消費者對這方面的興趣，協助消費者成為其產品類別的鑑賞家，比方說：不但要教導消費者成為加州知名酒廠康爵酒莊（Kendall-Jackson）的愛用者，也要教他們如何成為品酒師。現在一流宣傳人士也利用高檔地點進行業務活動，誘惑富裕大眾，從鄉村俱樂部到富裕人士的豪宅，還要充分利用為非大量堆置物品而設計的室內促銷型態。

- **將公關焦點從「卓越」因素轉移到講究當下利益。**較富裕消費者注意廣告的時間有限，再加上這些人對廣告有更多的質疑，讓精明的行銷人士只好專注於公共關係，傳遞讓消費者能馬上察覺到的利益。其中一項做法是，宣傳解決消費者長久渴望的特定創新領域，捷藍航空（JetBlue Airways）就利用這種做法，宣傳機上衛星電視。沒辦法向媒體強調當下新奇利益的企業，正設計富裕大眾認爲有意義的獨特品牌協會，在市場上獲致成功。當品牌跟名人扯上關係或正式請名人代言，媒體就會好奇並想了解內幕。公共關係專家可以利用這類合作利益，增加產品／服務的媒體吸引力和曝光率，也獲得富裕消費者的注意。

充分掌握密閉式空間的廣告商機

在一九〇〇年代初期，大眾行銷人士通常能獲得觀眾全然地專注——起初大家只能收聽廣播節目，後來則多了電視節目可看。現在的新大眾市場中，要引起消費者注意可不容易。廣告策略必須精準地以富裕大眾聚集且能投入一些注意力的少數地點及通路爲主。行銷人士可以利用例行作業中的兩個特定時刻，接觸這些消費者：上下班通勤時，以及享受高級休閒與娛樂活動之際。這兩項時機不但充分利用富裕消費者的有限時間和注意力，也具備改善行銷整體投資報酬的重要效益。因爲這些策略跟企業以往對顧客進行宣傳的時間和地點不同，而且一般來說，成本也比傳統大眾媒體宣傳要少得多，比設定目標的直銷做法更低廉許多。

這麼做有效

首先，以富裕消費者所住之處爲目標，跟著他們去上班。所得與工作時數之間的關係很密切，所以企業應該了解富裕消費者在辦公室附近花了多少時間，甚至了解特定工作場所對消費者的影響。少數具開創精神的行銷企業目前正這麼做，他們打算在所得較高的消費者上下班通勤及出差時，開闢新通路接觸他們。

麻州的 Captivate Network 就是這類新創企業之一。該公司在四百多個辦公大樓的電梯和大廳安裝平面電視，播放節目和廣告，協助客戶鎖定富裕消費者，而且還有七百多棟辦公大樓正與該公司簽約合作。利用這種配置，Captivate Network 每天可以接觸到一百四十萬名專業人士，這些人平均家庭所得爲十萬五千美元⑤。這些平面電視上播放美國有線電視新聞網和《華爾街日報》提供的內容，福斯汽車、英國航空（British Airways）和約翰走路威士忌等廣告廠商已經發現，Captivate Network 的廣告效果很好，比一般廣告高出許多⑥。畢竟人們搭乘電梯時沒其他事好注意，電梯內的平面電視又不能轉台。

爲什麼這項廣告媒介這麼成功？Captivate Network 的執行長暨創辦人邁可・狄佛蘭薩（Mike DiFranza）跟我們說明創辦這家公司的原因：「人們在電梯裡的行爲是有障礙的，大家都往角落站，設法避免目光接觸，渴望有什麼東西能分散注意力。」⑦狄佛蘭薩發現這種怪異行爲，正是他的概念能成功，其他人的構想卻失敗的關鍵所在。狄佛蘭薩指出，大多數失敗的雜貨店家在人們忙著做其他事，例如：購物或結帳付款時，播放廣告讓人備受干擾。相反地，Captivate Network卻「在電梯內提供人們一個打發時間的好選擇」，狄佛蘭薩表示。

Captivate Network的模式在其他方面也獨樹一格。該公司主管發現，失敗模式需要大量的人際互動和實體媒介，才能將內容散布到廣大範圍，但是這樣做都會增加龐大成本；而Captivate Network的做法，利用具經濟效益的無線方式，將內容傳達到鄰近的顯示器，讓幾千名消費者共用一部終端顯示器，而不是在零售店每部購物車上加裝螢幕，就讓成本結構獲得額外利益。「我們知道要吸引廣告客戶，必須達到關鍵數量的消費者，」狄佛蘭薩表示。「我在一棟四層樓建築物搭乘電梯時，突然想到這個點子，但我知道商業人士進出的辦公大樓才是市場所在，在這種大樓的電梯裡做廣告，每天就能將廣告傳遞給五千名到一萬名消費者……而且一日數次。」

狄佛蘭薩認爲電梯廣告還有一項最關鍵、也是其他媒介最難以匹敵的特殊利益：「利用電梯廣告，消費者被影響的時間，更接近做出購買決定的時間，因爲這個時候消費者正在上班。根據我們的研究顯示，大多數商業廣告在黃金時段播出，這時候大多數商業人士根本沒想到買東西這件事。」狄佛蘭薩強調使用電梯廣告和大廳廣告結合其他廣告的重要性：「舉例來說，消費者前一天晚上在電視上看到甲骨文（Oracle）軟體公司的廣告，隔天在眞正做出採購決定的環境中，再看到一次廣告，就能加強訊息印象。」

雖然 Captivate Network 也接洽其他投資事業——包括讓其他事業共同運用其無線網路——但是狄佛蘭薩堅持，公司要專心做好電梯媒體這項核心事業：「這是未來幾年內輕易達到二十億美元產值的產業，所以我們絕對不能分心。」

接觸富裕消費者的另一種方式是「機上廣告」。飛行廣告局（Airline Advertising Bureau）發現，搭機旅客的平均年所得約爲九萬三千八百二十二美元——往返各大都會區或搭商務艙的旅客，或是常客方案會員年所得還要高出許多（比方說，達美航空飛梭航班〔Delta Shuttle〕的旅客平均年所得超過十八萬美元）⑧。

有興趣以富裕的搭機旅客爲目標的行銷人士，應考慮與航空公司合作，將廣告做高度整合。比利時啤酒商 Stella Artois 不但贊助維珍航空（Virgin Atlantic）機上電影頻道，也確保機上供應的是該公司出品的啤酒。新力公司（Sony）爲推銷旗下筆記型電腦 Vaio，更進一步與達美航空合作，進行一項包括機內節目廣告、雜誌廣告的宣傳活動，並透過達美航空網站寄送電子郵件給顧客，在機場專屬貴賓室（Crown Room Club）提供這款筆記型電腦供顧客使用⑨。

對於想接觸職場富裕員工的行銷人士來說，喝咖啡小憩時也是一個不錯的選擇。全方位傳媒集團（Encompass Media Group）和宣傳杯公司（PromoCup）這類媒體宣傳公司，每個月提供幾百萬個丟棄式附蓋咖啡杯，免費贈送給貝果店、熟食店和咖啡車。這些咖啡杯和杯蓋上印有Cingular Wireless、Lifetime Television這類公司的廣告⑩。這種隱藏式廣告，意圖讓顧客在拿咖啡回到辦公室途中，擔心咖啡溢出時，而注意到杯上的廣告；況且之後當員工把咖啡杯放到辦公桌和會議室桌上時，所有員工都會看到杯子上的廣告，於是咖啡杯就發揮迷你看板的作用。這類廣告可以藉由限量分送，進一步地以富裕消費者爲目標，比方說：只在主要都市的金融區發送。

就連洗手間牆壁和支票都能拿來刊登廣告，達到不錯的效果。現在有愈來愈多企業出售洗手間的廣告空間。從一九九九年起，AdCheck這家促銷公司就提供企業主，銷售本身支票上的廣告空間，現在該公司已經有許多大企業客戶這麼做，聯合航空和雜貨業巨頭Kroger都包含在內。這些廣告透過每次付款週期，接觸到超過一百萬名員工。

最後，藉由找出富裕人士聚在一起工作卻較不爲人所知的地方，行銷人士就能從中獲益匪淺。湯瑪斯・史丹利（Thomas J. Stanley）在其著作《向富人行銷》（*Marketing to the Affluent*）中指出，沒有魅力的產業區域，卻吸引大批成功且富裕企業家的聚集。「通常在產業區域，每英畝、各個街道或郵遞區號內的富裕買主數目，比康州格林威治的數目更多。」⑪企業若能找出這些熱門據點（hot spot），在都市產業周邊地帶以適當看板做廣告，會比花同樣的錢在高級地段明顯處登廣告效果更好，而且成本更低廉。

天時與地利

自從詹姆斯·狄恩 (James Dean) 在一九五五年的電影《養子不教誰之過》(*Rebel Without a Cause*) 中梳了浪子頭一炮而紅後，置入性行銷 (product placement) 就變成行銷組合中日漸重要的部分⑫。對於以富裕大眾爲目標對象的企業來說，在娛樂中搭配置入性行銷（或以日漸爲人所知的**廣告化娛樂**〔advertainment〕稱之），能有效地讓大家把產品品質或利益，跟使用情境和使用產品的名人聯想在一起。

而且，這類置入性行銷提供一項重要預防措施，抵抗技術的威脅，因爲這類技術能讓人們避掉傳統審慎的廣告手法。富裕消費者只要使用錄影機，就能輕鬆地將廣告自動刪除，也可以運用廣告的網頁瀏覽器，卻無法避開或去掉節目中出現的某項產品（雖然日後這種技術可能出現）。

置入性行銷還有另一項好處：富裕大眾傾向購買想看的內容節目（不只是租用），這表示置入性行銷的投資報酬能比商業廣告的投資報酬維持得更久——消費者可能這輩子把節目一看再看，甚至還流傳給後代。

在電影界，〇〇七系列電影爲許多產品提供一個相當奏效的置入性行銷工具，能達到這種成效的電影少之又少。〇〇七既世故圓滑又溫文儒雅，讓富裕大眾產生共鳴。雖然他們無法像〇〇七那樣過著危險刺激的生活，卻能買得起〇〇七用的一些配備。BMW公司在一九九〇年代中期，挑選電影《黃金眼》（*GoldenEye*）做置入性行銷時，就指望消費者在電影中瞥見BMW新款跑車Z3。BMW刻意在Z3跑車上市三個月前，讓消費大眾在電影《黃金眼》中先看到這款新車，這種做法讓消費者趨之若鶩，爲Z3跑車贏得一整年的訂單，也獲得廣告史上最迅速創造品牌意識之殊榮⑬。BMW的成功激勵其他產品廠商陸續跟進，飛利浦電鬍刀和伯蘭爵（Bollinger）香檳，也出現在〇〇七電影中，成爲這位斯文密探偏愛的精品。

進行這種置入性行銷的企業，通常不在意經費問題，他們定期以全面性的宣傳或聯合宣傳的方式，資助置入性行銷。像卡夫食品、通用汽車和微軟這些公司，就加入置入性行銷的行列，跟好萊塢道具大師、布景設計師和製片室主管合作，確保本身產品被選用到電影中，因此能登上大銀幕和電視⑭。況且日後電影和影集以DVD發行後，就是觀眾被迫收看的廣告工具，相形之下，這兩種做法的花費其實微不足道。

當然，並不是每家企業都適合搭配〇〇七電影做置入性行銷；但是企業可以運用的機會相當廣泛，而且除了〇〇七探員的世界外，還有很多東西吸引富裕大眾。再說廣告化娛樂領域並不侷限於單一產品。舉例來說，現在零售業者也加入這個行列，薩克斯第五大道百貨在電影《灰姑娘的愛情手套》（*Shopgirl*）中扮演要角。這部電影由以妮夢瑪珂絲精品百貨（Neiman

Marcus）爲名的暢銷小說改編，描述百貨公司專櫃小姐的故事⑮。薩克斯第五大道百貨除了在電影中提供商店場景，也在櫥窗中展示商品，利用電影大打廣告（讓該公司將本身櫥窗展示資產價值變現，預計利用這項行銷媒介，每週可增加三十五萬美元的銷售額），也在本身發行的六十萬冊商品目錄上，刊登電影首映會活動。利用這種做法，合作雙方都不必付費：這是置入性行銷潛在的關鍵利益之一。

能在知名電影中讓人留下印象的置入性行銷並不多見。但是，業者還有許多其他機會，可以利用置入性行銷，以更受富裕大眾喜愛的方式，將產品呈現在他們眼前。以將《紅磨坊》（*Moulin Rouge*）打造成得獎影片的澳洲導演巴茲・魯曼（Baz Luhrmann）爲例，最近他將普契尼（Puccini）的歌劇《波希米亞人》（*La Bohème*），改編成百老匯音樂劇。拍譜海錫克（Piper-Heidsieck）香檳和萬寶龍名筆公司，認爲這是接觸廣大有教養的富裕消費者的好機會，於是參與魯曼的新作，進行一項創意合作。魯曼爲了感謝兩家廠商在宣傳上的協助，讓這兩個品牌成爲舞台布景的一部分，利用適當的圖形設計，確保這兩款商標能融入一九五七年時的巴黎街景。這類機會讓商品成爲戲劇的一部分，同時也接觸到較高層次的戲迷。

專屬內容（commissioning content）是另一種做法（也是能實際保證產品會受到「一流」對待的做法）。雖然跟引發大眾市場資訊式廣告（infomercial）興起的動機相同，但是專屬內容的概念最近被更新，運用到更高層級的消費者。企業在什麼時候值得投資，製作具吸引力又可靠的娛樂作品，並且無需承擔結果不如預期的風險——被視為廣告而不予理會？當品牌具有無可挑剔的名聲，商品讓消費者相當感興趣，而且需求顯示產品在某個情境的表現，超過消費者日常體驗時，專屬內容的做法就最可能成功。

稍早提到在大銀幕上出現的ＢＭＷ，也是專屬內容這方面的先鋒。該公司召集知名導演與演員，打造五支名為〈偷天盜影〉（The Heist）的專屬短片，成功地將本身產品打造成明星汽車。ＢＭＷ公司有位主管提到這系列短片的製作動機時這麼說：「打從一開始我們就知道，拍攝ＢＭＷ汽車，在跑道上以時速一百二十五哩奔馳的畫面時，ＢＭＷ再度神氣活現。這時你了解到，這些車子的性能有多好，這正是我們要傳遞的訊息。」⑯

〈偷天盜影〉短片可於線上觀賞，在推出第一個月內，瀏覽次數就高達一千五百萬次，還在坎城影展榮獲獎項。雖然ＢＭＷ不公開數字，但是這系列短片應該讓ＢＭＷ公司有賺頭。〈偷天盜影〉推出後，協助ＢＭＷ在二〇〇一年的銷售量增加一二％以上，也替該公司免費獲得價值約達二千萬美元的媒體報導⑰。

沒有資源製作專屬影片的企業，應該考慮一項相關機會——設計能成為消費者日常生活場景中的置入性行銷。舉例來說，義大利速克達機車公司（Piaggio），雇用模特兒在洛杉磯和休士頓，騎著該公司新推出的偉士牌機車（Vespa）兜風，而且這些模特兒不是扮演推銷員的角色，只是故意讓目標顧客——富裕消費者——在日常生活中，看到這些景象⑱。何必等到開創潮流者和率先採用者使用商品，企業可以雇用開創潮流者，加速市場往採用產品的「引爆點」（tipping point）發展，不是嗎？不過，你若想採用這種做法，可要當心另一種不同的引爆點。如果企業做得太過頭，目標市場可能發現這項戰術根本在騙人或製造干擾，比方說：消費者就曾對新力易利信（Sony Ericsson）大肆抨擊，因爲該公司雇用演員在紐約街頭扮演觀光客，請路人幫忙拍照（利用新力易利信剛上市的相機）。在不知情消費者的默許下，這些演員後來還試圖跟消費者討論這款相機及性能。後來包括許多媒體人士在內的評論家表達看法，認爲這項宣傳活動很失禮，簡直是利用不知情陌生人的好意，因此造成反效果。

行銷人士必須注意，別讓置入性行銷看起來太失禮或太明顯。現在，許多消費者已把置入性行銷當成另一種廣告形式。在模仿〇〇七電影的搞笑電影「王牌大賤諜」（Austin Powers）系列中，就能看到挖苦〇〇七電影和自家電影置入性行銷的情節，而且這樣做還製造極大的喜劇效果。行銷人士必須想通，參與置入性行銷可能產生的不利後果。除非影片叫座，否則這所有好處都不可能存在；如果產品跟不叫座的電影合作，在片中的角色又很顯眼，下場就更悽慘。但是跟可能獲得的報酬相比，這些風險似乎較小。內容欠佳的電影可能很快就下檔，也不會讓消費者有印象，讓廣告化娛樂像手術一樣可掩飾過錯。

在電視節目中做置入性行銷

多年來，以大眾市場爲目標的傳統媒體（如：電視）已淪爲一項廣告工具，但是對於設法接觸富裕大眾的企業來說，利用電視和收音機絕不會徒勞無功。雖然從一九八〇年代起，由於幾百個新頻道的出現，讓原本由三家國營電視台壟斷的觀眾群變得更加分散，但是業者只要轉到特別反映出富裕生活型態、需求和個人興趣的節目頻道，還是可以在此發現富裕大眾。雖然個別節目很快一炮而紅，也很快就讓觀眾倒盡胃口，但是有些電視台行銷人士以吸引富裕大眾，做爲節目製作策略的核心，讓節目收視持續長紅。

在二〇〇〇年代初期，知名電視台中成功地製作節目與富裕大眾產生關聯的佼佼者，就是美國國家廣播公司（National Broadcasting Company, NBC）。美國國家廣播公司製播一連串廣受歡迎的節目，這類節目通常描述白領階級人物和機智情節，不但讓美國國家廣播公司成爲全美最受歡迎的電視台，更重要的是，也成爲全美富裕大眾最喜愛的電視台。根據尼爾森媒體研究公司的調查，美國家庭所得超過七萬五千美元且年紀不到五十歲的成人，最喜愛的二十個電視節目中，就有十三個節目是由美國國家廣播公司製播[19]。

美國國家廣播公司將本身定位於企業的有利夥伴，而且是以設法在未來幾年內接觸富裕大眾的企業爲夥伴，運用這種方式管理節目內容。舉例來說，雖然美國廣播公司（American

Broadcasting Company, ABC）最近爲了改善收視率不佳的情況，向下層市場發展，但是美國國家廣播公司卻願意維持原來的方向，繼續製作原本可能停播、但卻受富裕人士歡迎的節目——例如：在二〇〇二年五月決定繼續播出《天命》（*Providence*）和《*Ed*》等節目[20]。

美國國家廣播公司也不怕調整最受歡迎的節目內容，以便與富裕消費者這群目標對象，更密切地產生聯繫。舉例來說，該公司以更直接引起富裕觀眾共鳴、描述上流社會罪犯的節目，取代廣受歡迎描述街頭殺人犯的《法網遊龍》（*Law & Order*）影集[21]。一直以來，美國國家廣播公司也願意將本身的廣告化娛樂機會，跟比較富裕的觀眾做結合。雖然哥倫比亞廣播公司（Columbia Broadcasting System, CBS）以電視實境秀《我要活下去》（*Survivor*）創下超高收視率，但是美國國家廣播公司成功地推出以中高階級爲訴求的《誰是接班人》（*The Apprentice*）還擊，這個眞人實境秀節目讓企管碩士類型人物彼此競爭，贏得在唐納・川普企業中任職的機會。這個節目裡面充斥著厚顏無恥的宣傳——從參賽者爲了不被淘汰出局不斷地自我宣傳，到節目公然推銷高級商品，包括：經營私人商務客機服務的馬奎斯公司（Marquis Jet）、名廚陶德・英格利（Todd English）的Olive's餐廳以及川普旗下的國家高爾夫球俱樂部（National Golf Club）。然而《誰是接班人》這個節目，卻成爲美國國家廣播公司在二〇〇四年收視率最高的節目，而且受到所得超過十萬美元觀眾的喜愛——受歡迎程度僅次於該公司另一個節目《白宮風雲》（*West Wing*）[22]。不過，想這樣做的企業當然必須有花大錢的心理準備。美國國家廣播公司掌握影響高消費層觀眾的優勢，索取的廣告費率也比同業對手要高㉓。

雖然美國國家廣播公司具備以富裕大眾為主的大眾媒體形式，但是企業也應尋求更專門的媒體通路。消費者在日漸富裕的情況下，更注意新聞、藝術、娛樂與教育類的節目。富裕消費者在租用有線電視頻道和訂閱雜誌等方面的開銷，正在增加中。以廣播節目來看，以知識新聞與生活型態為號召的公共電台節目，例如：明尼蘇達公共電台（Minnesota Public Radio）的廣播節目《市場》（*Marketplace*），吸引到所得超過十萬美元的聽眾數目，比一般聽眾數目還多一．一七倍㉔。

比金錢更棒的宣傳

雖然廣告提供消費者購買商品的**理由**（reason），但是促銷卻供應消費者完成購買的**誘因**（incentive）㉕。對傳統大眾行銷來說，那些誘因通常是價格折扣。近幾十年，折價券、限時特賣和產品折扣成為促銷策略的要素。業者都是以低成本、無差別的方式遞送這些誘因，不是透過設立展示架和廣告，就是透過推銷員進行促銷活動。以這種方式向大眾市場促銷，在運作適當的情況下，是有可能增加銷售量並達到所要的市場占有率，但是卻會引發市場價格走跌，利潤日漸壓縮的代價。

雖然以往這種做法在大眾市場中還靠得住（只是未必具有成本效益），而對較低所得消費者也依然奏效，但是我們的研究發現，這樣做無法產生吸引較富裕消費者的誘因。爲了激勵這些消費者，企業反而要考慮這類消費者的獨特價值、偏好與行爲，以此做爲促銷重點。我們認爲藉由改變教科書上爲促銷設計的內容、對象和地點，改以新大眾市場爲目標，行銷人士就能享有更多成功的果實。

行銷人士不僅要利用折扣促銷，也要運用傳遞知識和鑑賞能力做宣傳；不只透過銷售員、也透過友人同儕等影響人士做宣傳；把宣傳地點從門市店頭，改變到富裕大眾光顧和喜愛的中立場所，例如：鄉村俱樂部和高消費的體育活動。這些策略都具有這項共同主題：運用宣傳強化企業身爲可信賴廣告廠商的定位——企業是協助富裕大眾做出最符合需求採購的代理人，而不是投資商人。

讓每位顧客都成爲鑑賞家

跟所得較低的消費者相比，富裕大眾由於所得較高，比較不會受到些微折扣或金錢報酬所動。跟折價券及截止期限等繁瑣規定有關的促銷，對時間有限的富裕生活型態來說，並沒有吸引力。富裕消費者根本很難找出時間搜尋折價券，再把折價券剪下收好，購物時記得帶去抵扣。佛瑞斯特研究機構（Forrester Research）發現，在可能激勵線上購買奢華品的十六項因素中，富裕消費者將折扣和折價券的重要性列到第十四，甚至比購物選項和交貨方式這類戰術問題更不重要㉖。雖然在二〇〇二年時，業者提供消費者超過一百億美元的折扣，而且有四分之三的消費電子用品都是打折出售，但是富裕消費者發現，他們在購物時感到受挫，覺得產品不如預期那樣吸引人，因此這類折扣就成爲吸引買特價品者的主要工具㉗。

企業反而應該提供富裕消費群另一種促銷方式，讓消費者能從促銷方案中獲得「知識」。我們已經確定富裕消費者熱中投資有教育價值的產品。我們發現，這種熱忱也讓他們願意投入時間和注意力，在傳遞實用知識的宣傳上，尤其是讓人成爲整個類別**鑑賞家**的活動更受歡迎。換句話說，消費者重視能討論類別發展史，包括發源地、有趣的製造技術和技藝傳統等顯著產品特性，以及跟競爭商品間差異的事項。

企業不該把消費者成爲鑑賞家的渴望，跟象牙塔學者般的興趣混爲一談。根據研究人員表示，中上階級人士喜歡博學多聞這種聲望與身分，他們特別想知道對富裕生活型態重要之事。這令人想起法國社會學家布赫迪厄所描述獲得**文化資產**（cultural capital）的渴望——或者簡單地說，就是能創造好品味，幫助人們更能融入自己想加入的同儕團體，也能在團體中獲得晉升的知識。所以，企業應該朝鑑賞能力這方面發展，協助顧客累積文化資產，況且這樣做還有附加利益：讓顧客以爲企業協助他們依據詳細資訊購買，而不是被市場操弄。

這項做法並非前所未見，其實史丹利．馬可斯（Stanley Marcus）就曾這麼做，協助自己創辦的知名商店妮夢瑪珂絲百貨擴展生意。瑪莉亞．哈凱斯（Maria Halkias）在《達拉斯晨報》

（*Dallas Morning News*）發表評論，說明這項做法如何成功：「馬可斯很快就了解這個行業，不久後就把妮夢瑪珂絲百貨，宣傳爲德州石油暴發戶及其家族的時尚中心，即使一九二九年發生經濟大蕭條，讓景氣大受影響，但是妮夢瑪珂絲百貨的生意依舊很好。到一九三七年時……《財星雜誌》還發表評論表示，『達拉斯女性開始認爲，妮夢瑪珂絲百貨不只是購物場所，也是教導她們有關服飾的一個場所』。」㉘

最近，凌志汽車公司成功地將鑑賞能力變成宣傳主題。該公司所使用的一項方法是：主持一系列活動，教導顧客了解各式各樣名車的性能及如何操控駕馭這些名車。在一九九〇年代後期，凌志汽車公司推出經典試乘活動，做爲「體驗凌志」（Taste of Lexus）這項八個都市之旅的一部分。面臨兩大新競爭車款的上市——BMW新三系列和賓士S-Class——凌志汽車公司決定教育消費者整個名車類別，讓消費者根據資訊直接比較。參加體驗凌志活動者，受邀在五個不同的密閉場地，測試競爭對手推出的十八種車款，外加凌志汽車本身所推出的所有車款。現場還有音樂表演，並由當地知名主廚提供外燴，確保整體氛圍相當高雅講究。

雖然凌志汽車業務員也在會場，回答問題並提供資訊，但是該公司禁止直接推銷。公司認爲培養鑑賞力就足以讓消費者了解，凌志汽車性能更優異也更有價值。而且，凌志汽車公司相信與會者在會場，透過直接體驗比較許多其他車款後，會自行做出結論，也更可能在親朋好友間，幫凌志汽車做宣傳。

凌志汽車公司的做法相當成功。體驗凌志系列活動吸引二萬三千名消費者參加，其中有七十%的與會者原本不是凌志車主㉙。這些消費者平均花了四小時與會，以這些人士的緊湊行程來看，四小時相當可觀。雖然該公司很難判斷這項宣傳活動，對商譽有多少影響，但是這次活動無疑提供誘因給眾多與會者，讓他們決定採取購買行動。有二千七百名受邀與會者要求，會後請經銷商馬上跟他們聯絡㉚。

並不是每項商品都適合進行娛樂活動。不過，企業也可以利用重新定位，創造顧客的鑑賞力，增加傳統宣傳形式的效益。加州知名酒商康爵酒莊就在店內展示，教導消費者如何選購、如何以適當食材搭配葡萄酒，充分運用這項做法。康爵酒莊認淸，即使富裕消費者（尤其是新富階級）也覺得挑選紅酒是一大難事，因此幫忙消費者減輕壓力，做出適當選購。該公司的店內宣傳，協助顧客了解釀酒問題，讓顧客更可能選購該公司的葡萄酒，因爲木桶陳釀可以改善酒的品質㉛。這種葡萄酒常識讓消費者解釋如何選酒時，講得頭頭是道，不會說出一些較不可靠的根據（我們當中誰**不是這樣**，只因爲酒瓶上的標籤很美，就把酒買下來呢？）。

而且，康爵酒莊也將折價券這種殺價做法，轉變成協助消費者以適當食材搭配葡萄酒的做法。康爵酒莊品牌主管約翰・麥斯威爾（John Maxwell）向《門市店頭》雜誌（*Point of Purchase*）表示，該公司將不提供葡萄酒現金折價券，因爲「一旦你推銷的產品讓人覺得廉價，就很難重建並強化高品質形象」㉜。所以該公司通常針對搭配葡萄酒的美食薄餅或其他高級商品，提供折價優惠。此外，這類宣傳讓顧客覺得自己能受到崇拜，因此不但提供購買誘因，也具備教育利益，讓消費者展現自己以適當食材搭配葡萄酒的能力。

運用大眾的宣傳力量

有些企業已經在宣傳中發現這股力量，改述馬歇爾・麥克魯漢（Marshall McLuhan）的話，通常傳遞訊息者本身就是訊息。所以與其仰賴員工散布及管理宣傳，這些企業的行銷人士正改以消費者的友人、鄰居和同儕散播消息，贏得更高層度的可靠度。這些企業的促銷提供富裕消費者兩項額外誘因，採取購買行動：自己尊敬的熟識者已經爲商品背書，而且這通常表示消費者知道自己有義務，至少要買些**東西**。

唆使消費者彼此推銷，這種做法跟大眾行銷一樣由來已久。雖然許多人是因爲知名廚房用品特百惠（Tupperware），才知道厄爾・希拉斯・塔普（Earl Silas Tupper）這號人物，但是早在一九五〇年代初期，卻是布朗尼・惠思（Brownie Wise）教導塔普，如何向主婦銷售產品。惠思是「來自底特律的中年婦女，也是一名單親媽媽」㉝。雖然塔普懷疑特百惠聚會如何協助他，達到預期的大眾市場商人的地位，但他仍然決定在一九五一年，將商品從零售店展示架上撤下（當時正是傳統店內大眾市場零售最盛行之際）。而且此後，特百惠的產品就再也沒有上架過，但是特百惠在二〇〇一年到二〇〇三年，跟標靶百貨合作，試賣相當成功（透過標靶百貨員工展示商品，銷路相當好，甚至開始威脅到核心聚會事業），該公司也在一九九九年起，開始推出線上購物㉞。現在，特百惠的銷售額已經超過十億美元，每二・五秒就主辦一場特百惠聚會。

新一代的企業家也成功利用這種直銷手法，爲較富裕家庭將商品與體驗密切結合。銷售幾千種特殊形狀大小置物籃和其他家飾品的隆加伯格公司（Longaberger Company），就是這類企業之一。隆加伯格公司的置物籃都是由美國工匠親手製作，所以價格不菲。貝果籃售價五十美元，洗衣籃售價一百六十美元（洗衣蓋和襯墊另售一百美元）。隆加伯格公司剛開始只是一家小公司，後來發展爲相當成功的事業，年營收約有十億美元（沒錯，十億美元）㉟。

雖然該公司的故事被大肆報導，但是很少人知道創辦人達夫・隆加伯格（Dave Longaberger）在一九七〇年代創辦這家公司時，起初打算透過自營店、購物中心和其他零售通路銷售籃子；跟特百惠最初的情況一樣。不過隆加伯格認爲，傳統零售通路對成功宣傳沒有幫助，而成功宣傳又是接觸目標市場的關鍵所在。當消費者了解隆加伯格公司所生產的籃子，是以手工用高品質材質製成，而且每件籃子都有特殊用途時（同前所述，強調鑑賞力的重要性），就對這些高價置物籃極感興趣。因此，隆加伯格採用以教導爲主的直銷事件模式，讓消費者了解該公司的產品。不過除了舉辦座談會，隆加伯格也很重視家庭聚會的重要性，因爲這類聚會能將親友聚在一起，享受從該公司業務代表做出寓教於樂的簡報。

爲了呼應富裕消費者追求非金錢式報酬，隆加伯格公司以取得本身專屬系列產品，獎勵旗下業務顧問成功主持聚會。對業務顧問來說，與會者在友人家裡享受輕鬆、非正式的親切環境，況且大家都會買一點東西才離開，免得不好意思。現在業者當然也運用這種詭計推銷頂級品，最後通常讓賓客花費不少。

美國廚具名品 Pampered Chef 是另一家利用直銷，成功推銷頂級烹調用品和廚房配件的公司。他們在二〇〇二年就舉辦超過一百萬場家庭展示會，讓營收突破七億四千萬美元。現在，珠寶業者 SheBeads 也加入這個行列。從芝加哥北岸富裕郊區發跡的 SheBeads，透過家庭聚會推銷產品，以賒帳購買獎勵主辦人。有一位主辦人知道自己在茶點上的花費，超出所獲得的佣金（讓人聯想到傳說中，荷蘭人以二十四美元跟原住民買下曼哈頓島），但她並不在意。這位主辦人的態度說明，運用這種做法的企業，如何從不自覺或不小心資助該公司宣傳成本的業務團隊獲益。隨著家庭聚會推銷變得愈來愈高級，擁有成功品牌的老字號企業現在也開始加入這個行列。時代公司（Time Inc.）利用家居用品品牌 Southern Living at HOME，巧妙打造出「直銷史上最迅速成長的聚會計畫公司」，推銷反映出《南方生活》雜誌（*Southern Living*）風格的「家庭裝潢與花園格調」[36]。而且知名服飾品牌 Bill Blass 也效法卡萊兒精品（Carlisle）和女裝訂製服品牌 Worth Collection 這類公司，將更昂貴的設計師服飾帶入消費者的家中㊲。相信不久後，有創意的公司會以這種方式，推銷從地毯到客廳家具等各式各樣的高價商品。

雖然企業可藉由透過同儕宣傳，增加促銷效益，但也應該透過富裕者喜歡模仿的影響人物做宣傳。凱迪拉克汽車就充分利用這項策略，成功地推出凱雷德（Escalade）ＥＸＴ越野休旅車系。在凱雷德ＥＸＴ車系於洛杉磯車展首度亮相的前一天，凱迪拉克汽車公司就在吸引當地名流及時尚開創者群聚一堂的專屬宣傳會上，讓大家先瞧瞧這款新車。該公司希望這些年輕富裕消費群，後來會成爲這款新型休旅車的買主。

在離開宣傳會前，賓客收到樣式簡單的黑色運動衫，上面印有凱迪拉克汽車的商標。雖然許多宣傳會中都會贈送運動衫，但是凱迪拉克黑色運動衫卻以限量發行，只有出席專屬宣傳會才拿得到。幾週內，就有與會者穿上這款運動衫，在洛杉磯時尚場所和健身中心出現——爲這個原本讓人聯想到較年長消費群的品牌，提供相當引人注目的推薦。

讓適當影響人物參與協助宣傳，創造一股連鎖反應，讓凱雷德車系成爲一種流行文化現象。「凱德雷」一詞開始出現於珍妮佛·羅培茲（Jennifer Lopez）和許多饒舌歌手暢銷曲的歌詞中，這款車也成爲時尚電視節目和電影中演員的必備交通工具。這所有宣傳都是極有價值的置入性行銷，而且凱迪拉克汽車公司幾乎不必花錢。

結果，凱迪拉克汽車公司設定目標的促銷，爲那些有錢購買這款車者，創造雙重誘因。

現在消費者不但想模仿傳遞這項宣傳訊息者，也想獲得認可和羨慕，畢竟其他消費者已經徹底了解凱雷德休旅車的高貴身分。對凱迪拉克汽車公司來說，這項策略藉由吸引較年輕買家，提高特定車款車主所得，強化本身專屬性及高貴身分，有助於讓品牌煥然一新。雖然當時購買凱迪拉克汽車車主平均年齡爲六十一歲，平均所得約爲十萬美元，但是凱雷德休旅車買主的平均年齡卻只有四十八歲，而且平均所得高達十七萬一千美元㊳。

在讓人信賴的地點辦活動

以往宣傳都是透過店家或其他銷售點進行。不過現在，有些企業發現在富裕大眾常去或想去之處做宣傳、尤其是舉辦活動，更可能贏得消費者的信任。這些企業爲了落實這項做法，採取全面零售商式策略，在鄉村俱樂部、生活型態中心及網球賽和高爾夫球與馬球賽等，高消費體育活動的豪華場所中，進行宣傳。

對於保健服務業者 MDVIP 共同創辦人高曼來說，鄉村俱樂部這類地點有助於增加宣傳效益，在此讓目標富裕消費者對該公司醫療管理服務有所了解：「鄉村俱樂部提供一個最佳環境，讓我們教育消費者了解我們的服務，並宣傳這樣做的好處。對許多參與者來說，這是一個他們平常熟悉的休閒環境。對其他沒去過鄉村俱樂部的人來說，說明會辦在這種地方，也增加他們想要與會的好奇心。」㊴

在鄉村俱樂部辦宣傳活動，當然也提供一種保證：消費者會假定，如果這種場所認可這類宣傳活動，那這項服務一定是被篩選過，而且適合該俱樂部會員的層次和潛在利益。

稍早我們討論過規模較小的高級購物中心——生活型態中心——為建立新大眾市場的信任度，提供另一個新興場所。這些地點提供額外優勢：富裕消費者、尤其是女性，已經把這些地方當成日常必去之處。生活型態中心業者波格與麥克艾文的共同創辦人麥克艾文告訴我們，零售業者相信這類場所比地區購物中心或主要購物區，更有效地吸引富裕人士參與宣傳活動：「我們在生活型態中心，舉辦一系列午餐時裝秀，以及許多社區活動和慈善活動。這些高消費購物者認為在這裡參與這些活動，比在大眾零售賣場更舒適，因為生活型態中心規模較小，都是高級零售業者在此開店，主要服務當地顧客群，所以在此舉辦宣傳活動，感覺比較像社區活動、而非推銷活動。」㊵

精選運動賽事這類高級休閒環境，提供業者另一項有效通路，以促銷接觸富裕消費者。舉例來說，從一九九一年起，海尼根啤酒公司就贊助美國網球公開賽（US Open），藉此向網球賽現場觀眾及電視觀眾宣傳自家啤酒㊶。在紐約法拉盛公園亞瑟艾許體育館（Arthur Ashe Stadium）舉辦的美國網球公開賽，擁有相當多球迷，而且大部分是富裕人士。其實，美國網球公開賽的觀眾有七五％受過大學教育，半數以上的觀眾所得超過七萬五千美元㊷。對海尼根啤酒公司來說，這類觀眾就是一個核心市場，因為該品牌設法藉由掌握富裕消費者的中間地帶，擴展市場。這類消費者有能力時常飲用進口啤酒，但目前或許只在特殊場合才喝進口啤酒㊸。

不過，挑選運動活動做促銷的企業必須確定，在眾多競爭廣告廠商中，可以達到足夠的能見度，跟觀眾產生有意義的關聯。海尼根啤酒面對這個問題時決定，贊助網球賽，而不是高爾夫球賽。該品牌行銷資深副總裁史蒂夫．戴維斯（Steve Davis）向《品牌週刊》表示，贊助網球賽，「海尼根就有機會獨自贊助這項運動。高爾夫球當然很搶手，但是職業高爾夫球協會舉辦多場球賽，消費者根本不記得贊助商是誰。」㊹

爲達到足夠能見度所需門檻，海尼根啤酒設計一些現場促銷活動。這些活動意圖透過場內和場外的招牌，加深現場觀眾對該品牌、尤其是跟海尼根啤酒的印象。海尼根啤酒公司還在體育館裡開了一家紅星咖啡屋（Red Star Café），與現場觀眾達到互動。這家咖啡屋讓美國網球公開賽觀眾，透過閉路電視觀賞球賽時，可以享用海尼根啤酒或阿姆斯特淡啤酒（Amstel Light）。除了在公開賽最令人興奮時刻頒發海尼根之星大賞（Heineken Star Award），該公司也在現場推銷限量發行的海尼根運動衫。由網壇傳奇人物約翰．麥克安諾（John McEnroe）設計的運動衫，代表著一種身分象徵，海尼根啤酒公司也藉此結合透過電視、廣播和網路進行的其他宣傳活動㊺。

從「卓越」轉變爲講究當下利益

自從奇異公司（General Electric Company）在一八九七年設立宣傳部門後，公共關係界的要務一直是以戲劇化作風說明商品特色，讓商品具有新聞性。引用管理暢銷書作家湯姆・畢德士（Tom Peters）的話，許多行銷人士把這項做法稱爲**卓越因素**（Wow factor）㊻。以往這麼多年來，公關專業人士一直採用這項基本做法，而且從早期起就相當成功地影響富裕人士。一九三九年時，公關教父愛德華・柏奈斯（Edward Bernays）運用卓越因素，替客戶飛歌收音機（Philco Radio）重新定位，以較富裕聽眾爲目標顧客群（當時該品牌收音機被視爲中低價位商品）。柏奈斯租下紐約華道夫飯店（Waldorf-Astoria Hotel）宴會廳，透過高傳眞收音機，向聽眾發送知名歌劇明星的聲音。柏奈斯這種虛張聲勢的做法奏效了。現場媒體熱烈討論如此完美的音質，有助於建立該品牌收音機的形象，讓大家認爲這項產品適合富裕家庭。

但是當今時間緊湊的富裕大眾，時常質疑這類自稱卓越的因素，也確切知道企業推銷術的伎倆，他們是一群對宣傳感到厭倦的觀眾。所以，想再進一步改善本身企業公關效益的行銷主管，反而應該專注於傳遞說明當下利益的訊息；由於這些利益表示對消費者日常繁忙生活，能有即時且可觀的改善，所以能吸引富裕消費者的注意。

我們的研究顯示，行銷主管可以運用兩項成功做法，讓公關幕僚和經銷商店準備好運用這類訊息：

- **將傳遞利益與消費者認定的困擾相結合**，以更容易了解吸收的方式，傳達這些利益。
- **透過他人的產品，創造進一步的改善**，透過合作，增加合作商品對消費者**及媒體**的吸引力。

解決生活問題

行銷人士以某項商品能馬上改善日常生活困擾為焦點，這就是傳遞有意義當下解決方案的一種方式。以航空業新秀捷藍航空為例，就以解決許多消費者對搭機旅遊有負面感受為號召，建立本身的品牌識別。該公司早就了解到，許多消費者發現搭機既不方便又不舒適，比方說：辦理登機手續的隊伍擁擠、地勤人員態度不佳、機內空間狹小讓人容易抽筋、能做的娛樂又有限。捷藍航空就以解決這些問題為宗旨。但是許多人認為，捷藍航空的主要價值主張跟低成本運輸業者一樣。於是該公司撥出一千二百八十萬美元做為廣告預算，希望做好公共關係，確保「幫顧客解決搭機不便」這項訊息，傳遞給市場大眾㊼。

想將媒體與新大眾市場消費者做結合的行銷人士，就要注意這項關鍵：避免讓所傳遞的訊息，被認為是解決次要問題。要因應這項挑戰，企業主管必須暫時撇開「本身商品真正與眾不同」這種預設立場。對捷藍航空來說，這意味著不要太過強調本身是低成本航空的身分，要知道這類航空公司很多，捷藍航空只是其中之一。雖然該公司執行長大衛・尼爾曼（David Neeleman）起初打算以捷藍航空的價格做宣傳，但是公關主管提議別這麼做，因爲只以票價做區別的機會有限。捷藍航空企業溝通副總裁葛瑞斯・艾德蒙森－瓊斯（Gareth Edmonson-Jones）向《廣告年代》（*Advertising Age*）描述當時的狀況：「尼爾曼認爲想買廉價機票者，是我們要找的主顧客。當時我們說，『我們應該把眼界放高一點』，所以我們在第一年做宣傳時，想以『把人情味帶回航空旅遊業』爲號召，有點顛覆意味，其他人都說：『我們不是只提供最低票價嗎？』而我們卻好像在說：『不行！如果只挑價格做宣傳，會被毀滅似的。』雖然花了一些時間，但最後大家同意，必須考慮也要談論產品。」㊽

捷藍航空內部幕僚跟管理階層達成共識，推出一系列以公關爲主的活動，極力稱讚本身對航空旅遊體驗做出可觀的改善。這些改善包括：全新的空中巴士（Airbus）客機、舒適的全皮座椅、頂級服務，和每位座椅上提供免費即時的衛星電視轉播。事實證明，捷藍航空公關小組這麼想是對的。藉由專注於捷藍航空如何利用頂級服務，改善航空旅遊的「人情味」，讓該公司在生活型態、企業和新聞等通路，贏得許多免費宣傳——新航空公司開業時可無法獲得的報導。這項成功讓某家產業刊物還將捷藍航空選爲年度風雲公司（Marketer of the Year）㊾。

想學捷藍航空這樣做的行銷人士，將發現這種做法極具效益。許多媒體守門人，像知名刊物總編輯、電台及電視的資深製作人，本身就是相當富裕群眾的成員。身為目標觀眾，他們可以迅速察覺業者吹噓的利益。而且就像我們大多數人一樣，一旦他們確信產品的實用性，就渴望告訴友人（在這種情況下，可能讓業者免費接觸到幾百萬觀眾或聽眾），自己發現什麼新奇事物或絕佳服務。

在獲得具影響力媒體人士的認同後，捷藍航空獲得一些最佳報導。電視新聞節目《六十分鐘》（*Sixty Minutes*）在其製作人親身搭乘捷藍航空後，感到相當滿意，於是在節目中為捷藍航空做一段專訪。就連《紐約時報》某位餐飲評論家也撰文稱讚捷藍航空的服務態度，因為這位評論家搭機時將手提電腦遺留在機上，航空公司還派人將電腦送回給他。

藉由說明如何解決航空旅遊的不適，捷藍航空的公關策略正協助該公司吸引絡繹不絕的富裕大眾。該公司最近對顧客所做的分析顯示，主要顧客群來自郵遞區號一〇〇二一，就是紐約市富裕地帶上東城（Upper East Side）。如同該公司行銷副總裁對《廣告年代》所言：「祖母級人士總喜歡搭我們的飛機，但是我們也讓勢利眼的旅遊人士向我們投誠。」㊿在二〇〇二年時，這些人士讓捷藍航空獲得《康泰納仕旅人》雜誌（*Condé Nast Traveler*）「最佳國內航空公司」（Best Domestic Airline）的殊榮㊿。

宣傳有時候跟產品一樣，本身也能解決問題。實驗知道經常出席活動者，不喜歡使用一般公廁，所以該公司設計 Potty Palooza 行動廁所，這種半拖車式內含二十七間個別洗手間。每部行動廁所都有空調並擺放鮮花、薰香和電視，也提供潔而敏（Charmin Ultra）衛生紙、舒膚佳(Safeguard)香皂和 Bounty 紙巾。Potty Palooza 行動廁所每年在六十幾個活動中出現，從美國足球聯盟超級盃（NFL Super Bowl）到豆豆年會（Annual Bean Fest）和在阿肯色州山景城舉辦的馬桶屋大賽（Outhouse Race）都包括在內。寶鹼認爲每年可以服務超過百萬名訪客[52]。但是這項宣傳的主要利益，不只是對消費者表達善意，讓人留下好印象；最重要的是，寶鹼免費獲得許多媒體大幅報導，《今日美國》和美國有線新聞網都包括在內，讓每位觀眾、讀者和聽眾都爲這項罕見的宣傳著迷不已。

形成重大改善

並不是每項商品都能期望藉由解決問題，得到媒體和富裕大眾的注意。但是許多企業的主力商品都具有相當重要的特質，公關部門可以運用這些特質並提議後續合作，做爲向媒體宣傳的題材，畢竟媒體對於不同企業品牌合作這項概念，比較感興趣。舉例來說，美國航空在一九九九年時，跟音響廠商 Bose 合作，就受到新聞界和生活型態刊物的報導。美國航空同意提供國內頭等艙及商務艙乘客，一項專屬新產品：高科技無噪音耳機（Noise Cancellation Headset），以特定音波去除機上噪音。

美國航空公司在兩方面從這項品牌結盟活動獲利。首先，這項宣傳活動能利用 Bose 新產品推出的熱潮獲利，因爲美國航空在這款耳機上市幾個月前，率先讓乘客在機上使用這款耳機。美國航空也能強調，頂級乘客首先享受到這項創新產品，藉此塑造該公司最了解富裕旅客需求的定位。對 Bose 來說，跟知名航空公司合作也是有利可圖。這樣做讓 Bose 在各大都會日報和專業刊物上，受到廣泛報導——就算 Bose 自行推出新款耳機，都不可能獲得媒體如此關注。而且合作夥伴顧客的肯定，有助於新耳機上市後，繼續維持媒體關注。美國航空機內設備產品經理林恩•奈特（Lynn Knight）向《空運世界》雜誌（*Air Transport World*）表示，藉由提供 Bose 的產品，「我們各項調查數字都爆增。」(53)

有些合作機會相當有吸引力，一旦確認整體商品適合透過「聯名」（cobranding）方式做宣傳，這項搭配本身就成爲一項關鍵賣點。舉例來說，一九九〇年代後期凌志汽車和皮飾業者 Coach 的合作，就讓媒體爭相報導，除了原本汽車媒體觀眾群外，也有助於吸引富裕大眾的注意。當時凌志汽車推出限量版 Coach 款 ES300 轎車，就是由 Coach 負責製作內裝皮飾和中央置物箱，車內地毯上也印有 Coach 的商標。另外，車主還可獲得一只 Coach 登機箱，以及放置汽車手冊的皮製文件夾。

凌志汽車將合作擴展到 LS400 車系時，整個公關活動專注於透過媒體通路，接觸高消費市場目標群。而且該公司知道，如果沒有令人讚嘆的故事，就很難引起注意。凌志汽車推出新款 LS400 的前幾週，公關小組把 Coach 經典鑰匙鍊，寄給具影響力的非汽車雜誌編輯們，並附上這項訊息「兩家公司合作才能打造傑作」，也承諾後續會提供更多細節。這項誘惑獲得許多注意，因此 LS400 新款上市時，在主要都會市場獲得媒體大幅報導，像紐約和芝加哥這些大都市，原本並不在凌志汽車的媒體通路範圍內。這種意識提高該公司的廣告效果，也有益於提升凌志汽車 Coach 限量款的頂級價值，以 ES300 車系而言，Coach 限量車款售價高出三千美元；同時凌志汽車在車款三年週期最後銷售期內，也能保障利潤㊹。

運用整合式新大眾行銷手法

爲新大眾市場開發出具吸引力商品的企業，只征服了第一項挑戰。後續挑戰是：找到富裕大眾、獲得他們的注意並說服他們購買。某些先鋒企業的成功宣傳證明，不必透過傳統大眾市場或直銷手法，就能成功解決這些後續挑戰。新大眾市場比以往要求更多，消費者期望獲得精確且有意義的訊息，讓他們知道商品如何改善其日常生活。不過，企業無法像以往那樣用香檳魚子醬款待富豪級顧客，重新設計相當奢華的一對一行銷手法。現在，企業負擔不起一對一地宴請消費者，傳遞這類訊息。我們強調的廣告、促銷和公關策略，就能直接解決這項挑戰。

雖然這些策略很有效，但目前爲止大都只應用在推出單一品牌、產品改良或訊息挑戰。

日後企業要如何發展這些策略，讓各品牌與商品獲得最大的影響力呢？我們認爲日後出現的提案，應該跟三星電信（Samsung Electronics Telecommunications Network）的整合宣傳類似。三星電信爲了讓品牌進入高消費市場，盡全力做好宣傳。該公司執行長李基泰（Lee Ki Tae）向《商業週刊》傳達這股衝勁：「我想看到三星電信成爲手機界的ＢＭＷ或賓士。」[55]

三星電信在二〇〇一年成功完成品牌宣傳活動後，投資二億美元進行一項更遠大的計畫——名爲「所有體驗數位化」（DigitAll Experience）的全球廣告。雖然各式各樣的廣告充斥大多數通路，但是三星電信爲這項宣傳活動設計的平面廣告，看起來就像時尚雜誌的內頁，讓「一切體驗數位化」這項訊息，更適合在高消費生活型態刊物上做廣告。三星電信也進入娛樂行銷界，在電影《駭客任務：重裝上陣》（*The Matrix Reloaded*）中做置入性行銷。電影和相關平面廣告，讓消費大眾更加認識三星電信的品牌與產品，也增加產品的高科技形象。另外，三星電信也透過名爲全球之旅的活動做促銷，其中包括在紐約古根漢美術館（Guggenheim Museum），展示三星電信最新推出的創意產品。此外，三星電信還積極公布該公司獲得的無數設計獎項和產品榮譽，讓大家了解「一切數位化」這些新潮產品。

這種整合式新大眾行銷手法，共同表達出新大眾市場偏好的訊息與媒介，也協助三星電信迅速增加品牌價值。根據《商業週刊》和INTERBRAND品牌顧問公司所做的調查顯示，據估計三星電信的品牌價值增加三十%，在二〇〇二年時達到八十三億美元[56]。到二〇〇三年時，品牌價值已經增加到一百零九億美元，在短短二年內總計增加六一%。其他想以富裕大眾爲焦點的企業，爲了讓旗下品牌與產品，展現出具說服力且具有一致的面貌，也必須將不同的宣傳活動一致化。這樣就能在意識、考量、價格實現，以及最重要的銷售額上，有驚人的成長。

Ⅳ

接下來呢？

9

未來的大眾市場

上滴經濟與下滴經濟

所得分配愈平均，就能刺激成長，
事實上也能讓所得水準較低的消費者，
取得更多物品。爲了驅動這項模式，
較高所得消費者的所得必須有所成長，
但是其他消費者的所得也必須跟著成長。
如果步調不一致，骨牌效應就會終止。
因此，行銷人士若擔心消費者擁有過多商品
或對消費感到厭倦，
認爲消費者在日後幾年內不想增加消費，
看到當今大眾市場的演變形式時，
應該可以大受鼓舞。

行銷人士想改以富裕大眾爲推銷目標，就該考量到目前的所得分配，是否可能繼續下去。別擔心。美國勞工統計局預估，二〇〇〇年到二〇一〇年間，個人所得成長爲七十％（到二〇一〇年達到十四兆美元）。這項金額數量如此龐大，即使目前所得分配有些微改變，這股龐大金流大部分還是由富裕大眾掌握。據估計，二〇〇〇年到二〇一〇年間，個人消費支出也將成長七五％左右。只要買得起產品的消費者，所得有這般成長，就是企業前景可期的預兆。對行銷人士來說，有關日後所得分配的重要問題是：誰的所得會增加、增加多少。

不同經濟學家以不同方式預測，計算出的總數當然不一樣。無論如何，在美國所得變動程度很高沒錯，這表示目前許多較低所得家庭，未來幾年內可能變成所得較高的家庭。根據美國財政部進行的一項調查顯示，一九七九年時所得後二十％者，其中有八六％在十年後已脫離此類別，有六六％所得至少增加到中間二十％①。而且有將近十五％的比例，所得甚至增加到前二十％。原本所得在中間二十％者，也出現類似的所得成長變動。更重要的是，大家都有信心，自己要愈來愈富有。最近的蓋洛普民調發現，只有二％的美國人認爲自己富有，但是有三一％的人期望自己有一天成爲有錢人。而且對於十八歲到二十九歲這群人來說，這項比例更暴增到五一％②。

人們希望日後更富裕，年輕人更是這麼想。這種想法受到一項同樣重要的趨勢所支持：終生所得的曲線日漸陡峭。這項趨勢跟勞動人口中，藍領階級工作轉變爲知識工作很有關係，經驗成爲備受重視的事項。以往大眾市場中，消費者大都從事勞力工作，工作壽命有限，無法期望日後體力不濟時還能賺取更多所得。一九五〇年時，三十五歲至四十四歲從業人員的最高所得，只是二十歲到二十四歲從業人員最高所得的一．五倍（等於只增加五十%）。在一九九七年時情況已有改變，四十五歲到五十四歲的從業人員所得最高，平均薪資是十八歲至二十四歲從業人員薪資的三倍多③。經濟學家麥克．考克斯（Michael Cox）及合著者理查．艾姆（Richard Alm）在描述美國所得模式的這項改變時指出：「所得分配的中心並不是目的地，只是所得向上變動階梯的一階。四十年前，所得概況比較一致，一般家庭在工作期間大都屬於中間所得。現在所得迅速增加，表示中產階級家庭更快成爲富裕家庭，眞正處於『中產階級』的時間愈來愈短。」㊹

錢再多也帶不走

行銷人員仔細考慮美國家庭日後的所得與消費時，要考慮到另一項所得來源——遺產。波士頓學院（Boston College）社會福利研究機構（Social Welfare Research Institute）研究員約翰．哈文斯（John Havens）和保羅．薛偉旭（Paul Schervish）預測，就算依據最保守估計，一九九八年到二〇五二年間，美國嬰兒潮人士留給後代的遺產將高達四十一兆美元；最樂觀估計，遺產總額則可高達一百三十六兆美元⑤。爲了解這項財產轉移的重要性，我們不妨看看，美國家庭財產總額在二〇〇三年時，金額在三十二兆美元到三十六兆美元間（總額隨市場而波動）。雖然在四十一兆美元的遺產中，只有二十五兆美元會落入繼承者的口袋（其餘則是繳納遺產稅、贈與和捐款），但是這麼龐大的金額仍代表著，兩代之間財務變動的一項驚人事件。

而且不是只有富裕者才受益。據估計，這筆金額有三分之二的比例，交給最富裕者（財富總額在前七%的比例）的繼承人，但是這些人本身未必是有錢人。跟封建時期不一樣，現在遺產似乎有擴散財富、而非集中財富的傾向。以其他家庭目前較低所得及財務水準來看，剩下的十四兆美元（亦即四十一兆美元的三分之一），金額也相當可觀。這些計算詳細說明出，在人類壽命增加、市場報酬無法預知、愈來愈多人參與養老年金計畫，以及許多其他因素的影響下，這項財富轉移成為許多消費者在日後幾年內，可靠的意外收穫。這種情況也應該能讓行銷人士對市場前景鬆一口氣。

萬變不離其宗

到目前為止，我們的分析顯然以美國為主，說明實例也幾乎都以美國企業為主。但是我們這樣做，純粹是為了資料取得方便，而非基於必要性。全球自由市場經濟正開始露出跡象——富裕大眾市場逐漸顯現。有太多因素，讓我們無法輕易比較各國之間的所得（即使最優秀的經濟學家，也尚未建立一套有一致評量的資料）。況且有些分析師認爲，不論在哪個國家，最高所得者的實際所得根本無法得知。但是我們可以確定，在許多國家，家庭平均所得已經產生變化，行銷人士必須審慎了解，究竟發生什麼變化。即使其他國家的財富增加，不像美國情況這麼普及，或者增加程度不這麼高，但是我們預期，各國行銷人士將會發現爲數漸增的消費者，而且這些人並非鉅富，但卻有足夠的購買力，而且本身就能構成一個重要市場勢力。換句話說，各國行銷人士會發現一個屬於當代又引人注目的新大眾市場。

雖然我們預期這些法則依舊有效，但是我們知道本書提到的構想，必須加以調整，才能適用於各國情況。在服務自家富裕大眾時，其他國家的行銷人士將面臨的一項重要差異是，同胞們對富裕的態度。三位備受尊崇的經濟學家最近透露，所得不均（income inequality）對美國的消費者和歐洲的消費者，產生不同的影響⑥。在這項調查中，所得不均常讓歐洲消費者感到不快樂，但在美國卻不會這樣。這項調查也發現，歐洲人普遍對社會不平等更爲敏感（這項發現支持我們在第二章提到，針對消費者對差異化商品感受性所做的國際研究，這項研究顯示以所有產品及服務類別來說，歐洲消費者通常比較不能接受商品差異化）。企業主管應該注意，消費者中有哪些人會受到影響，別以爲消費者對差異化商品的態度舉世皆然。

舉例來說，我們從同樣的研究得知，在美國，富裕者因爲所得不均而失眠，但他們卻不會因爲經濟挑戰而感到困擾。歐洲的情況剛好相反，有部分原因可能出在對所得變動的態度有異，美國人深信所得會日漸增加，但歐洲人卻不是這麼信心滿滿。查爾斯・韓帝（Charles Handy）在二〇〇二年的著作《大象與跳蚤》（*The Elephant and the Flea: Reflections of a Reluctant Capitalist*）中表達，雖然在某些國家，嫉妒不是什麼好事，但是在其他像美國這樣的國家，嫉妒似乎能讓人「燃起野心與希望」⑦。

形成上滴經濟與下滴經濟

這項希望有部分或許是源自於消費者經歷過——且繼續體驗到的——實際消費利得。舉例來說，大家都知道，某項產品或服務降低售價，需求就會增加，這主要是因為需求愈大愈會刺激競爭，讓企業能以更有效率的規模運作。於是，降低價格增加需求，這個循環就會持續下去，經濟學家把這種進展稱為下滴效應（trickle-down）⑧。舉例來說，數位影音光碟放映機於一九九七年上市，售價在八百美元左右，但是二〇〇三年時售價卻不到六十美元，而且同前所述，數位影音光碟放映機的滲透力正逐漸激增。回想十九世紀交替之際，作家暨評論家吉爾伯・卻斯特頓（Gilbert K. Chesterton）以本身特有的守財奴風格，惋惜這項無可避免的事實：「以往我們的祖先很少能享受到讓生活舒適的用品，如今工廠正大量製造這類用品，交由批發商銷售，事實上除非有人認為不需要空調、空間、清靜、舒適及有禮貌也能滿意過活，否則現代人要什麼有什麼，至少可以用相當合理的低廉價格，複製舒適的生活。」⑨

不過現在，有些經濟學家對與下滴效應互補的逆向效應——上滴效應（trickle-up）——更有興趣。降低價格在大眾市場中激發需求，也讓高所得家庭的開銷減少，讓這些消費者可以購買列在欲購清單上的額外項目。西北大學經濟學教授松山公則（Kiminori Matsuyama）說明，爲什麼上滴效應如此重要：「透過這種**上滴效應**，某個產業的生產力利得，引發下一個產業的生產力利得。」⑩

松山公則已經爲上滴效應和下滴效應建立一個模式。從這個模式得到的結果，有助於讓我們對第一章提出的家庭所得分配圖，做更廣泛的詮釋：這項模式說明，所得分配的不同形狀，如何影響購買水準及整體經濟成長。松山公則教授把這項過程比喻爲骨牌遊戲：「爲了引動這項過程，經濟體制中的富裕家庭數目必須有關鍵數量，因爲這些家庭買得起一些昂貴物品。相反地，如果所得差異過大，整個過程就會太早停止。因爲所得差異太大，下滴機制和上滴機制都無法發揮作用。換句話說，在社會中，要讓大眾增加消費，所得就必須以特定方式分配。」⑪

雖然這項模式相當複雜，不過結果支持一項直觀推論——如同我們在圖一．一中二〇〇〇年的資料所見，所得分配愈平均，就能刺激成長，事實上也能讓所得水準較低的消費者取得更多物品。爲了驅動這項模式，較高所得消費者的所得必須有所成長，但是其他消費者的所得也必須跟著成長。如果步調不一致，骨牌效應就會終止。因此，行銷人士若擔心消費者擁有過多商品或對消費感到厭倦，認爲消費者在日後幾年內不想增加消費，在看到當今大眾市場的演變形式時，應該可以大受鼓舞。

行銷人士採取這種觀點時（況且所得分配已呈現這種趨勢），或許就能領悟到，自己有責任填補空隙地帶，引發消費商品更有效率地流通，刺激更大幅度的經濟成長。這些商品其實就是以往消費者想要、卻找不到的商品，因爲以往消費者只能在太好或不夠好的商品之間做選擇。填補這個空隙地帶當然是一項沉重的負擔，但我們確信行銷人士不久就會欣然接下重擔。

終場

即使所得向右移動會讓所得分配曲線出現一些變化，但是基本上，整個曲線的新形狀仍維持不變。在大家期待經濟出現實質成長的情況下，企業可以預期，不管在美國或是其他國家，富裕大眾將成爲新所得與新消費的先驅。

企業主管應找出令富裕大眾興奮的新意識——這塊區隔相當龐大，擁有相當多的金額可消費，因此代表著一項龐大商機。而且，這項商機大部分尚待開發。目前可以確定的是，富裕消費者的所得中，存款所占的比例日漸增加，這部分是任何競爭業者都沒搶到的所得占有率。

這些沒有被利用的資金，提供機會給世界各地的行銷人士，透過創新從中獲利。行銷人士要完成的目標是：找出昂貴商品，讓業者能獲利可觀，並將這些商品銷售給買得起的人士。財富就潛藏在富裕大眾的現象中，等待企業去挖寶。

後記：產業新展望

我們在整本書中，描述並說明大眾行銷的七新見，也涵蓋到如何將當今富裕大眾列入考量，爲產品做定位；如何利用有關使用情境、持有權和投資報酬的新觀點，開發新商品；如何透過與消費者個人及所在地產生更密切關係，提供商品給當今的大眾市場。

不過，把這些法則應用到某個產品區隔，或許是理解這些經驗教訓的最佳方式。接下來，我們就以珠寶業和鐘錶業爲例。這麼做依據的構想是，把書中提到的所有構想，做更鮮明的聚焦，給讀者一些額外洞見，了解如何評估本身商品的市場情況，也爲發展本身事業，制定出許多新構想。我們挑選珠寶鐘錶業爲例，因爲這是具有奢華及財富意味的消費類別，也是幾乎每位消費者都參與到的類別。而且珠寶鐘錶業可能是一九九〇年代經濟榮景時期，表現相當好的類別。

首先，我們考慮這個類別以往的消費記錄。我們檢視美國統計局消費者支出資料中，計算的珠寶消費和鐘錶消費。在這兩類資料中——其他服飾類別及禮物類別中的珠寶鐘錶子類別——消費支出並未隨所得增加而增加。以其他服飾類別來看，珠寶和鐘錶的支出跟皮帶和乾洗的支出歸為同一個子類別。以一九九〇年代美元實際價值計算，這個子類別的支出在二〇〇〇年下跌九％，並且支出並未隨平均所得增加而成比例地增加。在禮物類別珠寶鐘錶子類別，以一九八四年的美元實際價值計算，這方面的支出不變，支出占所得的百分比大幅減少①。顯然，珠寶鐘錶業比最初預期的狀況要糟，面臨更艱巨的挑戰。

可造之材

由於珠寶類別中，鑽石占消費總額的五十％，所以我們接下來要看看，這段期間內鑽石的平均售價，了解鑽石價格變動是否為消費支出減少的原因。我們發現，鑽石批發價穩定上升，至少從一九七〇年代起就是這樣，這是市場具高度協調特性的結果。雖然零售價未必與批發價完全相關，但是這部分珠寶銷售的停滯狀況，更可能是商品價格競爭和商品化所造成。雖然鑽石珠寶業認清有差異化之必要，但是鑽石業最新趨勢卻以品牌為主（強調保證切割品質），讓業者花費幾百萬美元在行銷支出上，結果跟許多產業分析師的判斷一樣，這樣做對消費者產生的影響極小（你知道現在鑽石也被品牌化了嗎？）。

黃金價格可能也是造成相關消費減少的一項因素。不過一九九七年的一項調查發現，「八五％的美國顧客不知道黃金價格，有十五％的美國顧客聲稱知道黃金價格，其中卻有一半的比例，知道的價格有誤。」②

雖然珠寶鐘錶業有平價商品也有奢華名品，但是對我們而言，顯然富裕大眾並不認爲，珠寶是足以刺激他們增加消費的必需品。我們開始推測如何把大眾行銷七新兒，引進珠寶鐘錶業，這時有趣的事才剛開始呢。

舉例來說，雖然市場上的鐘錶品牌多得驚人（光是帥奇錶從平價款式到名品款式就有十八種之多），但是企業似乎還有辦法，在新中間地帶建立主導品牌（即使售價二千美元以上的手錶，每年已有十三％的高成長率）③。而且最具挑戰的是，原本消費者不必花大錢就能買到不錯的手錶，業者如何讓大家願意花高價購買呢？前美國總統比爾·柯林頓（Bill Clinton）在位期間，選擇配戴天美時鐵人 Triathlon 錶（Timex Ironman Triathlon），他大概認爲這款手錶很合適。不過，這款手錶的零售價才四十美元，柯林頓戴這種錶簡直讓錶商大失所望，畢竟他們期望這類名人會花大錢買名錶。而且這麼做的人當然不止柯林頓。天美時鐵人 Triathlon 錶在一九八六年推出後，一年內就成爲美國最暢銷的運動錶，這系列男錶與女錶極具時尚感，還成爲**全球**最暢銷的運動錶，在整個一九九〇年代期間都還相當熱賣④。

雖然以提高價格點的觀點來看，天美時鐵人系列手錶並未掌握新中間地帶，卻運用我們提出的另一項法則，在市場上締造佳績。跟第四章提到的潛水衣和腳踏車零件等實例一樣，天美時鐵人系列手錶是爲了特定**用途**所設計，並且跟職業運動員和工業設計師合作，開發出這款手錶。美國鐵人三項機構（USA Triathlon）估計，參加這項運動的美國人只有九萬人，但是這款手款的眞實性和時尚感，顯然比實際用途更受眾多消費者的重視⑤。

我們知道天美時鐵人系列錶款並不是唯一的例子。天美時和其他鐘錶商已經在這方面做了許多努力，依據情境設計手錶（例如：潛水錶、運動錶和宴會錶，這些錶都相當獨特，而且許多企業專門提供這類錶款）。但是，業者可以利用的機會還有很多。比方說，製錶商豪雅公司（Tag Heuer）推出高爾夫專用錶時，就在市場上締造驚人佳績。二〇〇二年年底時，該公司跟高爾夫名將老虎・伍茲（Tiger Woods）合作，請其代言豪雅公司的 Calibre 36 錶款。這款手錶在市場上熱賣，但是眞正成功之處在於，老虎・伍茲打球時本來不喜歡戴手錶，現在卻戴起這款豪雅錶。這項現在看起來並不相關的細節，並未妨礙該公司進入高爾夫球迷這塊高消費市場。豪雅公司表示，高爾夫球友（我們在第二章提過，人數超過二千六百萬人）在打球時，有九十%的人不戴手錶⑥。豪雅公司能在高爾夫用途上找到商機，其實並不令人意外。該公司曾在一八八二年率先推出賽馬用的懷錶，後來還在一八九五年推出專利防水錶，並且在一九〇〇年代期間，推出一系列賽車錶和其他運動錶⑦。

珠寶市場也出現類似機會，有些企業也掌握商機獲得成功。蒂芙妮公司就成功地推出銀飾品系列，在珠寶界掌握部分新中間地帶。這些銀飾品比金飾還便宜，而且還保有獨特品質和富裕消費者的渴望。雖然珠寶行銷人士有限度地運用情境用途和專門用途領域，其實這方面的機會還很多。以網球手鍊爲例，就在幾年前創造一整個流行趨勢。舉例來說，業者其實可以設計扣環更不易鬆脫，並具備其他實用設計功能的旅遊珠寶，強調這類珠寶適合經常旅遊需在外地停留的人士使用。但是目前市場上有這種珠寶嗎？

在訂婚鑽戒和十週年婚戒這方面，鑽石界行銷人士已經做得相當好（美國直到一九三〇年代後期，才開始流行訂婚鑽戒，後來到一九六〇年代初期，這股風潮才吹到日本，而目前全球鑽石銷售量，日本市場就占四分之一）。因此，珠寶業者也可以突發奇想，推銷十六歲甜心藍寶石戒，或其他專門設計慶祝人生特別階段的珠寶飾品，包括慶祝單身的珠寶也是不錯的構想。

不過，這些都只是珠寶界趨勢的跡象。戴比爾斯集團（DeBeers Group）曾推出十六款新鑽戒，主攻女性的另一隻手——右手（因爲左手戴婚戒）——希望提高購買次數。該集團希望藉此增加小鑽戒的需求，並且以三十歲到四十四歲、家庭所得超過十萬美元的女性爲目標顧客群⑧。我們很想知道，戴比爾斯集團接下來會怎麼做。

不過，業者還可以運用許多行銷策略。舉例來說，雖然鑽石恆永久，但一定要永遠持有嗎？現在，珠寶鐘錶仍被視爲終生投資。爲什麼？紐約珠寶商杜尼奧（Tourneau）就利用價格保證退貨政策銷售手錶，在市場上獲得成功，也爲旗下零售店和線上購物創造一個活絡的零售市場，但是其他業者卻一直遲遲未跟進。爲什麼消費者不能輕鬆地以每月四十美元的租金，租用價值四千美元的手錶或項鍊，最後還能選擇拿租金抵扣，直接把手錶或項鍊買下呢？或者更棒的是，跟別人分時共用價值五萬美元的手錶或珠寶。業者想要成功地運用這項策略，可能要重新考量消費者對於持有珠寶的態度（與宜家家居在家具共用方面採取的做法類似），不過共同持有（而非租用）當然也是一個可運用的價值主張，例如：共同購買價值二十五萬美元或五十萬美元的珠寶系列。

舉例來說，珠寶商可以把二十五萬美元的系列商品，由五十人各出資五千美元購買。然後商品由珠寶商投保及照料保管，共同持有人可在任何特殊場合、甚至日常想配戴時，向珠寶商取得商品。持有人也能以原本買不起的高價珠寶，向友人炫耀，而且還能時常更換珠寶，表彰自己的財富地位。珠寶商還可以持續更新系列商品，把持有者用過或戴膩的珠寶出清和汰舊換新，並藉此收取服務費。

在最好的情況下，這種做法會讓高級珠寶需求出現極大的改變。最壞的情況或許也還好，以現代健身中心爲例，就是由幾百名消費者共用一套寶貴資源。大多數會員只是偶爾使用這項服務，還具有會員身分，也樂意支付服務費。

持有珠寶這項消費也有報酬可言嗎？給配戴手錶或珠寶者一些好處，怎麼樣？比方說，在運動盛會或社交盛宴的特定夜晚，戴勞力士（Rolex）手錶者可獲得免費飲料。現在，珠寶業如何確保本身商品具有投資特質呢？百達翡麗強調本身手錶具傳家之寶的特質，那麼項鍊呢？珠寶業能在保證剩餘價值，創造流動性更佳的市場，以減輕消費者對珠寶沉沒成本的憂慮等方面做得更好嗎？

爲奢華品市場服務的許多珠寶業者，名氣都很響亮，即使買不起、只能夢想擁有這類珠寶的消費者，也都認得這些品牌。回想一下電影《第凡內早餐》（*Breakfast at Tiffany's*）的情景，還有每家購物中心獨特的連鎖品牌。但是有什麼品牌專門服務富裕大眾、而非鉅富人士，卻能在國內聲名大噪？能將產品類別、地點和個人服務搭配得當，讓顧客覺得配戴這種珠寶能提高身分，卻不擔心自己買不起，這種品牌在哪裡呢？

結束

珠寶商對自己的顧客了解多少？有多麼擅長向顧客傳達本身知識，表示對買賣關係的敬重呢？沒錯，目前二萬六千家自營珠寶商店，每天在所屬社區費心經營顧客。但是以某位顧客的經驗爲例，就知道有些企業在與富裕大眾做有效溝通方面，還有一段長路要走。這位顧客雖然已向特定名品錶商購買三支手錶，錶店卻從未跟他做過個人接洽，或邀請他再回店裡逛逛。反而常常寄一些印刷精美（顯然也相當昂貴）的店內行銷刊物給他，刊物內容都是這位顧客不感興趣的現代藝術場景等時尚主題。就算寄送看似以個人爲訴求的信件，提供減價優惠，這些大眾郵件根本無法符合這位顧客的期望，顧客甚至不確定自己日後是否還對這家錶店的產品有興趣。

我們已經爲全球珠寶商和鐘錶商提出許多問題，而且這些問題不可能迅速或輕易地解決掉（我們也知道，無實務經驗的行銷人士若有我們的研究在手，就像有教練在旁指導）。然而，業者若還不準備因應，富裕大眾不久後就會提出這些問題。而且緊接在消費者之後，股東也會提出質疑。我們希望，當市場徹底調查這些問題時，成功的企業主管已做好充分準備解決問題。我們相信本書所提供的策略、資料和實例，能幫助企業主管做好準備。

註釋

前言

①有關讓顧客關係投資與報酬相平衡的詳細討論，參見 Robert E. Wollan and Paul F. Nunes, "Toward a Customer Meritocracy," Outlook (published by Accenture) 14, no. 2 (July 2002)。

1 新大眾市場

①我們承認所得只是富裕的三項標準經濟評量之一。其他兩項是收入（earnings）與財富（wealth）或累積資產（accumulated assets）。由於所得跟財富極爲相關，尤其是與家庭支出密切相關，所以我們決定以所得爲焦點。自一九〇〇年代初期以來，資本利得（capital gains）占富裕者總所得的比例愈來愈小，所得跟收入的關係也日益增加。

②根據《美國銀行家協會銀行業期刊》（*ABA Banking Journal*）執行編輯史蒂夫·柯契歐（Steve Cocheo）所言，薩頓認爲這件事是記者爲截稿而捏造之事。不過喜歡冒險的他，眞的引用這句話爲第二本書命名《錢放在哪裡：銀行搶匪的回憶錄》（*Where the Money Was: The Memoirs of a Bank Robber*），所以這件事永遠跟他扯上關係。詳見網址 http://www.banking.com/aba/profile_0397.htm。

③同上。

④其實這個圖形就是經濟學家和統計學家所熟知的對數常態曲線（lognormal curve）。而且諷刺的是，雖然這類分配常以所得爲主要實例，但能依此反推的經理人卻寥寥無幾。

⑤以美國政府印製局於二〇〇二年出版的《美國二〇〇一年資金所得》（Money Income in the United States: 2001），頁六〇至頁二一八美國人口調查局當期人口報告，美國二〇〇一年系列調查都市消費者物價指數爲依據（以調整過的實質美元計算）。

⑥“What the Boss Makes,”《富比士》（*Forbes*）網頁，http://www.forbes.com/2003/04/23/ceoland.html。

⑦雖然這項轉變顯而易見，但是由於一流經濟學家對此缺乏共識，因此這項轉變的根本成因仍舊是討論重點。可以確定的是，這項轉變包括：雙薪家庭的興起，男性工作者的薪資差異日漸增加，在許多產業中，頂尖績效員工有「贏家通吃」的薪資水準，知識工作者有高

額獎金，而製造業工人卻要蒙受無限損失。不過，大家對這些因素和其他因素的相關影響並無共識，對於這些因素的利弊得失也缺乏共識。因此，我們把這些問題留給讀者做進一步的調查。

⑧美國國稅局，"[Individual Income Tax] Returns with Positive Adjusted Gross Income (AGI): Number of Returns, Shares of AGI and Total Income Tax, AGI Floor on Percentiles in Current and Constant Dollars, and Average Tax Rate, by Selected Descending Cumulative Percentiles of Returns Based on Income Size Using the Definition of AGI for Each Year, Tax Years 1986-2001,"。

⑨英國蘭卡斯特大學（University of Lancaster）的伊莉莎白·修弗（Elizabeth Shove）與亞倫·渥德（Alan Warde）確認出六項「消費機制」（mechanisms of consumption），各項機制顯然隨著人們日漸富裕而改變。行銷人士必須了解，繁榮對人們購物滿足下列事項有何影響：產生社會比較、創造自我認同、尋求精神刺激（新鮮事）、在所有物上建立一致性（通常意指品質，也就是所謂的狄德羅效應（Diderot effect，譯註：有人送法國哲學家狄德羅一件新睡袍，爲了和新睡袍相稱，狄德羅換掉家具，後來又換地毯））、增加所有物的特殊性以改善相稱性及功能、以及更充分運用電力和運算能力這種消費的新基礎設施。參見"Inconspicuous Consumption: The Sociology of Consumption and the Environment,"。

⑩ Pete Engardio, Aaron Bernstein, and Manjeet Kripalani, "The New Global Job Shift," *Business-Week*, 3 February 2003, http://businessweek.com/magazine/content/03_05/b3818001.htm。

⑪ Christine Spivey, "U.S. Outsourcing Decelerates," March 2002, http://www.forrester.com/ER/Research/Report/Summary/0,1338,13161,00/html.

⑫ 詳細討論參見 W. Michael Cox Richard Alm *Myths of the Rich and Poor* (New York: Basic Books, p.99.

⑬ 法蘭克的著作《奢華狂潮》、p. 15。

⑭ 美國勞工統計局，「一九八四年到二〇〇一年之消費支出調查」，網址爲··http://www.bls.gov/cex/csxstnd.htm。由於消費支出調查資料的詳細分析透露，以稅後所得做說明出現錯誤，美國勞工統計局也承認這些錯誤，所以我們以稅前所得的數據做說明。因此，我們也應用加權平均稅收，利用代理變數爲稅後所得進行迴歸分析。不過在所有情況下，結果都很類似，就算有差異，也不會對發現結果有太大影響。

⑮ 只用這三年的平均值是有點武斷，但卻能幫助讀者更了解這個圖形所顯示的重點，尤其是這項改變對消費所造成的影響。

⑯ K. Dynan, J. Skinner, and S. Zeldes, "Do the Rich Save More?" working paper 7906, National Bureau of Economic Research, Cambridge, 2000. Available at http://www.nber.org/papers/

w7906.

⑰ Christopher D. Carroll, "Why Do the Rich Save So Much?" working paper 6549, National Bureau of Economic Research, Cambridge, May 1998. Available at http://www.nber.org/papers/w6549.

⑱ 媒體所描述的富裕生活型態對消費有何影響，這方面的詳細討論參見 Juliet Schor, *The Overspent American*, New York: Basic Books, 1998, p.80。

⑲ 有關這項研究的詳細結果參見諾恩斯與強生共同撰文〈錢在哪裡〉（Where the Money Is）、二〇〇一年、埃森哲網頁：http://www.accenture.com/xd/xd.asp?it=enweb&xd=_ins/insresearchreportabstract_150.xml。

⑳ 有關這項研究的詳細結果參見諾恩斯與強生共同撰文〈注意差異：消費者對創新的態度〉（Mind the Gap: Consumer Attitudes to Innovation）、二〇〇二年十月二十九日、埃森哲網頁：http://www.accenture.com/xd/xd.asp?it=enweb&xd=services/sba/sba_ideas_innovation.xml。

㉑ 史丹利與丹寇之合著《下個富翁就是你》，頁三七。

㉒ 杜伯伊與杜克斯尼共同撰文, "The Market for Luxury Goods: Income versus Culture," *European Journal of Marketing* 27, no. 1 (1993): 35-44.

㉓ Lauren Weber, "The Diamond Game: Shedding Its Mystery," *New York Times*, 8 April 2001.

㉔ 隆吉諾提的著作《銷售夢想》。

㉕ 泰德洛之著作《創新與進步：美國大眾行銷史話》，頁四。

㉖ Daniel Akst, "Where Those Paychecks Come From," *Wall Street Journal*, 7 May 2003.

2 掌握「新中間地帶」

① Gerry Dulac, "Missing the Green," *Pittsburgh Post-Gazette*, 7 April 2002.

② Robert G. Gowland, "Early Golf Clubs and Balls," *The Magazine Antique*, 1 August 2001, 184.

③ 沃爾瑪百貨網頁：http://www.walmart.com/catalog/product_listing.gsp?cat=5208&path=0%3A4125%3A5208, Top-Flite XL 3000（高爾夫球三十盒售價三十五・七六美元）。

④ Mike Stachura, "The Best Buy in Golf? It's the Low-Price Balls. Here's Why," *Golf Digest*, 1 July 2002, 59.

⑤ Adam Gorlick, "Top-Filte Golf Co. Files for Bankruptcy," AP press release, 30 June 2003.

⑥ 有關特定業界細節，詳見諾恩斯與強生於二〇〇二年十月二十九日的共同撰文，"Mind the Gap: Consumer Attitudes to Innovation," 埃森哲網頁：http://www.accenture.com/xd/xd.asp?it=enweb&xd=services/sba/sba_ideas_innovation.xml。

⑦作者於二〇〇三年三月二十一日電話訪問庫柏之錄音。
⑧作者於二〇〇三年三月二十一日電話訪問麥卡隆之錄音。
⑨Andrew Bary, "Gimme Shelter," *Barron's*, February 2003, 18-19.
⑩作者於二〇〇三年三月二十一日電話訪問庫柏之錄音。
⑪作者於二〇〇三年三月二十一日電話訪問麥卡隆之錄音。
⑫同上。
⑬"What Makes Coach a Winner? A Sharply Focused Game Plan," *Home Furnishing News*, 13 January 2003, 20.
⑭Julia Boorstin, "How Coach Got Hot," *Fortune*, 28 October 2002, 131.
⑮Coach 二〇〇二年年報。
⑯Boorstin, "How Coach Got Hot."
⑰Leigh Gallagher, "Endangered Species," *Forbes*, 31 May 1999, 105.
⑱Sandra Dolbow, "Strategy: Lacoste Looks to Take Its Crocodile Upstream," *Brandweek*, 3 June 2002.
⑲Jeremy Kahn, "Gillette Loses Face," *Fortune*, 8 November 1999, 147.
⑳Paula Hendrickson, "Groomed for Success," *Point of Purchase*, April 2002, 35.

㉑ 同上。

㉒ Naomi Aoki, "Gillette Creates a Little Buzz with its New Razor," *Boston Globe*, 16 January 2004.

㉓ Naomi Aoki, "The War of the Razors: Gillette-Schick Fight over Patent Shows the Cutthroat World of Consumer Products," *Boston Globe*, 31 August 2003.

㉔ "P&G's Crest Brand Continues to Gain Momentum," *Chain Drug Review*, 24 June 2002, 86.

㉕ Neil Buckley, "The E-Route to a Whiter Smile," *Financial Times*, 26 August 2002, 8.

㉖ A. G. Lafley, Event Brief of Q4 2003 Procter & Gamble Company Earnings Conference Call, 31 July 2003 (FDCH e-Media, Inc. 2003).

㉗ Melinda Fulmer, "Growing Bags of Green," *Los Angeles Times*, 21 August 2002.

㉘ Jill Duman, "Dole Fresh Vegetables Launches Museum of Salad in New York City," *Monterey County Herald*, 13 May 2002.

㉙ Matt Nauman, "Volvo SUV Goes Against the Mainstream," *San Jose Mercury News*, 14 December 2002.

㉚ Gregory J. White and Joseph B. White, "Luxury Life," *Wall Street Journal*, 7 February 2003.

㉛ Terry Box, "Entry-Level Luxury Cars Drive Up Dealer's Profit," *Dallas Morning News*, 21 September 2002.

㉜ Neal E. Boudette and Jeffrey Ball, "Europe's Luxury Cars Show Some Vulnerability," *Wall Street Journal*, 12 November 2002.

㉝ Gail Edmondson, Christine Tierney, and Chris Palmeri, "Classy Cars," *BusinessWeek*, 24 March 2003, 62.

㉞ Kathleen Kerwin, "Ford: Luxury Is Job One," *BusinessWeek*, 11 November 2002, 116.

㉟ Mark Rechtin, "Mass Luxury: Folly or Savvy Business?" *Automotive News*, 24 June 2002, 1.

㊱ Jim DuPlessis, "BMW Plant Will Gear Up Slowly," (*Columbia, S.C.*) *State*, 16 November 2002.

㊲ Eileen Daspin, "The T-Shirt You Can't Get," *Wall Street Journal*, 10 October 2003.

㊳ Sabrina Jones, "Wait of Success," *Washington Post*, 4 August 2002.

㊴ Bob Sperber, "Fast Casual Dining Ahead," *Brandweek*, 2 September 2002.

㊵ W. Micheal Cox and Richard Alm, *Myths of the Rich and Poor* (New York: Basic Books, 1999), 39-45.

㊶ Christopher C. Muller, "Redefining Value: The Hamburger Price War," *Cornell Hotel and Restaurant Administration Quarterly*, June 1997, 62-73.

㊷ Sperber, "Fast Casual Dining Ahead."

㊸ Tiffany Montgomery, "Taco Bell's New Product Aims to Draw More Upscale Customers,"

Orange County Register, 19 June 2002.

㊹ Bob Sperber, "Taco Bell Builds Beyond Border Bowls," *Brandweek*, 4 November 2002.

㊺ Irene B. Rosenfeld, "Brand Management in a Marketplace War Zone," *Journal of Advertising Research*, September/October 1997, 85-89.

㊻ Stephanie Thompson, "*Brandweek's* Marketers of the Year: Mary Kay Haben, Karft Pizza Co.," *Mediaweek*, 20 October 1997.

㊼ Stephanie Thompson, "Kraft's DiGiorno Pizza Links to Golf in Drive to Reach Upscale Families," *Brandweek*, 23 March 1998.

㊽ Michael Hartnett, "It's a Bird, It's a Plane: It's Superpremium Pizza," *Frozen Food Age*, May 2001, 28.

㊾ Neal E. Boudette, "VW's $100,000 Phaeton Is Slow Out of the Gate," *Wall Street Journal*, 12 February 2003.

3 對待某些顧客更公平些

① Deborah Ball and Shirley Leung, "Latte Versus Latte," *Wall Street Journal*, 10 February 2004.

② "Leading Online Directory Assistance Provider Announces New Name and URL," *PR New-*

swire, 13 March 2003.

③ Jeff Gelles, "World-Class Customer Experience at Dell Now Costs Extra," *Philadelphia Inquirer*, 7 July 2002.

④ Robert E. Wollan and Paul F. Nunes, "Creating a Customer Service Meritocracy," *Outlook* (published by Accenture), no. 2 (July 2002).

⑤ Sam I. Hill, Jack McGrath, and Sandeep, Dayal, "How to Brand Sand," *Strategy and Business*, April 1998, 22-34。

⑥ Daniel S. Hamermesh and Jungmin Lee, "Stressed Out on Four Continents: Time Crunch or Yuppie Kvetch?" working paper 10186, National Bureau of Economic Research, Cambridge, December 2002. Available at http://papers.nber.org/papers/W10186.

⑦ Edward Baig, "Platinum Cards: Move Over, Amex," *BusinessWeek*, 14 June, 1997, http://www.businessweek.com/1996/34/b3489117.htm.

⑧ 有興趣進一步探討定價策略和戰術的讀者，可參考許多資源，包括由葛拉德・泰利斯（Gerard J. Tellis）寫的這篇極具影響力的文章，"Beyond the Many Faces of Price: An Integration of Pricing Strategies," *Journal of Marketing* 50, no. 4 (October 1986): 146-160。

⑨ Erik Brynjolfsson and Michael D. Smith, "Frictionless Commerce? A Comparison of Internet and Conventional Retailers," *Management Science* 46, no. 4 (2000): 563-585.

⑩ Julia Angwin and Motoko Rich, "Big Hotel Chains Are Striking Back Against Web Sites," *Wall Street Journal*, 14 March 2003.

⑪ 有關這種諷刺定價狀況的變遷，詳見 "Full Price: A Young Woman, an Appendectomy, and a $19,000 Debt—Ms. Nix Confronts Harsh Fact of Health-Care Economics: Uninsured Are Billed More—Moving in with Mom at Age 25," *Wall Street Journal*, 17 March 2003.

⑫ David Ulph and Nir Vulkan, "Electronic Commerce and Competitive First-Degree Price Discrimination," December 2000, http://else.econ.ucl.ac.uk/papers/vulkan.pdf.

⑬ 健全的道德決策當然是無可取代的。我們在此向讀者推薦約瑟夫・巴達拉克（Joseph Badaracco）的著作，特別是《對與對的抉擇》（*Defining Moments: When Managers Must Choose Between Right and Right*, Boston: Harvard Business School Press, 1997）。

⑭ Marcia Stepanek, "Weblining: Companies Are Using Your Personal Data to Limit Your Choices—And Force You to Pay More for Products," *BusinessWeek*, 3 April 2000. http://www.businessweek.com/2000/00_14/b3675027.htm.

⑮ Gary H. Anthes, "Picking Winners and Losers," *Computerworld*, 18 February 2002, 34.

⑯ David Streifeld, "On the Web, Price Tags Blur: What You Pay Could Depend on Who You

Are," *Washington Post*, 27 September 2000.

⑰ Anthony Danna and Oscar H. Gandy Jr., "All That Glitters Is Not Gold: Digging Beneath the Surface of Data Mining," *Journal of Business Ethics* 40, no. 4, (November 2002): 373-386.

⑱ Donna L. Goodison, "Kozmo.com Wraps Up Food Deal, and Faces Redlining Rap," *Boston Business Journal*, 28 April 2000.

⑲ Daniel Kahneman, Jack Knetsch, and Richard Thaler, "Fairness as Constrainton Profit seeking," *American Economic Review*, 76, no. 4, (1986): 728-741.

⑳ 顧客反彈比顧客惱怒更爲嚴重，會導致業者損失友善顧客，或讓品牌權益受損。卡納曼、尼奇和薩勒的共同撰文〈公平是追求獲利的一項限制〉，就說明顧客可採取三項行動，表達對企業不公平行徑的不滿。首先，當市場上終於出現競爭，顧客可以放棄這類企業或威脅要這樣做。其次，顧客可以因爲這種冒犯、不公平行徑有損業者名聲，而拒絕向業者購買（這種反應通常是爲了洩憤，甚至也讓顧客自己付出代價）再者，顧客可以基於渴望公平行爲及自身良好感受，並想讓企業加入公平行列，而避免購買企業商品。考慮這些因素，行銷主管應該想辦法避開想強行這樣做的消費者，而不是後來再解決這種顧客行爲。

㉑ Barbara Kingsley, "Theme Is Status", *Orange County Register*, 29 October 1999.

㉒ 同上。

㉓ 環球影城的網頁··http://www.usoinfo.com/Parkinfo/tickets.html#UniversalStudiosVIP Tour。

㉔ Christine Blank, "Parking It for Fun," *American Demographics*, 1 April 1998, 6.

㉕ "Nowhere Else on Earth," *Maclean's* (advertising supplement), 11 November 2002, 8.

㉖ 作者於二〇〇三年三月十九日電話訪問高曼之錄音。

㉗ 作者於二〇〇一年九月十日電話訪問拉巴克之錄音。

㉘ Stephen Wood, "Winter Pursuits: It's A Rich Man's Game," *Independent* (London), 8 February 2003.

㉙ 同上。

4 找出情境用途

① D. Marie Victoriana, Victorian Gallery Web page, http://www.geocities.com/Wellesley/Gazebo/9456/VLady/dinner/dinner.html.

② Gaye Bland, Rogers Historical Museum Web page, http://www.rogersarkansas.com/museum/donationOfTheMonth/02-02.asp.

③ Pilar Guzman, "Hey, Man, What's for Dinner?" *New York Times*, 28 August 2002.

④ 在說明特製化爲增加消費的一項重要機制時，英國蘭卡斯特大學的學者修弗與渥德指出：「在阿斯科特賽馬場、亨利賽舟大會、白城、聽歌劇和搖滾音樂會時，要當一個成功的社會參與者，就跟當一名員工、足球隊迷和熱愛自行動手做或居家修繕者一樣，需要許多不一樣且相當昂貴的設備。通常，以功能觀點來看，需要一堆大致相同或類似的東西；但事實上，這些東西都是特製品，不可能跟別人交換。『非正式化』（informalisation）對於在什麼場合該穿什麼才適當，有比較寬鬆的規定，因此讓整個效應緩和些，這一點或許沒錯。但是，新活動不斷出現，或者以往類似活動更常被區分成不同且專業化的領域，每個都需要獨特的服裝，形成一股社會及商務衝勁，讓人們擴大消費。」參見修弗與渥德的共同撰文，“Inconspicuous Consumption: The Sociology of Consumption and the Environment,” Department of Sociology, Lancaster University, revised October 1998, http://www.comp.lancs.ac.uk/sociology/soc001aw.html。

⑤ Grant McCracken *Culture and Consumption* (Bloomington, IN: Indiana University Press), p. 19.

⑥ Linda O'Keeffe, *Shoes: A Celebration of Pumps, Sandals, Slippers and More* (New York: Workman Publishing, 1996) 在 Beverly Hall Lawrence, "Polishing the Shoe's Image" (*Newsday*, New York, 3 April 1997.) 中也提到。

⑦ Shove and Warde, "Inconspicuous Consumption: The Sociology of Consumption and the Environment."

⑧ William A. Rossi, "The Shoe Industry's Twenty-Year Snooze: Sales Trends in the Footwear Industry," *Footwear News*, 22 June 1998, 12.

⑨ 作者於二〇〇三年二月十九日電話訪問李波之錄音。

⑩ Stuart B. Chirls, "Americans Head for the Water: In, On, and Under," *Daily News Record*, 31 July 1989, 18.

⑪ Alan Cooperman, "Imelda Marcos Had 2,000 Paris, But Did She Have One of These?" Associated Press, 11 July 1989, published in "Water Shoe Is a Runaway Hit," San Francisco Chronicle, 7 August 1989.

⑫ Bob Ford, "Other Shoe Drops: Converse Seeks Bankruptcy Protection," *Philadelphia Inquirer*, 23 January 2001.

⑬ 高伯瑞的著作《富裕的社會》，p. 120-121。

⑭ U.S. Census Bureau, "Statistical Abstract of the United States: 2000," http://www.census.gov/prod/www/statistical-abstract-us.html.

⑮ David Kiley, "Baby Boomers Splurge on 'Road Candy', Just for Fun; Buyers Make Room for

Third-Even Forth-Cars in the Driveway," *USA Today*, 21 June 2002.

⑯ 同上。

⑰ "New Single-Family Home Characteristics," *Housing Economics* 50, no. 7, (July 2002): 13-18.

⑱ Patrick O'Driscoll, "Only Ashes Left of 'Dream Place,'" *USA Today*, 1 July 2002, http://www.usatoday.com/news/nation/2002/07/02/rebuild.htm.

⑲ Soap and Detergent Association Web page, http://inventors.about.com/gi/dynamic/offsitr.htm?site=http://www.sdahq.org/sdalatest/html/soaphistory1.htm.

⑳ Dial Corporation Web page, http://www.dialcorp.com/index.cfm?page_id=15.

㉑ 有關洗髮次數，詳見 Leigh Grogan, "Heads Above the Rest?", http://www.bonitabanner.com/02/08/neapolitan/d659157a.htm.

㉒ Johnson & Johnson and its subsidiaries own T-Gel and Nizoral A-D, two of the ten best-selling of any shampoos by dollar sales.

㉓ Euromonitor Wed page, http://www.euromonitor.com/results.asp?orderby=fulltextsearch&company=&username=&password=&search=Johnson+and+Johnson+baby+care&x=0&y=0.

㉔ Grogan, "Heads Above the Rest?"

㉕ In-Cosmetics Web page, http://www.in-cosmetics.com/page.cfm/Link=49.

㉖ Williams-Sonoma Web page, http://ww1.williams-sonoma.com/cat/pip.cfm?src=srki1%7Cwasparagus%2Fsrkil%7Cwasparagas%2Fhme%2Fhme&skus=4547964&pkey=sa0s10asparagus&cmsrc=sch.

㉗ Walter Mossberg, "The Mossberg Solution: Is That an iPod in Your Pocket? More Clothing Makers Target Gadget Users; a Ski-Jacket with a Remote Sewn In," *Wall Street Journal*, 15 January 2003.

㉘ 根據義大利佛羅倫斯的市場資訊公司ＮＰＤ集團。

㉙ Betsy McKay, "Thinking Inside the Box Helps Soda Makers Boost Sales," *Wall Street Journal*, 2 August 2002.

㉚ Erin Brennan, quoted in Mekeisha Madden, "Mints Go Mod; Designer Tins, New Flavors Are the Latest Trends in the Billion Dollar Business of Freshening Breath," *News Tribune* (Tacoma, WA), 27 February 2002.

㉛ PR Newswire, "Starbucks Customers Have Enjoyed 1.7 Billion After Coffee Mints . . . So Cool," press release, 25 September 2002.

㉜ Body Glove Web page, http://www.bodyglove.com/company/company.php.

㉝ Schwinn 的資產後來在二〇〇一年被太平洋自行車公司（Pacific Cycle LLC）收購，後者繼

續銷售 Schwinn 品牌的產品。

㉞作者於二〇〇二年八月十二日電話訪問拉森之錄音。

㉟同上。

㊱同上。

㊲J. Peterman Web page, http://www.jpeterman.com/default.htm.

㊳U.S. Census Bureau, "Statistical Abstract of the United States: 2001."

㊴Troung Phouc Khanh, "Atherton, California, Wins Honor of State's Car Capital," *San Jose Mercury News*, 21 May 2002.

㊵Ray A. Smith, "A Crypt to Die For," *Wall Street Journal*, 24 September 2003.

㊶韋伯倫的著作《有閒階級論》, p. 100。

㊷H. L. Mencken, "Professor Veblen" (1919), reprinted in "Thorstein's Endless Train of Thought: Where's the Caboose?" http://www.blancmange.net/tmh/articles/hlm_veblen.html.

㊸韋伯倫的著作《有閒階級論》, p. 101。

5 重新創造持有模式

①Starkey Institute Wed page, http://www.starkeyintl.com/placement_terms.html.

② Chana R. Schoenberger, "Ask Jeeves," *Forbes*, 13 November 2003, 304.

③ Steve Jordon, "Hours Add Up for Americans," *Omaha World-Herald*, 9 September 2002.

④ Mimi Avins, "Tranquility the House a Haven on the Home Front; Some Scale Back Design Plans, While Others Splurge in a Live-for-Now Attitude," *Los Angeles Times*, 18 October 2001.

⑤ U. S. Census Bureau, http://www.census.gov/const/C25Ann/sftotalmedavgsqft.pdf.

⑥ L.Z. Granderson, "Searching for Space," *Atlanta Journal-Constitution*, 13 June 2002.

⑦ FirstService Corproation, Annual Report 2003.

⑧ Tammy Stables Battaglia, "Home Buyers Set Stone by the Pantry as a Top Amenity," *Cleveland Plain Dealer*, 26 January 2002.

⑨ Thomas C. Boyd and Diane M. McConocha, "Consumer Household Materials and Logistics Management," *Journal of Consumer Affairs* 30, (summer 1996): 218.

⑩ Association of Home Appliance Manufacturers Web page, 2001, http://www.aham.org/News/newslist.cfm.

⑪ 有關入門級洗碗機的價格，參見 Best Buy 網站，http://www.Best-buy.com。

⑫ "Appliances Triples Profit," *Christchurch Press*, New Zealand, 9 November 2002.

⑬ 有一位英國紳士在世紀之交拜訪印度，他在回憶錄裡描述當時的情景：「大象要吃許多昂

貴的飼料。大象背部疼痛時，那可是非同小可的事，大象死時還會堵塞衛生設備。」詳見 Robert Baden-Powell, Memories of India, http://www.pinetreeweb.com/bp-memories14.htm。

⑭ "Fractional Jet Ownership," http://www.fractionaljetownership.com/content/history.html.

⑮ 作者於二〇〇三年二月十九日電話訪問齊巴拉之錄音。

⑯ Exotic Car Share Wed page, http://www.exoticcarshare.com.

⑰ 作者於二〇〇三年二月十九日電話訪問齊巴拉之錄音。

⑱ 同上。

⑲ Vicki Parker, "Floating an Idea," *News and Observer* (Raleigh), 23 April 2002. 同樣地，名爲彼德韓森遊艇仲介（Peter Hansen Yacht Brokers）的澳洲投資公司，提供買家遊艇七・一％的持有權，費用約爲二萬四千美元，買家每年可使用二十一天。"A Piece of the Boating Action for a Fraction of the Cost," *Gold Coast Bulletin* (Queensland, Australia), 20 September 2002.

⑳ Jonathan Heller, "Ticket Plan Set for New Ballpark," *San Diego Union-Tribune*, 23 June 2002.

㉑ Elizabeth Razzi, "Prime Time," *Kiplinger's Personal Finance*, August 2002.

㉒ Private Retreats Wed page, http://www.private-retreats.com/locations/tortola.htm.

㉓ Exclusive Resorts advertisement copy, *Wall Street Journal*, 30 January 2004, W13.

㉔ Razzi, "Prime Time".

㉕ Todd Pack, "Affluent Baby Boomers Buy Time," *Sun-Sentinel* (Florida), 25 February 2002.

㉖ "Sales for the Phillips Club Reach $35 Million in Two Years," *Real Estate Weekly*, 18 September 2002.

㉗ 班傑明・富蘭克林在其一七五八年暢銷書《致富之道》(*The Way to Wealth*)中,概述當時社會習俗並提醒大家:「許多人爲了愛面子,寧可餓肚子,讓家人也跟著挨餓……窮人模仿富人,眞的很愚蠢,就像青蛙看到牛的身形巨大很羡慕,鼓足氣拚命要把身體漲大。」

㉘ John Gallagher, "Consumers Are Carrying $1.6 Trillion in Credit," *Detroit Free Press*, 26 December 2001.

㉙ Naedine Joy Hazell, "Diners Club Gets Its Due Credit," *Hartford Courant*, 25 July 2000.

㉚ Zipcar Web page, http://www.zipcar.com/press/

㉛ Marcia Myers, "Wheels at Will," *Baltimore Sun*, 28 May 2002.

㉜ Zipcar, "Zipping Away from the Heat of Another Summer in the City Is Now Fast, Easy, and Affordable," press release, 23 May 2002.

㉝ 作者於二〇〇三年三月四日電話訪問羅森茲威之錄音。

㉞ Rob Turner, "Luxury to Let," *Money Magazine*, July 2002, 114.

㉟ *Wall Street Journal*, advertisement, 24 January 2003.

㊱ Virginia Center the Creative Arts Web page, http://www.vcca.com/artleasing.html.

㊲ Richard Craver, "Furniture Industry Contemplates Retail Leasing," *High Point Enterprise* (N. C.), 15 December 2001.

㊳ Jane Spencer, "How Much Is Your Time Worth?" *Wall Street Journal*, 28 February 2003.

㊴ Wendy Cole Columbus, "Personal Chefs: Busy Households Are Hiring Pros to Cook for Them at Home," *Time*, 8 April 2002, 15; and Personal Chefs Network Web page, http://www.personalchefsnetwork.com/index.html.

㊵ Jane Boaz, "Personal Chef Services: A Personal Career Choice for Entrepreneurial Chefs," *Global Chefs*, May 2002, http://www.globalchefs.com/career/current/coj013per.htm.

㊶ Lew Sichelman, "FHFB Says Average Home Price Approaching 300K in Top Markets," *National Mortgage News*, 21 October 2002.

㊷ 同上。

㊸ John Gourville and Dilip Soman, "Pricing and the Psychology of Consumption," *Harvard Business Review* (September 2002): 90.

㊹ 作者於二〇〇三年三月二十八日電話訪問馬蒂厄之錄音。

㊺ Linda Hales, "Jeepers Keeper," *Washington Post*, 21 September 2002.

㊻ Susan B. Garland, "Making Social Security More Women-Friendly," *BusinessWeek*, 22 May 2000, 103.

㊼ 作者於二〇〇三年三月二十八日電話訪問馬蒂厄之錄音。

㊽ 這讓我們想起狄德羅效應在消費上的重要性，消費者會在持有物的的品質和價值上，追求一致性。

㊾ Sarah Robertson, "Out with the New," *Wall Street Journal*, 6 June 2003.

㊿ Rachel Emma Silverstein, "Nu 5BR/4BA Home, Perfect to Tear Down," *Wall Street Journal*, 20 August 2003.

51 Stuart Elliott, "IKEA Challenges Attachment to Old Stuff," *New York Times*, 16 September 2002.

52 作者於二〇〇三年三月二十八日電話訪問馬蒂厄之錄音。

53 Elliot, "IKEA Challenges."

54 作者於二〇〇三年三月二十八日電話訪問馬蒂厄之錄音。

55 Jack Wayman, "From '22 to '02," *Dealerscope* 44 (October 2002): 10.

56 Steve Caulk, "Gearing Up for Gadgets," *Rocky Mountain News*, 6 January 2003.

㊼ 同上。

㊽ Wayman, "From '22 to '02."

㊾ Betsy Spethmann, "Shutter Shudder," *Promo*, January 2002, 2.

㊿ Randolph Picht, "Kodak Introduces Two Disposable Cameras, New Film," Associates Press, 18 April 1989; and Dorothy Leonard-Barton, et al., "How to Integrate Work and Deepen Expertise," *Harvard Business Review* (September-October 1994): 121.

(61) Picht, "Kodak Introduces."

(62) David Gussow, "2002 Holiday Gadget Guide," *St. Petersburg Times*, 2 December 2002.

(63) Borja de la Cierva Alvarez de Sotomayor, interview in Madrid by Luk van Wassenhove, Daniel Guide, and Vadim Gritsay, 12 March 2002.

(64) 同上。

(65) Tracy Mullin, quoted in Miguel Helft, "Fashion Fast Forward," *Business 2.0*, May 2002, 60-66.

(66) De la Cierva interview, 12 March 2002.

(67) Helft, "Fashion Fast Forward."

(68) Robert Murphy, "The Far Reaches of Fast Fashion," *Women's Wear Daily*, 4 February 2003.

(69) 同上。

⑦⓪ De la Cierva interview, 12 March 2002.

⑦① Helft, "Fashion Fast Forward."

⑦② Verne Kopytoff, "The eBay Logic," *San Francisco Chronicle*, 1 December 2002.

⑦③ Richard Rayner, "An Actual Internet Success Story," *New York Times*, 9 June 2002.

⑦④ 同上。

⑦⑤ Mark O'Keefe, "Donating Car No Smooth Ride," *New Orleans Times-Picayune*, 8 September 2002.

⑦⑥ Eric Auchard, "Dell Faces Tough Market for Recycling," Reuters, 19 January 2003.

⑦⑦ 有關增加轉售效益，如何增加業績和加速市場，詳見 Paul Nunes and Julia Kirby, "What Goes Around Comes Around," *Outlook* (published by Accenture), no. 1 (January 2000): 37-41.

⑦⑧ Deborah Snow Humiston, "A New Breed of Butler," *Chicago Tribune*, 12 April 2002.

6 增加消費報酬

① Amazon Web page, http://www.amazon.com/exec/obidos/tg/detail/-/0253213495/qid=1046889919/sr=1-1/ref=sr_1_1/103-0933758-5970219?v=glance&s=books.

② Rotten Tomatoes Web page, http://www.rottentomatoes.com.

③ Christopher D. Carroll, "Why Do the Rich Save So Much?" working paper 6549, National Bureau of Economic Research, Cambridge, May 1998, http://papers.nber.org/papers/W6549.

④ Karen E. Dynan, Jonathan Skinner, and Stephen P. Zeldes, "Do the Rich Save More?" working paper 7906, National Bureau of Economic Research, Cambridge, September 2000. Available at http://papers.nber.org/papers/w7906.

⑤ Carroll, "Why Do the Rich Save So Much?"

⑥ Robert H. Frank, "Does Growing Inequality Harm the Middle Class?" *Eastern Economic Journal* 26, no. 3 (summer 2000): 251-264.

⑦ Chris O'Malley, "Dividend Stocks Return to Favor," *Indianapolis Star*, 17 January 2003.

⑧ *American Heritage Dictionary of the English Language*, 4th ed, s.v. "dividend." (New York: Houghton Mifflin Company, 2000).

⑨ 作者於二〇〇三年三月二十八日在塔伯茲總公司訪問梅爾斯之錄音。

⑩ 同上。

⑪ 同上。

⑫ 舉例來說，羅賓森—派特曼法案（The Robison-Patman Act）禁止製造商，給予購買量較大的下游廠商較大的折扣優惠，讓購買量小的下游廠商受到不公平對待，也禁止「自由企業」

(enterprise)，因為小公司可能欠缺大量購買符合這種水準的規模經濟。舉例來說，汪達・波吉斯（Wanda Borges）在二〇〇二年十一月一日《企業信用期刊》（*Business Credit*）撰文〈網路紀元的反托拉斯〉（Antitrust in the Internet Era），說明任何透過使用折扣、退款、減價或廣告服務費用，或藉由不合理超低售價，破壞競爭或競爭者的人，都是有罪的。嚴格來說，這部分並非「反托拉斯」法。

⑬ Mike Fine, "NE Ski Areas Put Jeep Owners in Driver's Seat," *Patriot-Ledger* (Quincy, MA), 17 January 2002.

⑭ Peter Francese, "The College-Cash Connection," *American Demographics*, 1 March 2002, 42-43.

⑮ U.S. Bureau of Labor Statistics, "Consumer Expenditure Survey 1984 to 2001," http://www.bls.gov/cex/csxstnd.htm.

⑯ Daniel Golden, "For Supreme Court, Affirmative Action Isn't Just Academic: Five Justices or Their Kids Are College 'Legacies'; Another Admissions Aid," *Wall Street Journal*, 14 May 2003.

⑰ U.S. Department of Education, National Center for Education Statistics, *Digest of Education Statistics*, Table 359 "Participation in Adult Education During the Previous 12 Months by Adults 17 Years Old and Older, by Selected Characteristics of Participants," 2001, 404-405.

⑱ Skip Barber Racing School Web page, http://www.skipbarber.com/drivingschool/drivingschooldefault.asp?sel=.

⑲ Mary K. Nolan, "Take a Frying Saucier and Head to the Big Leagues," *Hamilton Spectator* (Ontario), 23 March 2002.

⑳ Joanna Daemmrich, "Gourmet Getaways," *Baltimore Sun*, 26 June 2002.

㉑ Tony Ku, "Cooking School, Resorts Offer a Lesson on Cooking," *Business Journal 23* (17 January 2003): 23.

㉒ 同上。

㉓ U.S. Department of Education, National Center for Education Statistics, "Education Directory, Colleges and Universities" Web page, http://nces.ed.gov/pubs2002/digest2001/tables/dt244.asp.

㉔ Daniel Golden and Matthew Rose, "Kaplan Transforms into Big Operator of Trade Schools," *Wall Street Journal*, 7 November 2003.

㉕ David Brooks, "The Organization Kid," *Atlantic Monthly*, 1 April 2001, 40.

㉖ 同上。

㉗ Peter Van Sant, "Time Out," *CBS Sunday Morning*, CBS Broadcasting, Inc., 12 May 2002.

㉘ Liz Seymour, "Seeking Tutors to Get Ahead and Not Just to Catch Up," *Newsbytes*, 29 November 2002.

㉙ Robert King, "New Centers Tutor Kids for a Price," *St. Petersburg Times*, 22 July 2002.

㉚ Lisa Gubernick, "This Camp Sure Grades Tough," *Wall Street Journal*, 21 February 2003.

㉛ 同上。

㉜ EPM Communications, "Consumers Pamper Themselves in Small Ways," EPM Communications Research Alert press release, 20 December 2002.

㉝ Nick Sortal, "Ahead of the Game: Parents Are Taking Young, Focused Athletes to Private Tutors," *Fort Lauderdale Sun-Sentinel*, 29 September 2002.

㉞ Clint Williams, "Business Niche in Athletic Edge," *Atlanta Journal-Constitution*, 29 November 2002.

㉟ Sortal, "Ahead of the Game."

㊱ Gary Becker, *Accounting for Tastes* (Boston: Harvard University Press, 1988), p. 153-154.

㊲ 認爲這項分析把家庭情感貶低爲經濟術語的讀者，將會獲得鼓舞，因爲貝克爾承認自己的研究有一些限制，比方說，沒有考慮到孩童哭鬧或裝「可愛」這些試圖影響家長態度的「孩童行爲」。

㊳ Bartleby Web page, http://www.bartleby.com/66/55/20755.html.

㊴ U.S. Bureau of Labor Statistics, "Consumer Expenditure Survey."

㊵ Mayrav Saar and Debbie Talanian, "More Check Out Nouveau Checkups," *Orange County Register*, 12 January 2003.

㊶ Lewis Braham, "Laser Eye Surgery: Take a Second Look," *BusinessWeek*, 20 May 2002, 140.

㊷ Trebor Banstetter, "Vanity Medicine Lags as Economy Sags," *Fort-Worth Star Telegram*, 11 February 2001.

㊸ Linda Jenkins, "Fitness Gets Personal," *Atlanta Journal-Constitution*, 3 January 2002.

㊹ Nancy Ann Jeffrey, "The Bionic Boomer," *Wall Street Journal*, 22 August 2003.

㊺ Saar and Talanian, "More Check Out Nouveau Check Ups."

㊻ Patricia Callahan, "Scaning for Trouble," *Wall Street Journal*, 10 September 2003.

㊼ Gail Edmonson, et al. "Classy Cars: Why Everyone Wants to Make Luxury Autos," *Business-Week*, 24 March 2003, 62.

㊽ Roberta Bernstein, "Navigating the Attitudes of Luxury," *Brandweek*, 19 April 1999.

㊾ Patek-Philippe, "The Inauguration of the Patek-Philippe Museum," press release, November 2001.

㊿ Neal McChristy, "The Ultimate Writing Experience," *Office Solutions*, 1 November 2001, 31.

51 同上。

52 Terence A. Shimp and William O. Bearden, "Warranty and Other Extrinsic Cue Effects on Consumers' Risk Perceptions," *Journal of Consumer Research* 9 (June 1982): 38.

53 Allen-Edmonds Web page, http://www.allenedmonds.com/webapp/wcs/stores/servlet/AEOnLineStore?langId=-1&krypto=09xWFXbsP4zz%2BkM8qdKxnk128vwvw5QDx6FjZlJedWVhY7em6YWC2ID6bNGJKszi%0A.

54 作者於二〇〇三年二月十九日電話訪問李波之錄音。後續引用評述亦出自此次訪談。

55 Philip Siekman, "The Last of the Big Shoemakers," *Fortune*, 30 April 2001, 154.

56 Porsche Web page, http://www.3.usporsche.com/english/usa/preownedcars/default.htm.

7 放眼全球、在地零售

① Walter Goodman, "Nonfiction in Brief," review of *The Bon Marché: Bourgeois Culture and the Department Store*, by Michael B. Miller, *New York Times*, 17 May 1981.

② 同上。

③ University of Virginia, American Studies Program, "Pre-Department Stores," hypertext link, http://xroads.virginia.edu/~HYPER/INCORP/stores/PartonePredeptstore.html.

④當時櫥窗裡展示的奢華品提醒路人，自己還是買不起這些奢華品，於是「櫥窗購物者」（window shoppers）一詞隨之興起，法語原意 leche vitrine（意即看著櫥窗深感渴望者，window licker）則更逼真。現在，這個用語似乎讓人想起，富裕消費者看到花崗岩石材的廚房流理台和電漿電視時愛不釋手的模樣。

⑤Robert Tamilia, quoted in Goodman, "Nonfiction in Brief."

⑥根據全國零售協會表示，一九九二年時，傳統百貨公司和折價商店擁有相同的市場占有率。但是此後，傳統百貨公司的市場占有率逐年下滑，到了二〇〇一年時已下滑到三九%左右，而折價商店的市場占有率卻逐漸攀升到將近六一%。以沃爾瑪百貨爲例，就能深入了解折價商店的主導性。現在，光是沃爾瑪百貨就占美國零售業業績的六〇%，占全國消費者總支出將近八%的比例（汽車與大型家電除外），資料來源詳見 "Wal Around the World," *The Economist*, 8 December 2001; and Brenda Lloyd, "Majors Seek Alternative Retail Formats," *Daily News Record* (New York), 26 August 2002.

⑦較低階級和中產階級顯然是折價零售業者的主顧客。舉例來說，在沃爾瑪百貨每週一億一千萬名顧客中，有七千萬名顧客的年所得在二萬五千美元至五萬美元之間（Constance L. Hays, "Enriched by Working Class, Wal-Mart Eyes BMW Crowd," *New York Times*, 24 February 2002.）現在，低所得顧客幾乎只在折價商店購物。根據 Levi Strauss 公司表示，美國有超過一億六千萬人，在大眾化商品商店購物（Sally Beatty, "Wal-Mart to Neiman Marcus Is Jeans Maker's New Goal," *Wall Street Journal*, 31 October 2002）。

⑧我們相信，雖然零售業者從布西科那個年代開始，就設法進行多通路銷售，但是現在的通路必須是專爲服務顧客行爲而設計、不以人口統計學爲主的一連串附加價值活動。行銷人士這樣做，確認富裕大眾獨特的購物行爲，而不是確認其消費能力，就能提供富裕大眾最佳服務。有關多通路銷售的進一步討論，詳見 Paul Nunes and Frank Cespedes, "The Customer Has Escaped," *Harvard Business Review* (November 2003): 31。

⑨"Cheers to One Hundred Years: Twentieth Century Timeline," *Shopping Center World*, December 1999.

⑩作者於二〇〇三年二月十八日電話訪問麥克艾文之錄音。

⑪同上。

⑫同上。

⑬Eddie Baeb, "Upstart Mall Holds Its Own," *Crain's Chicago Business*, 8 July 2002, 3.

⑭作者於二〇〇三年二月十八日電話訪問麥克艾文之錄音。

⑮同上。

⑯ Susan Reda, "Lifestyle Centers Emerge as Solution to Monotony of Traditional Malls," *Stores Magazine*, August 2002, http://www.stores.org/archives/aug02edit.asp.

⑰ 作者於二〇〇三年二月十八日電話訪問麥克艾文之錄音。

⑱ Reda, "Lifestyle Centers."

⑲ 作者於二〇〇三年二月十八日電話訪問麥克艾文之錄音。

⑳ "Saks Looks Outside the Mall, Plans Lifestyle Center Stores," *Home Furnishings News*, 6 January 2003, 10.

㉑ Daniel Henninger, "Mall of America Still Home for Shop till You Drop," *Wall Street Journal*, 3 October 2003.

㉒ Laura Heller, "Best Buy Enters Manhattan, Tests New Store Initiatives," *DSN Retailing Today*, 24 June 2002.

㉓ Jim Ostroff, "Saturated Markets Force a Retail Scramble," *Kiplinger Business Forecasts*, 1 May 2002.

㉔ ASD/AMD merchandise Group Web site, http://www.merchandisegroup.com/password/archive/050602.shtml.

㉕ Gary Dymski, "Home Work," *New York Newsday*, 25 July 2002.

㉖ The Home Depot Web page, http://ir.homedepot.com/reports.cfm.

㉗ Mary Ellen Lloyd, "Home Depot CEO: Store Modernization Will Double In '04," *Dow Jones Business News*, 16 January 2004.

㉘ Tony Wilbert, "Home Depot's Expo Centers to Get Overhaul," *Atlanta Journal-Constitution*, 22 January 2003.

㉙ John R. McMillin, quoted in Constance L. Hays, "Enriched by Working Class, Wal-Mart Eyes BMW Crowd," *New York Times*, 24 February 2002.

㉚ Laura Heller, "Wal-Mart, Target Open 95 in October," *DSN Retailing Today*, 28 October 2002.

㉛ Matthew Grimm, "Target Hits Its Mark," *American Demographics*, 1 November 2002, 10.

㉜ Target, Annual Report 2002.

㉝ "2002 America's Most Admired Companies," *Fortune*, 3 March 2003, 81.

㉞ L.L. Braser, "A Warehouse Store of Their Own," *Detroit Free Press*, 21 December 2002.

㉟ 同上。

㊱ George Sinegal, quoted in Judy Hevrdejs, "Theater of the Absurdly Large," *Chicago Tribune*, 16 February 2003.

㊲ 同上。

㊳ Hays, "Enriched By Working Class."

㊴ Thomas M. Coughlin, quoted in Margaret Webb Pressler, "Discount Nation," *Washington Post*, 23 December 2001.

㊵ Terry Savage, "Terry Savage Talks Money with Arthur Martinez," *Chicago SunTimes*, 29 April 2001.

㊶ Alice Z. Cuneo, "Sears Accentuates Its Harder Side," *Advertising Age*, 21 February 2000, 62.

㊷ Arthur Martinez, *The Hard Road to the Softer Side: Lessons from the Transformation of Sears* (New York: Crown Business, 2001); quoted in Susan Chandler, "Designers Finding Their Target," *Chicago Tribune*, 19 August 2001.

㊸ Tracie Rozhon, "A Bored Shopper's Lament: Seen a Store, Seen Them All," *New York Times*, 4 January 2003.

㊹ Somlynn Rorie, "Organics Reach New Heights with Mainstream and Natural Retailers," *Organic & Natural News*, November 2000.

㊺ "Organic Growth," *Chain Store Age Executive 77* (May 2001): 70.

㊻ Barry Janoff, "Food Marketing," *Brandweek*, 30 April 2001.

㊼ Luisa Kroll, "A Fresh Face," *Forbes*, 8 July 2002, 48.

㊽ 同上。

㊾ Gary McWilliams and Ann Zimmerman, "Dell Plans to Peddle PCs Inside Sears, Other Large Chains," *Wall Street Journal*, 30 January 2003.

㊿ 同上。

51 同上。

52 Katarzyna Moreno, "Unbecoming," *Forbes*, 10 June 2002, 46.

53 Chris Reidy, "Stop & Shop's Next Generation," *Boston Globe*, 7 November 2002.

54 Elizabeth Sanger, "Toy Sellers Play for Sales," *Chicago Tribune*, 19 December 2001.

55 Scott C. Friend and Patricia Walker, "Welcome to the New World of Merchandising," *Harvard Business Review* (November 2001): 3.

56 Tweeter, third-quarter earnings call, Fair Disclosure Wire, 25 July 2002.

57 Accenture, "Understanding Customers Leads to Store Innovation," case study of Walgreens, http://www.accenture.com/xd/xd.asp?it=enweb&xd=industries%5Cprouducts%5Cretail%5Ccase%5Creta_walgreens.xml.

58 Rob Eder, "Out-Foxing the Hedgehog's Rivals," *Drug Store News*, 25 March 2002, 24.

59 同上。

⑥⓪ Accenture, “Understanding Customers,”; and Doug Desjardins, “New Players May Shift Balance of Power Out West,” *Drug Store News*, 16 December 2002, 21.

⑥① Friend and Walker, “Welcome to the New World.”

⑥② Accenture, “Scientific Retailing: Bringing Science to the Art of Retail,” white paper, http://www.accenture.com/xd/xd.asp?it=enweb&xd=industries%5Cprouducts%5Cretail%5Creta_science.xml.

⑥③ Friend and Walker, “Welcome to the New World.”

⑥④ D. C. Denison, “Tweeter Center’s ‘Reserved Lawn’ a Sign of the Times,” *Boston Globe*, 30 June 2002.

⑥⑤ Carol Mongo, “France’s Oldest Shopping Paradise,” *Paris Voice Magazine*, May 2002, http://parisvoice.com/02/may/html/art1.cfm.

8 變成跟大家都息息相關

① Howard Reill, “The Appeal of Scotch: Blending Tradition with New Product Variations, Scotch Suppliers Try to Bring New Customers to the Category,” *Beverage Dynamics* 114 (1 March 2002): 30.

② 羅普公司（Roper ASW）的研究發現，口耳相傳對消費者決策日漸重要。有關這項趨勢及其如何影響消費者決策的更多資訊，詳見 Jon Berry and Ed Keller, *The Influentials* (New York: Free Press, 2003); Emanuel Rosen, *The Anatomy of Buzz* (New York: Random House, 2002); and Malcolm Gladwell, *The Tipping Point* (Boston: Back Bay Books, 2002).

③ Michael T. Elliott and Paul Surgi Speck, "Consumer Perceptions of Advertising Clutter and Its Impact Across Various Media," *Journal of Advertising Research* 38, no. 1 (1998): 29.

④ 有關更完整的討論詳見註③的資料來源。

⑤ Captivate Network, "Major Corporate Advertisers Choose Captivate Network"; and "Nielsen Study Shows Captivate Network Delivers 45% Average Ad Recall," press releases, 23 September 2002 and 27 May 2002.

⑥ 根據尼爾森媒體研究表示，Captivate 擁有四五%的廣告回憶率（recall rate），"Pilot Intercept Study," January/February 2002. Captivate Network press release, 27 May 2002, http://www.captivatenetwork.com/news/news.asp?ID=210.

⑦ 作者於二〇〇三年十一月四日電話訪問狄佛蘭薩之錄音。後續引述亦出自此次訪談。

⑧ Pamela Paul, "Advertisers Climb on Board," *American Demographics*, 27 September 2002, 9.

⑨ 同上。

⑩ Robert Gutsche Jr., "(Work) Space Available—for a Price: From Coffee Cups to Desktop Mouse Pads to Bathroom Stalls, Advertisements Are Showing Up More Frequently in the Office," *Chicago Tribune*, 14 September 2003.

⑪ Thomas J. Stanley, *Marketing to the Affluent* (New York: McGraw Hill, 1998), 186.

⑫ Suzanne Carbone, "Using the Hard Sell, with a View to Make a Killing," *Melbourne Age* (Melbourne, Australia), 12 December 2002.

⑬ Allyson Stewart-Allen, "Product Placement Helps Sell Brand," *Marketing News*, 15 February 1999.

⑭ Brian Steinberg and Suzanne Vranica, "Prime-Time TV's New Guest Stars: Products," *Wall Street Journal*, 12 January 2004.

⑮ Shelley Branch, "Saks Steal Scene from Neiman's in Movie," *Wall Street Journal*, 26 September 2003.

⑯ Trista Vincent, "The Fast and the Frivolous," *Boards*, 1 November 2002.

⑰ 同上。

⑱ Alyson Ward, "Underhanded Pitches," *Fort Worth Star Telegram*, 8 September 2002.

⑲ Stephen Battaglio, "Top Earner$ Bolster NBC," *New York Daily News*, 20 November 2002.

⑳ Emily Nelson and Bruce Orwall, "Change of Season," *Wall Street Journal*, 13 September 2002. Joe Flint, "Prime Time: How NBC Defies Network Norms—to Its Advantage," *Wall Street Journal*, 20 May 2002.

㉑ Flint, "Prime Time."

㉒ "In Praise of the Donald," *Economist*, 14 February 2004, http://www.economist.com/people/displayStory.cfm?story_id=2424133.

㉓ Flint, "Prime Time."

㉔ Pat Nason, "Marketplace Has Fun with Money," United Press International, 1 November 2002.

㉕ Philip Kotler, *Marketing Management* (New York: Prentice Hall, 1997), 645.

㉖ Ekaterina O. Walsh, "Selling Luxury to the Affluent Online," *Forrester Research*, March 2001.

㉗ Howard Millman, "Customers Tire of Excuses for Rebates That Never Arrive," *New York Times*, 17 April 2003.

㉘ Maria Halkias, "Merchant Prince Made Neiman's 'The Store,'" *Dallas Morning News*, 23 January 2002.

㉙ Jenny King, "Goodwill Hunting," *Chicago Tribune*, 9 December 1999.

㉚ AMCI Web page, http://www.amcitesting.com/taste.htm.

㉛ Jeffrey Steele, "Kendall-Jackson: In a Glass by Itself," *Point of Purchase 7* (July 2001): 12.

㉜ 同上。

㉝ Paul Lukas, "Party Like It's 1951," *Fortune Small Business*, 23 June 2003, 118.

㉞ 同上。塔普在同年讓惠思擔任副總裁，負責家庭用品業務，後來惠思成爲第一位登上《商業週刊》封面的女性。

㉟ Longaberger Web page, http://www.longaberger.com/cgi-bin/bv/ourStroy/our_story.jsp?BV_SessionID=@@@@06239403.1076430492@@@@&BV_EngineID=ccchadckjdihmmhcfngcfkmdgfhdgfi.0&datetime=02%2f10%2f04+11%3a28%3a47+AM&channelID=53687985.

㊱ Southern Living At HOME, "Fall 2003 Catalog Unveiled," press release, 24 July 2003.

㊲ Shelly Branch, "Catwalk to Coffee Table," *Wall Street Journal*, 7 November 2003.

㊳ Terril Yue Jones, "Cadillac Propelled by 'slade Star Power," *Los Angeles Times*, 24 November 2002.

㊴ 作者於二〇〇三年三月十九日電話訪問高曼之錄音。

㊵ 作者於二〇〇三年二月十八日電話訪問麥克艾文之錄音。

㊶ US Open Web page, http://www.usopen.org/en_US/about/sponsors_heineken.html.

㊷ Rich Thomaselli, "Open Season," *Advertising Age*, 27 August 2001.

㊸ "Marketers of the Year: It's All About the Beer Ads," *Brandweek*, 16 October 2000.

㊹ 同上。

㊺ US Open Web page, http://www.usopen.org/about/sponsors_heineken.html.

㊻ Thomas J. Peter, *The Pursuit of Wow!* (New York: Vintage Books, 1994).

㊼ Jonah Bloom, "Upstart JetBlue Marketer of the Year," *Advertising Age*, 9 December 2002, S2.

㊽ Gareth Edmonson-Jones，引述同上。

㊾ 同上。

㊿ 同上。

51 JetBlue, "JetBlue Is Best US Airline Say *Condé Nast Traveler* Readers," press release, 4 November 2002.

52 Procter & Gamble Web page, http://charmin.com/en_us/pages/whatsnew.shtml.

53 Lynn Knight，引自 Bill Sweetman, "And Then There Were Three," *Air Transport World*, 1 February 2001。

54 有關 Coach 附加成本的詳細資料請見 "Coach and Lexus Renew Partnership to Produce Coach Edition ES 300; 2001 Model to Be Unveiled At Detroit Auto Show," *PR Newswire*, 4 January 2001. Incentive Performance Center Web page, http://incentivecentral.org/IPC/

frames.asp?page=/IPC/casestudies.asp.

⑮ Ki Ho Park, "Making Handsets Do Handsprings," *BusinessWeek*, 8 July 2002, 50.

⑯ Gerry Khermouch, "The Best Global Brands," *BusinessWeek*, 5 August 2002, 92.

9 未來的大眾市場

① "No Need to Envy the Upper-Crusters When You Expect to Be One of Them," *Adweek* 44, no. 13 (March 31, 2003): 31.

② 所得是依據年齡及教育水準做調整。U.S. Bureau of the Census Current Population Reports Consumer Income P60-009, Distribution of Persons 14 Years of Age and Over By Total Money Income, By Age, Sex, and Veteran Status, for the United States, Urban and Rural: 1950 Table 18, p. 25, http://www2.census.gov/prod2/popscan/P60-009.pdf，以及 U.S. Bureau of the Census Current Population Reports Consumer Income p. 60-200, Money Income in the United States: 1997 (With Separate Data on Valuation of Noncash Benefits), Educational Attainment —Total Money Earnings in 1997 of People 18 Years Old and Over by Age, Work, and Gender Table 9, p. 54, http://www.census.gov/prod/3/98pubs/p60-200.pdf.

③ U.S. Census Bureau and University of Michigan data reported on by W. Michael Cox and

Richard Alm, *Myths of Rich and Poor* (New York: Basic Books, 1997): 76-77.

④ 同上，頁八五。

⑤ John J. Havens and Paul G. Schervish, "Why the $41 Trillion Wealth Transfer Estimate Is Still Valid: A Review of Challenges and Questions," *Journal of Gift Planning 7*, no. 1 (2003): 11-14, 47-50.

⑥ Alberto Alesina, Rafael DiTella, and Robert MacCulloch, "Inequality and Happiness: Are Europeans and Americans Different?" working paper 02-084, Harvard Business School, Boston, revised June 2002.

⑦ 查爾斯・韓帝（Charles Handy）的著作《大象與跳蚤》(*The Elephant and the Flea: Reflections of a Reluctant Capitalist* Boston: Harvard Business School Press, 2002), p. 133。

⑧ 有些商品甚至更快普及到大眾，因爲這些商品必須以相當大的規模遞送，業者才有利可圖，不過業者只能從消費最高的顧客獲利（這類顧客通常是最有錢人士）。航空公司、消費金融業和電信業，就是這類仰賴規模提供商品的一些實例。家庭雜貨運送是這類可能再度活絡服務的一項實例，一旦業者設計出可行模式，迅速達到規模並從消費最多者獲得足夠利潤，就能讓無數顧客受益（只不過業者從一般顧客獲得的利潤很微薄）。

⑨ G. K. Chesterton, *Commonwealth*, 1933, The American Chesterton Society Web site, http://

www.chesterton.org/acs/quotes.htm.

⑩ Kiminori Matsuyama, "The Rise of Mass Consumption Societies," *Journal of Political Economy* 110 (October 2002): 1035-1070.

⑪ 同上。

後記：產業新展望

① U.S. Bureau of Labor Statistics, "Consumer Expenditure Survey 1984 to 2001," http://www.bls.gov/cex/csxstnd.htm.

② Bellman's Jewelers, "Gold Notes," *Bellman's Jewelry News* (citing Research International, *Gold Acquisition Study 1997*, conducted exclusively for the World Gold Council), summer 1998, http://bellmans.com/summer98.htm.

③ Robert H. Frank, "Does Growing Inequality Harm the Middle Class?" *Eastern Economic Journal* 26 (summer 2000): 251-264.

④ Timex Web page, http://www.timexpo.com/timeline10.html.

⑤ Slow Twitch Web page, http://www.slowtwitch.com/mainheadings/features/state.html.

⑥ Tracie Rozhon, "It's Comeback Time For Luxury Watches," *New York Times*, 6 January 2004.

⑦ Emiko Terazono, "The Value of Quality Time with the Family," *Financial Times* (London), 13 January 2004.

⑧ Blythe Yee, "Ads Remind Women They Have Two Hands," *Wall Street Journal*, 14 August 2003.

國家圖書館出版品預行編目資料

新大眾市場行銷 / Paul Nunes & Brian Johnson著；
陳琇玲譯.－－初版.－－
臺北市：大塊文化，2009.12
面；　公分.－－(touch ; 54)
譯自：Mass Affluence：7 new rules
of marketing to today's consumer
ISBN 978-986-213-147-3（平裝）

1. 行銷學 2. 消費者研究 3. 消費者行爲
4. 商品管理 5. 顧客滿意度 6. 美國

496　　　　　98018796

10550 台北市南京東路四段25號11樓

廣 告 回 信
台灣北區郵政管理局登記證
北台字第10227號

大塊文化出版股份有限公司　收

地址：□□□□□ ＿＿＿＿市／縣＿＿＿＿鄉／鎮／市／區

＿＿＿＿路／街＿＿段＿＿巷＿＿弄＿＿號＿＿樓

大塊 LOCUS 文化

編號：TO054　書名：新大眾市場行銷

大塊 LOCUS 文化 讀者服務卡

謝謝您購買本書！

如果您願意收到大塊最新書訊及特惠電子報：

一 請直接上大塊網站 locuspublishing.com 加入會員，免去郵寄的麻煩！

一 如果您不方便上網，請填寫下表，亦可不定期收到大塊書訊及特價優惠！
請郵寄或傳眞 +886-2-2545-3927。

一 如果您已是大塊會員，除了變更會員資料外，即不需回函。

一 讀者服務專線：0800-322220；email: locus@locuspublishing.com

姓名：________________ 姓別：□男 □女

出生日期：____年____月____日 聯絡電話：________________

E-mail：________________

您所購買的書名：________________

從何處得知本書：

1.□書店 2.□網路 3.□大塊電子報 4.□報紙 5.□雜誌
6.□電視 7.□他人推薦 8.□廣播 9.□其他

您對本書的評價：
（請填代號 1.非常滿意 2.滿意 3.普通 4.不滿意 5.非常不滿意）
書名____ 內容____ 平面設計____ 版面編排____ 紙張質感____

對我們的建議：________________

LOCUS

LOCUS

LOCUS

LOCUS